国家出版基金项目
NATIONAL PUBLICATION FOUNDATION

"十三五"国家重点出版物出版规划项目
国家社科基金重大招标项目成果（批准号：12&ZD111）

世纪
20 中国美学史

第一卷

现代中国美学的开端

A History of Chinese
Aesthetics in the 20th Century

主　编　高建平

本卷主编　吴泽泉

编写者　张建军　蒋　磊　杨　冰
　　　　张　华　杨和平　吴泽泉

江苏凤凰教育出版社
Phoenix Education Publishing, Ltd

图书在版编目（CIP）数据

20世纪中国美学史. 第一卷 / 高建平主编. --南京：
江苏凤凰教育出版社，2020.12
ISBN 978 - 7 - 5499 - 9143 - 3

Ⅰ.①2… Ⅱ.①高… Ⅲ.①美学史－中国－20世纪
Ⅳ.①B83 - 092

中国版本图书馆 CIP 数据核字（2020）第 264032 号

书　　名　**20 世纪中国美学史（第一卷）**
主　　编　高建平
分册主编　吴泽泉
策 划 人　王瑞书　章俊弟
责任编辑　周敬芝
装帧设计　夏晓烨
责任监制　谢　飊
出版发行　江苏凤凰教育出版社（南京市湖南路 1 号 A 楼　邮编 210009）
苏教网址　http://www.1088.com.cn
照　　排　江苏凤凰制版有限公司
印　　刷　江苏凤凰通达印刷有限公司（电话 025 - 57572528）
厂　　址　南京市六合区冶山镇牡丹村 6 号（邮编 211523）
开　　本　787 毫米×1092 毫米　1/16
印　　张　20.75
版　　次　2020 年 12 月第 1 版
印　　次　2020 年 12 月第 1 次印刷
书　　号　ISBN 978 - 7 - 5499 - 9143 - 3
定　　价　128.00 元
网店地址　http://jsfhjycbs.tmall.com
公 众 号　苏教服务（微信号：jsfhjyfw）
邮购电话　025 - 85406265,025 - 85400774,短信 02585420909
盗版举报　025 - 83658579

苏教版图书若有印装错误可向承印厂调换
提供盗版线索者给予重奖

书写既是现代的，又是中国的美学史

——《20世纪中国美学史》总序

高建平

历经十年，这套共四卷，150万字的《20世纪中国美学史》终于问世了，希望它对中国美学的建设，对当代中国美学在世界上的传播，都能起一些作用。

在中国，目前已经有了多种《中国美学史》著作。这些著作大都以中国古代美学为研究对象，论述的时间限于从先秦到清代。中国古代确实有着丰富的美学思想，这是宝贵的思想文化遗产，当然应该很好地总结。但是，"美学"（Aesthetics）这个名称在欧洲18世纪中叶才出现，由鲍姆加登提出，并在18世纪末由康德建立完整的美学体系。到了19世纪，逐渐在欧洲各国得到通行。19世纪后期，流传到中国和日本，并在19世纪末，正式确定以"美学"这两个汉字来翻译这个学科的名称。

从这个意义上讲，"美学"是一门外来的学问，于20世纪初年在中国建立起来。在为朱光潜的《文艺心理学》一书所写的序言中，朱自清写道："美学大约还得算是年轻的学问……据我所知，我们现有的几部关于艺术或美学的书，大抵以日文书为底本；往往薄得可怜，用语行文又太将就原作，像是西洋人说中国话，总不能够让我们十二分听进去。"[1]这准确地反映了当时人对这门学科的感受。他的意思是说，美学是外来的，引进中国的时间还不长，朱光潜在将美学中国化方面做得很成功。朱光潜在《西方美学史》一书中也指出，自从鲍姆加登正式用"埃斯特惕卡"来称呼他的研究感性认识的一部专著，"美学作为一门新的独立的科学就呱呱下地了"。[2]为了解释美学从鲍姆加登开始，而他的《西方美学史》却从古希腊写起的矛盾，朱光潜在晚年所写的《美学拾穗集》中指出，在鲍姆

---

① 朱光潜：《朱光潜美学文集》第1卷，上海文艺出版社1982年版，第326页。
② 朱光潜：《西方美学史》上卷，人民文学出版社1979年版，第297页。

加登以前，欧洲只有"美学思想"，而只有到了鲍姆加登，才出现了美学。[①]

在一篇讨论"美学"起源的文章中，我曾试图说明，现代美学的一些核心概念是 18 世纪在欧洲陆续出现的。其中维柯、夏夫茨伯里、哈奇生、休谟、博克、巴托、鲍姆加登等众多的美学家都对此作出了贡献，他们分别提出了一些重要的概念，对美、美感和艺术进行解释，而最后在康德的《判断力批判》一书中，将这些概念综合成为一个整体。[②] 在康德以后，19 世纪的德国、法国、英国和意大利，以及其他一些国家，出现了丰富多彩的美学学说，使这个学科得到了确立，同时，艺术中的浪漫主义运动，推动了美学学术的发展，形成了这个学科的研究与艺术实践之间的紧密联系。

与此相似，在中国也可以区分"美学思想"与"美学"。"美学思想"是从先秦哲学兴起以后就有的古代中国人对美和艺术的反思成果。我们在《左传》《论语》，在《老子》《庄子》，甚至在《尚书》《诗经》《周易》中，都发现了非常精彩的美学思想，这是中国美学的宝贵财富，滋养着现代美学的成长。然而，现代意义上的美学，在"美学"这个名称引入中国以后，才开始建立。"美学"与许多学科一样，有名称与没有名称，是大不一样的。有了名称，就可以循名求实，形成相关的观念，建立相关的研究机构，在一些研究性的大学里，设立专门课程和教职，从事相应的教学和研究工作。"美学"这个名称，从 19 世纪之末至 20 世纪之初被引进中国，现代意义上的美学也从此开始了建立和发展的历程。

20 世纪的中国美学，经历了一个世纪的风云激荡，从草创到论争，到重要观点的形成，再到 20 世纪后半叶的几起几落，有着丰富的历史内容和跌宕起伏的故事，也有着深刻的哲学洞见。但对此，外国人看不上，我们自己也没有自信，长期以来，一直没有得到很好的总结。

大约十年前，一位波兰学者克里斯蒂纳·维尔考茨维斯卡（Krystyna Wil-koszewska）给我写信，并发来一份英文《中国美学选集》的目录，她计划要据此编一本波兰文本的书，要征求我的意见。克里斯蒂纳是老朋友了，多次参加世界美学大会，而 2013 年的第 19 届世界美学大会就是由她和她所领导的团队承办。波兰也是一个美学大国，出现过像罗曼·茵加登（Roman Ingarden）、斯特

---

① 朱光潜：《美学拾穗集》，百花文艺出版社 1980 年版，第 8 页。
② 参见高建平：《"美学"的起源》，《外国美学》第 19 辑，江苏教育出版社 2009 年版，第 1—23 页。

凡·莫拉夫斯基(Stefan Morawski)、瓦迪斯瓦夫·塔塔尔凯维奇(Władysław Tatarkiewicz)这样一些著名的美学家。波兰年轻一代美学家的研究也很有成就，在学术上很活跃。克里斯蒂纳在主持一个身体美学研究所，还曾送我一本《物的美学》的书，内容很有价值。不过，她所提供的这个中国美学目录，却很令人失望。这份目录所收录的还是从孔子美学到清代诗论、画论的路子，根本没有 20 世纪中国美学。我当即给她回信，说 20 世纪中国也是有美学的，这样的一份目录很不全面。也许可以说，她只选了中国的美学前的美学，而美学学科在中国建立以后，出现了许多重要的美学家，提供了丰富的文本，其中有许多可选的内容。她没有回信，没有对我的信表示态度。后来听说成书了，我的意见没有被采纳。我想，她不是不想采纳，而是做不到，没有会汉语、懂当代中国美学的波兰学者参加她的团队，她能怎么办？整个西方美学界都缺乏对 20 世纪中国美学的基本了解，她也只好从俗从众。

对许多西方学者来说，中国就意味着古代的中国，中国美学就是中国古代美学。有一个流行的公式，西方等于现代，而中国等于古代。同样的公式，也适用于其他一些有着古代文明的国家，如印度、伊斯兰国家、日本。在这些国家里，研究者从事两种美学的研究，一是西方美学，一是自身的传统美学。这些国家中的现代形态的美学，却很难被认可。其实，在这些国家中，都出现了西方美学的地方化与古代美学的现代化，并且也各有其成就。然而，这一类的成果却不能受到关注。

在西方文化的强势影响下，一些中国学者也在做积极的配合工作。他们不承认 20 世纪中国美学的创造性，不承认在中国现当代美学之中，虽然受到西方美学的影响，却已经有了中国人的创造，也不承认中国古代的美学思想在融合进当代生活之时，已经有了现代人所作的转化，并将之放进了当代的美学理论框架之中。面对这种现象，当代美学界有很多争论。一种不同于西方，又不同于古代中国的现代中国美学是否存在，成为讨论的焦点。我们需要做的，就是去进行研究，在一个国际对话的语境中，将 20 世纪中国美学的创新成果总结出来。这才是有效的学问之道。

当然，我对这段历史的反思和写作，并不是从克里斯蒂纳的信开始的。1995 年，我去芬兰的南部小城拉赫蒂参加了第 13 届世界美学大会。当时我提交的论文是《论"美学大讨论"对"美学热"的影响》。文章的目的，首先是向西方学界介绍中国当代美学的盛况，说明当代的中国不仅有美学，而且有许多人对美学作了深入的研究。同时，这篇文章也是为了在众多的人都对50年代中国学术持贬斥的态度时，讨论"美学大讨论"，说明这种讨论中仍具有学术因素，并且它对此后的"美学热"在学科兴趣、学术风气和研究人才方面都有积极意义。此文后来发表在波兰的一家名为《对话与普遍主义》（*Dialogue and Universalism*）杂志上。[1]

那一段时间我所发表的文章，大都围绕着中国古典美学和艺术，但我的兴趣点却一直围绕在古代美学思想的现代意义这个命题上。2002年，我在北京主持了一个国际美学会议。邀请了包括当时的国际美学协会会长、副会长、秘书长，以及多国美学学会负责人和一些重要美学家参加。在这次会议上，我提出了一个观点，20世纪中国美学，经历了一个从"美学在中国"到"中国美学"的过程。也就是说，现代形态的美学，是在20世纪之初引进的，中国学者在引进的过程中，逐渐吸收古代的资源，面向当时的中国社会、政治，以及艺术的实际，形成了现代形态的中国美学。[2] 此后，我写了其他一些文章，例如，在一篇文章中提出"复数的世界文学"的观点，认为歌德和马克思、恩格斯所提出的世界文学概念是单数的。歌德的世界文学是以希腊罗马的文学为典范，再扩大视野，将各国的文学包括进来。我们也可以有这样的世界文学观，以《诗经》《楚辞》，唐诗、宋词为典范，再扩大视野，关心各国的文学。这样一来，不是只有一个世界文学，世界文学是各民族和文化之间相互看。而马克思、恩格斯是在肯定资产阶级在历史上的积极作用的语境下提出"世界的文学"的。他们无意将"世界的文学"看成是需要努力来实现的理想，也无意抹去文学的民族性。[3]实际上，世界各个民族都可以有属于自身的文学，也有自己的现代学术。后来，我还写过一篇文章，《"形象思维"的发展、终结与变容》，提出"形象思维"的讨论与中国的"美学大讨论"和"美学热"都有极其密切的关系。"美学大讨论"的话题是从"美的本质"转向"形象思维"，而"美学热"的话题是从"形象思维"转向"美学热"。

---

[1] Gao Jianping, "The 'Aesthetics Craze' in China: Its Cause and Significance", A paper presented to the XIIIth International Congress of Aesthetics, Lahti, Finland in 1995, and was published in *Dialogue and Universalism* (Warsaw University, Poland) Vol. VII, No. 3 - 4/1997.

[2] 高建平：《什么是中国美学？》，见高建平、王柯平编：《美学与文化·东方与西方》，安徽教育出版社2006年版，第25—42页。

[3] 高建平：《论文学艺术评价的文化性与国际性》，《文学评论》2002年第2期。

其中还提出，围绕着"形象思维"的讨论，可以看出，中国学术界对艺术的本质的看法，经历了"艺术是认识"（无需"形象思维"），"艺术是一种特殊的认识"（因此需要"形象思维"），"艺术不是认识"（"形象思维"观过时，只被当成一种比喻），再到"艺术还是一种认识"（因此，出现"形象思维"观的新形态，即"变容"，也即认为艺术是通过符号来把握现实）。① 近年来，讨论艺术的进步与终结，讨论艺术的边界，讨论理论的理论品格与接地性，讨论美学与城市和乡村的关系，讨论美学与生态和环境关系等方面的文章，都是围绕着中国美学的现代发展所进行的思考。

本书有一个基本的看法，即 20 世纪中国美学，是 20 世纪中国历史的一部分，应该联系社会、政治和生活的实际来进行研究。根据这一理解，本书按照历史发展的线索，将这一个世纪分成了四段，形成了这一套四卷本的著作。

第一卷的主题是"现代中国美学的开端"，研究从 20 世纪初到 1919 年五四运动前后，美学作为一门现代学科如何被引入中国，并在中国形成第一批研究成果的情况。在这一部分，对世纪之初中国文化学术界的状况、美学的发展脉络进行描述，并对众多的早期美学研究者进行概括性扫描。同时，设立专章，对三位在美学上具有代表性的人物，即王国维、梁启超和蔡元培的美学成就进行重点研究，论述他们的美学观点以及他们对美学这个学科在中国建立所起的重要作用。这一卷还研究世纪之初的中外文化交流，特别是留日学生群体对外国美学的翻译、介绍和研究工作，以及《新青年》和其他一些杂志对现代中国美学的推动。这是一个中国现代美学的草创时期，缺乏系统的美学专著，但这一时期的一些散见的文章和零碎的材料却特别珍贵，它们对此后美学的发展，产生了深远的影响。

第二卷的主题是"现代中国美学的论争与建构"，研究从 20 世纪 20 年代到 1949 年美学在中国的发展。这其中分三个主要线索：(1) 中国对欧美主流美学的接受及其结合中国实际所进行的自主创新，包括朱光潜、宗白华等人对中国美学发展所作出的贡献，同时，也研究一些文学家和艺术研究者在研究中所体现的美学思想。(2) "艺术为人生"的审美观及其发展。重点研究从梁启超开始，以陈独秀、鲁迅、周作人等人为代表的强调艺术为社会人生服务的美学观。

---

① 高建平：《"形象思维"的发展、终结与变容》，《社会科学战线》2010 年第 1 期。

（3）马克思主义美学的中国化及其发展，其中包括马克思主义美学的早期翻译介绍，左翼作家和艺术家群的创作，瞿秋白、周扬等人对俄苏美学的接受，蔡仪从日本学习，并加以发展的马克思主义美学，以及在 20 世纪 40 年代所写的一些美学专著，在这部分，还专辟章节讨论毛泽东《在延安文艺座谈会上的讲话》在美学上的影响。

第三卷研究 20 世纪 50 年代至 70 年代"文革"后期中国美学所经历的种种复杂情况。其中包括这样几个方面：（1）中华人民共和国成立后文化界出现几次文学批判运动的历史原因与发展状况，包括对电影《武训传》的"讨论"，对"《红楼梦》研究"的批判，对"胡风集团"的批判，文艺界的"反右"斗争等；（2）"美学大讨论"的文化与意识形态成因，以及主观派、客观派、主客统一派等各派论战的主要内容，梳理蔡仪与李泽厚两种不同客观论的异同之处，并讨论朱光潜主客观统一论的基本特点；（3）梳理"左倾"文艺思潮的基本状况，划清"左翼"与"左倾"的界限，批判极"左"思潮，特别是试图在过去已有的对"文革"进行政治批判的基础上，从美学的角度对当时的文艺理论进行批判。

第四卷研究从 1978 年"美学热"的兴起，到世纪末的美学的复兴。其中主要包括这样几个方面：（1）改革开放的大潮与美学在思想意识形态变革中所起的作用；（2）20 世纪 50 年代的各派美学在新时期的进一步深化和体系化；（3）美学的翻译运动推动了人文社会科学的革新；（4）中国古代美学研究的兴起及其对"中国性"寻找和继承的意义；（5）美学研究向各个艺术门类发展，形成了各种部门美学；（6）文化研究热对美学的冲击，以及刺激和推动作用；（7）美学的复兴及其相伴的人文社会科学和文学艺术理论的复兴。这是思想解放的二十年，也是学术大发展、大繁荣的二十年。经过二十年的发展，无论在美学理论，还是在西方美学和中国古代美学研究方面，都积累了丰硕的成果。

近年来，学术界转向现当代中国美学，出现了不少著作。例如，聂振斌等五人共同写作的《思辨的想象：20 世纪中国美学主题史》，分成五个专题，对百年中国美学按照专题进行研究。张法的《美学的中国话语：中国美学研究中的三大主题》，以美学原理、中国美学史、比较美学这三大话语为纲，对近年来美学研究的发展，进行了理论探讨。这些著作对本书的写作，有重要的启发。除了这几部著作以外，近年来，还出现了一些研究某一时期或美学发展的某一阶段的著作，以及研究某些重要美学家个人的专著，如研究梁启超、王国维、蔡元培、朱光潜、蔡仪、李泽厚、蒋孔阳等人的专人或专题著作。这些阶段史和对个人进行研究的专著对本书的研究有很大的帮助。

本书与以上所提到的著作相比，具有以下几个特色。

（一）全面而系统地描述和研究百年中国美学史，把时间的区隔与主题的分野结合起来。一个历史时期有一个历史时期的特点，有属于这个时期的中心话题。但同时，不同时期的美学研究课题，又有着一定的连续性。本书在研究过程中，努力处理好这种时代的独特性与历史继承性之间的关系，将不同话题的交替与承续在一部长时段的历史描绘中作恰当的处理，使之既显示时代的特色，也呈现历史的整体性。例如，20 世纪初的王国维美学，与 30 年代以后的朱光潜和宗白华的美学之间，有着承续的关系。20 年代以后的左翼美学，与 50 年代以后的新中国美学，也有着承续的关系。一些讨论，例如"形象思维"的讨论，在一个漫长的历史时期，从 30 年代至 50 年代，再到 70 年代末 80 年代初，一直在持续，却在不同的时代有着不同的特色，被赋予不同的内涵。还有，一些重要的人物，例如朱光潜和蔡仪，出现在不同的历史时期，在这一四卷本的历史著作中的第二、第三和第四卷中，都分别作为重要人物出现，李泽厚这位重要的美学家也出现在第三卷和第四卷中。他们的观点有前后一致性，也随着时代变化而变化。因此，本课题的研究，以其巨大的容量，既将一些学者和学术观点放在具体的历史时期中考察，也看到这些学者和一些重要的美学概念在跨越不同历史时期时所具有的连续性。

（二）本书的一个重要的着眼点，是以史带论。过去的美学史写作，有一种普遍流行的倾向，即"纯思想线索"。朱光潜先生在写作《西方美学史》时就已经指出过这一点，并表示应该克服这种"纯思想线索"，认为"纯思想线索"是"唯心史观"的一种表现。① 本书在设计时，就有这样的计划，要依靠集体的力量，克服"纯思想线索"，对一些重要美学观点、概念，以及人物进行历史的还原，将美学话题的提出，美学争论的出现，以及美学观念被接受并得以流行的原因，追溯到时代和社会的状况，追溯到人们的经济和政治生活之中。20 世纪的中国历史波澜壮阔，各个时期都有着其鲜明的特点。现代中国的各种美学的观点，都是从这种大历史上生长出来的。如果不联系历史，美学史就会变成抽象的观念而不

---

① 朱光潜：《西方美学史》上卷，人民文学出版社 1979 年版，第 21—25 页。

可理解。因此，联系历史来写作美学史，是本书的一个重要特点。

在写作中，特别注意避免两种倾向。一种倾向是，只列举人物和观点，就美学谈美学，把生动活泼的美学史简化为几个人物提出了几种观点，以及围绕着这些观点的抽象争论。为了克服这种倾向，要做到努力讲清楚各种观点和争论的来龙去脉，探索一些重要美学家的学术背景和他们的综合学术立场。另一种倾向是，用几个舶来的观点，对生动活泼、复杂多样的历史进行强行切割。例如，有人将20世纪分成两个阶段，一个阶段是"现代"时期，一个阶段是"后现代"时期，此后又有"后后现代"的时期，等等。这种用概念剪裁历史的做法，只能造成对百年美学史的曲解，无助于20世纪中国美学的研究。这种研究能够让一些并不了解中国的西方人看到后觉得有趣，从中折射出他们自身观点的影子，从而满足他们的虚荣心，但对客观而真实地理解当代中国美学的历史发展，却是非常有害的。

（三）本书还努力做到结合各个时期的文学和艺术发展的实际来研究美学。美学的研究对象是自然、社会和艺术中的美，在其中，艺术美是美学研究的重要组成部分。正像艺术学的研究不能离开美学一样，美学研究也不能离开艺术。20世纪中国美学的发展，与艺术学研究始终是联系在一起的。一方面，许多美学研究者，同时也是文学和艺术理论的研究者。另一方面，许多从事具体艺术门类研究的学者，实际上也发展出了各自的门类美学，例如在美术、音乐、舞蹈、戏剧等门类之中，都生长出了属于这些艺术门类的美学思想。一部美学史，应该将之包括进去。在这些门类中，美学起着引领作用。克服"纯思想线索"，也包括要结合艺术发展的实际来研究美学。体现美学从艺术中来，到艺术中去，与艺术密切结合的特点。

（四）结合外国美学的发展，及对外国美学的介绍和引进的情况来研究这一个世纪的美学。中国美学的发展，并不是孤立的，时时受到外国美学的影响，同时，中国美学不是外国美学的简单的复制，而是在选择、接受和发展过程中，与中国人的审美和艺术实践，中国的社会、政治和意识形态的状况，有着密切的关系。

具体说来，在不同的历史时期，对外来思想的接受有着不同的特点。例如，在20世纪初年，主要是美学这个学科的介绍、引进。20年代至40年代，当时的各种西方美学思潮进入中国，一些学者结合中国的情况，对之进行消化吸收，并尝试进行中西美学的结合。同时，苏联十月革命的影响，中国社会动乱和战争的环境，文学艺术革命的要求，推动了马克思主义在中国的传播，也带动了马克思主义美学在中国的发展。从 50 年代到 70 年代，中国的美学除了受苏联的美学影响之外，对西欧和北美的美学接受较少，与同时代的欧美分析美学的发展距离较远。70 年代末和 80 年代初，在改革开放的大潮下，大量的西方现代美学著作被译介到国内。到了 90 年代末和世纪之交，中国美学实现了与西方的同步对话。中国美学与外国美学的关系，实际上也是中国美学本身发展程度的一个表现。在 20 世纪的前期和中期，中国美学界所译介的，主要是康德、席勒、黑格尔等人的德国古典美学著作，对欧洲当代美学的介绍，尽管朱光潜也做了一些工作，但对 20 世纪前期的欧美美学的翻译，是随着 80 年代的翻译大潮开始后才出现的。20 世纪末对西方美学的新一轮的翻译，则引进了同时代的西方美学。这种翻译工作，更具有对话的性质。因此，从西方美学经典的学习，到结合中国情况对西方美学的有选择的接受，到强调中国主体性，在中国美学的自身发展过程中保持与同时代西方美学的对话关系，中国人在对西方美学的接受中经历了三大步。这是 20 世纪中国美学发展的一个重要的侧面。

（五）美学作为一门学科在中国的建立，还有一个重要的标志，这就是它进入了大学的课堂之中。因此，研究美学的历史，还要在观念的史之外，研究美学这门学科在大学的开设情况，它与大学美育的关系，以及美学教材的编写和使用情况。本书考察了在不同时期流行的美学教材，并对它们作出了一些评析。大学的分科，美学在学科体系中获得一席位置，以及相关研究岗位的设立，相关研究课题的形成，对于一个学科的发展，具有重要的作用。位置决定思维。这些物质性的设置，与相关学科的精神生产，具有相辅相成的关系。

（六）相对于现有的一些研究专著，本课题在研究中还努力做到，对于 20 世纪中国美学史上的各家各派的观点持论公允，对其意义和价值进行客观评价。目前对这段历史，特别是对 50 年代至 60 年代"美学大讨论"，以及 80 年代初的"美学热"，有不少研究文章和著作问世。但许多的当下研究，常常由于自身的种种原因，站在某一家、某一派的立场，对其他各家进行批判。即继续持门派之见，穿越到历史中去，充当其中的一派。这一类的文章，从性质上讲，还是当年的论争的继续。本书的作者们所采取的做法是，不回避各个时期的学术论争，对各派的观点都持"同情地理解"的态度，但与此同时，站在今天美学学术发展的新高度，客观地对这些论争进行分析解剖，在充分肯定其历史意义和当代价值的基础上，指出其不足之处。走出当年的争论，在新世纪有一个新的起点。对 20 世纪的美学，固然要进行一些清理，肯定其历史的价值，吸收其有益的因素，但同时，要说明美学话题的转换与时代发展的关系，以面向审美和艺术的实际，面向世界，面向未来的态度处理这些历史上的争论。当然，一部写到当下的历史，有它的难处。历史需要沉淀，一些纷繁复杂的历史现象，要经过时间过滤才能看清楚。但是，也正是当代的历史，才更有意义。这是一个需要勇气应对挑战的工作，也是一个要以史的考察推动当代研究的工作。

中国美学在当代，迎来了一个复兴和繁荣的机遇。经过一些年的经济发展，人民生活有了很大的改善，也产生了越来越大的对文化生活的需求。繁荣文学艺术，建设美丽中国，都有待于美学的发展。在美学实践轰轰烈烈地展开之时，也就相应地产生了对美学理论的旺盛的需求。当然，这种社会的需求只是为美学的发展准备了条件。美学的建设有待于美学研究者的努力。发展美学研究，以史为鉴，温故而知新，将 20 世纪中国美学研究的成果推向世界，这是我们的使命。

目 录

第四章　蔡元培美学和美育思想

第五章　"新小说"运动与现代美学思想的传播

第六章　留日学生群体的美学与艺术观

第七章　五四新文学与中国现代美学新趋势

导　论

19世纪末20世纪初，特别是20世纪初的大约二十年，是现代中国美学的开端。中国古代有关于美及审美的思想学说，却并无现代意义上的系统的美学。现代意义上的中国美学，是20世纪初在西方美学的影响下诞生的。20世纪初的二十年，在现代中国美学发展史上占有重要的地位。现代中国美学的许多重要概念、术语、命题，都在这一时期确立。贯穿整个20世纪中国美学的许多重要话题，都在这一时期形成。回顾20世纪初中国美学的发展，有以下几个问题值得注意。

一、世纪初美学的社会历史背景

美学理论、美学思想作为一种社会意识绝不是孤立的，它和同时期的政治、经济、文化、学术等都有密切的关系。现代中国美学在19、20世纪之交的中国得以诞生，有其政治、文化、社会的原因与背景。在这些原因与背景中，有一条尤其重要，那就是近代以来中国知识分子努力向西方学习，探索救国道路的时代思潮。正是在向西方学习的背景下，现代意义上的美学在中国生根发芽。一般认为，鸦片战争以来中国人向西方学习经历了三个阶段，第一阶段在器物技术层面向西方学习，第二阶段在制度层面向西方学习，第三阶段在精神文化层面向西方学习。中国美学的诞生，处在第三阶段，是中国人向西方学习的思潮走向深入的结果。洋务运动、戊戌变法失败以后，中国人意识到器物、制度层面的变革不足以救中国，于是开始了在文化、知识、学术方面全面向西方学习的进程，美学在这一时期作为现代西方学术体系的一部分被引入中国。近代中国知识分子引入包括美学在内的现代西方学术，根本的目的是要以之改变中国，挽救中国的命运。

　　20 世纪初,提倡美学最积极的两个人是王国维与蔡元培。不论是王国维还是蔡元培,之所以不遗余力地提倡美学、输入美学知识,一个重要的原因是他们认定美学有助于人们更好地认清中国的弊病,有助于促进中国人在精神文化层面的觉醒。在《论哲学家与美学家之天职》《文学小言》等文章中,王国维从审美无功利性、艺术独立等现代美学的基本原则出发,批评中国古代哲人与诗人"多政治上之抱负",不能超越现实功利进行纯粹的精神探求,中国既没有纯粹的哲学、形而上学,也没有纯粹的美术。借助美学,王国维表达了对于中国传统文化的批判性的反思。在《对于新教育之意见》中,蔡元培主张教育不能仅仅满足于"以现世幸福为鹄的",还要培育受教育者的"超轶现世之观念",教育者"立于现象世界,而有事于实体世界者也",而美感的特点是"介乎现象世界与实体世界之间,而为津梁",因此教育家欲引导受教育者由现象世界到达实体世界,"不可不用美感之教育"。在《以美育代宗教说》中,蔡元培阐述美育的发生原理,认为审美具有普遍性与超越性,这种普遍性与超越性可以帮助人们破除人我之见、利害之念,"纯粹之美育,所以陶养吾人之感情,使有高尚纯洁之习惯,而使人我之见、利己损人之思念,以渐消沮者也"。诸如此类的论述,显然也包含着某种"国民性改造""文化改造"的意味。对于王国维与蔡元培来说,美学不仅仅是一种时新、有趣的现代学术,更是可以用来思考中国历史与现实的有力的理论工具。

　　为了挽救民族危亡,中国学人向西方学习,移植包括美学在内的西方现代学术。这种移植,是整体的移植,而非部分的移植。认识这一点,对于我们理解20 世纪初中国美学的诞生非常重要。美学作为一个学科,不是孤立被引入中国的,而是与其他人文、社会学科一同被引入的。20 世纪初的美学,与同时期其他现代学术门类处于一种共生关系中。美学与其他学术门类特别是哲学、心理学、教育学的关系非常密切,甚至可以说,一开始,美学是寄生在这几门学科身上而进入中国的。20 世纪初,由于现代哲学知识的传播,中国人知道了作为哲学分支的美学的存在,了解到美学在现代学术中的重要地位。桑木严翼著、王国维译的《哲学概论》,以近千字的篇幅介绍了美学自柏拉图、亚里士多德以来的历史,这是汉语世界中关于美学学科历史的最早的详细介绍。教育学与美学的关系,至少表现在两个方面:在关于现代教育制度、学校制度的介绍中,中国人得知"美学"是现代大学中的一门重要教育科目,是与教育学密切相关的一门教育学的"补助学科";在教育理论、教育方法的论著中,中国人得知美育是现代教育的重要方面。最后,由现代心理学著作,中国人学习到知、情、意与真、美、善三分的方法,知道美学是与人的情感、感性相对应的学问。以上种种,都对世纪初美学概念的传播、美学学科地位的确立起到了推动作用。

二、　世纪初美学的文学艺术背景

与现代中国美学的建立同步,20 世纪初中国文学、艺术也发生了重大的变革。世纪初中国美学的研究者往往具有双重身份,一方面是新的美学思想的传播者,一方面是文学艺术变革的提倡者。梁启超提出"诗界革命""小说界革命"的口号,主编《新小说》,是新小说界的领袖人物。蔡元培热衷于提倡现代音乐与美术,曾推动国立美术专科学校的建立。王国维在其主编的《教育世界》杂志上刊发了大量小说。其他像徐念慈、黄人、李叔同、欧阳予倩等也都是当时新文艺运动的参与者,这些现象值得注意。世纪初美学不是单纯的理论架构,而是和当时的文学艺术实践结合在一起,二者紧密配合,互相促进。

在本卷第五章"'新小说'运动与现代美学思想的传播"及第七章"五四新文学与中国现代美学新趋势"中,我们将讨论世纪初文学变革运动与中国现代美学之间的关系问题。从"诗界革命""小说界革命"到后来的五四新文学运动,在一波接一波的文学变革运动中,有很多文学理论、批评文章问世。这些理论与批评文章从以下两个方面参与了 20 世纪初的美学发展。第一,有些文章直接引用、传播了某些西方美学家的美学理论。比如,徐念慈在《〈小说林〉缘起》中大段引用了黑格尔《美学》中的观点,这是黑格尔美学思想在中国的较早传播。第二,有些文章虽然没有直接引用现代西方美学,但其对文学的地位、性质、功用等问题的论述富有美学的意味,与当时的美学运动形成一种呼应。例如,在1919 年前后,五四新文学阵营以《新青年》《新潮》《每周评论》等杂志为平台,发表了一大批讨论文学与艺术的文章,以此推动新文学运动的发展。在这些文章中,提出了一些重要的理论问题,如文学为人生的问题,文学为人生与为艺术相统一的问题,文学语言的现代化问题,文学的通俗化、大众化问题,等等。对这些问题的讨论,推动了中国现代美学的进一步发展。以这些讨论为契机,中国现代美学出现了一些新趋势。

在本卷第六章"留日学生群体的美学与艺术观"中，我们关注到早期留日学生关于文学、美术、戏剧等的实践及研讨。留日学生中，专门学艺术的人尽管很少，但热心于艺术，积极推动文学艺术变革的人却很多。留日学生创办的《江苏》《河南》《醒狮》《浙江潮》《游学译编》等刊物上，发表了不少关于美术、音乐、戏剧等的文章。例如，《浙江潮》刊发了《中国音乐改良说》等文章，《醒狮》开辟了"美术""美术界杂俎"栏目，在这两个栏目中发表了《图画修得法》等讨论绘画的文章。以上这些文艺实践及相关理论思考，虽然大都是关于某一门类艺术的，似乎与纯粹的美学理论研究距离较远，但实际上也有着千丝万缕的关系。首先，在论述某一艺术问题时，有的论者引用了现代美学的观点，或者运用了现代美学的概念、术语。比如，李叔同在《图画修得法》中主张绘画具有审美教育功能，可以养成"锐敏之观察，确实之知识，强健之记忆，著实之想象，健全之判断，高尚之审美心"，"工图画者，其嗜好必高尚，其品性必高洁，凡卑污陋劣之欲望，靡不扫除而淘汰之"。① 其次，这些文艺实践及相关理论探讨中，包含着近代国人对于各门类艺术的现代理解——文学为何物，美术为何物，戏剧为何物，各门艺术在整个艺术体系中的地位如何，艺术批评鉴赏的标准为何，等等——这些现代理解构成了美学理论发展的基础。因此，对这些实践及理论文本进行研究，有助于丰富人们对世纪初中国美学的认识。

世纪初中国美学与文学艺术，实际构成一种双向互动关系。一方面，文学艺术领域的变革推动了现代美学理论、美学思想的传播，构成了现代美学发展的背景；另一方面，现代美学的发展，美学理论、美学观点的传播，又促进了文学艺术领域的变革，催生了文学家、艺术家关于艺术的自觉意识。可以说，世纪初中国美学的生成与发展，是建立在当时新文艺运动的坚实基础之上的，没有文学、戏剧、音乐、美术各领域的变革作为基础，世纪初的现代中国美学就成为空中楼阁。

三、 比较文化视野中的美学建构

20世纪初美学学科的建构，是在近代以来西方文化大规模输入中国并与中

---

① 惜霜：《图画修得法》，《醒狮》第2期，醒狮杂志社1905年版。

国传统文化剧烈撞击的背景下发生的。近代中国知识分子普遍具有深厚的古典文化素养。在传播西方文化的过程中，他们有一种自觉的中西文化比较意识。这种比较，有时表现为借助西方文化、思想来批判中国传统文化，有时表现为在中西两种文化间进行沟通与融合，以中国文化来补助、改造西方文化。在《文明之消化》《东西文化结合》中，蔡元培表达出这样一种看法：中西文化的接触与交流，其结果不是西方文化取代中国文化，而是两种文化融合，产生一种更高形态的新文化。梁启超在《欧游心影录》中也认为，中国传统文化中有许多宝贵资源，中国学者的责任，在于以西方的方法来对其研究、整理，然后将其贡献给全世界，使全世界的人都得到益处。这样一种中西文化比较、融合的思维，在美学领域也有表现。在建构中国美学的过程中，中国学者同时面对中西两方面的学术思想资源，从一开始，中国学者就试图在中西比较、融汇的视野中建构中国美学。

　　蔡元培在阐述其美育主张时，一方面介绍西方美育思想，一方面追溯中国古老的诗教与乐教传统。这种追溯，并非简单地"以中证西"，即以中国材料证明西方观点，它同时也是"以中化西"，即以中国的资源来改造西方理论，使其中国化。经蔡元培阐述过的美育理论，其形而上学色彩大大减弱，而中国式的伦理道德意味却大大加强。西方现代美育理论的代表人物，是德国人弗里德里希·席勒。在席勒看来，审美的首要职责在于实现人性的健全发展，审美并不直接带来人的道德提升或知识增长，"美既不给知性也不给意志提供任何结果，美也既不干预思维也不干预决断的事务，美只是给两者提供能力"[1]。而在蔡元培看来，审美的重要性恰恰在于它能够直接提升人的道德，养成人的高尚优美的情操。蔡元培一再强调，美育的目标是"提起一种超越利害的兴趣，融合一种画分人我的僻见，保持一种永久平和的心境"[2]，审美有助于克服自私狭隘的观念，有助于弥补国人在道德方面的缺陷。这样一种美育理论，显然不是对于西方理论的照搬，而是基于中国传统的再创造。

　　王国维的"境界"说，更明显地表现出要沟通、调合中西美学与艺术的意图。"境界"说的论述对象、论述方式、概念术语基本上是中国的，但实际上西方美学

———————

[1] ［德］席勒：《审美教育书简》，张玉能译，译林出版社 2009 年版，第 71 页。

[2] 蔡元培：《文化运动不要忘了美育》，《蔡元培全集》第 3 卷，高平叔编，中华书局 1984 年版，第 361 页。"画分人我"的"画"是蔡氏当时的用字习惯。

的影响已融化于其中。至少,在"词人者不失其赤子之心者也"的命题中我们能看到尼采的影子,而"以我观物""以物观物""遗其关系限制"的表述与叔本华的审美直观说也若合符契。"境界"说是中西美学思想融合的产物,单纯地将其视为某种西方概念的转译,或单纯地将其放在传统诗学思想的脉络中来理解,都是失于偏颇的。这一融合与创造是否成功,现在看还有争议。有的学者认为,"境界"说对中国古典诗歌具有强大的阐释力,"境界"说的出现,真的对古典诗歌艺术起到了"探其本"的作用。① 但也有学者认为,"境界"说是西方美学与中国传统美学与艺术的不甚成功的嫁接,"境界"说的意义与价值不宜夸大。特别是最近十余年来,对"境界"说的质疑与批评越来越尖锐。例如,罗钢在关于《人间词话》的系列研究中认为,虽然"境界"说的概念与表述方式是中国的,但实际上其理论内核完全是西方的,"境界"说实际是德国美学的中国变体,王国维试图以"境界"说与中国传统诗学达成认同,这一目的注定不能达到,因为中国传统诗学与西方美学是两种异质的存在。② 这一观点引起了热烈的讨论,学界出现了各种不同的观点。但是不管怎样,可以肯定的是,"境界"说表达了王国维在中西美学与艺术间力求融合、创新的立场。

四、 世纪初美学主潮

从思潮、流派的角度把握美学史的话,会发现 20 世纪初中国美学有这样两个主潮:一是王国维代表的"超功利美学",一是梁启超代表的所谓"功利主义美学"。

功利主义美学的特点是强调文艺和审美的社会功能,主张文艺服务于社会。在《论小说与群治之关系》中,梁启超主张小说关乎民族国家的兴衰,小说家应自觉以优秀作品鼓舞国民,推动社会进步,"欲新一国之民,不可不先新一国之小说","欲新道德,必新小说。欲新宗教,必新小说。欲新政治,必新小说。欲新风俗,必新小说。欲新学艺,必新小说"。在《饮冰室诗话》中,他表彰"能熔

---

① 叶嘉莹:《王国维及其文学批评》,河北教育出版社 1997 年版,第 297 页。
② 罗钢:《意境说是德国美学的中国变体》,《南京大学学报》(哲学·人文科学·社会科学)2011 年第 5 期,以及《"把中国的还给中国"——"隔与不隔"与"赋、比、兴"的一种对位阅读》,《文艺理论研究》2013 年第 2 期。

铸新理想以入旧风格"的诗人。所谓"新理想",即爱国、民主、科学等思想,诗人应将爱国、民主、科学等思想融入诗歌作品,以启发国民,开通风气。文学之外,梁启超还注意到音乐、戏剧等艺术门类。他认为音乐可以伸民气、振精神、益教育,他说:"甚矣,声音之道感人深矣","欲改造国民之品质,则诗歌音乐为精神教育之一要件"。无论讨论何种艺术,梁启超均贯彻功利主义原则,强调其应有益于社会,有益于国家、民族。梁启超功利主义美学思想在近代产生了重大的影响,得到了诸多的响应。可以说,整个近代美学、文艺批评中,都弥漫着功利主义的气息。

与功利主义强调艺术的社会功用不同,超功利主义美学否定文艺的直接社会功用,强调审美活动的独立性与超越性。在《叔本华之哲学及其教育学说》《叔本华与尼采》《红楼梦评论》等文章中,王国维主要依据叔本华的哲学与美学理论,阐述了自己的超功利主义美学思想。他指出,人生的根本是欲望,以欲望之眼观世界,世界万物无往而不与利害相关,唯有在审美与艺术活动中,人暂时地摆脱与世界的利害关系:"唯美之为物,不与吾人之利害相关系;而吾人观美时,亦不知有一己之利害。何则? 美之对象,非特别之物,而此物之种类之形式;又观之之我,非特别之我,而纯粹无欲之我也"[1],"美术之为物,欲者不观,观者不欲,而艺术之美所以优于自然之美者,全存于使人易忘物我之关系也"[2]。审美与艺术是超功利的,美术使人超脱于现实利害关系之外,美术不追求直接的物质利益,但也正因此而具有自己独特的价值,这是王国维美学思想的核心内容。和功利主义美学思想的声势浩大相比,王国维超功利主义美学的影响相对较小,但也并非没有同道,从黄人、徐念慈、吕思勉到蔡元培,都先后或简要或详尽地阐述过超功利主义的美学原则。

功利主义与超功利主义两种美学思潮的对立与互补,不仅决定了 20 世纪初美学的格局,而且在很大程度上决定了后来整个现代中国美学的走向。有学者认为,整个 20 世纪中国美学,都贯穿着功利主义与超功利主义的斗争这一线索。梁启超开创了功利主义的传统,属于这个传统的重要人物有鲁迅、瞿秋白、胡风、周扬、蔡仪。王国维开创了超功利主义的传统,属于这个传统的人物有蔡

---

[1] 王国维:《叔本华之哲学及其教育学说》,《王国维遗书》第 5 卷,上海书店出版社 1983 年影印版,第 29 页。

[2] 王国维:《红楼梦评论》,《王国维遗书》第 5 卷,上海书店出版社 1983 年影印版,第 43 页。

元培、朱光潜、宗白华、丰子恺以及后期李泽厚。[①]

  功利主义与超功利主义这一对概念对于我们理解 20 世纪初中国美学是有帮助的，但同时须注意其局限性。功利主义与超功利主义的区别只是相对的，并非绝对的，应注意其复杂性。梁启超强调文学为社会政治服务，但也并未忽略文学作为审美艺术的特殊性与独立性，在《论小说与群治之关系》《惟心》等文章中，梁启超对艺术创造与接受活动中的心理机制进行了细腻的分析，这些分析现在读来仍然非常富有启发性。王国维强调文艺的超功利性，但同时又指出文艺对社会人生的永恒价值。不论是功利主义美学还是超功利主义美学，其实都包含了一种启蒙主义的精神追求——通过审美与艺术的熏陶作用，对中国人进行精神文化上的洗礼，让中国人在精神上变得高尚起来、强大起来。梁启超强调文学为民族、国家服务，固然是要利用文艺对国人进行精神启蒙，王国维、蔡元培强调审美的超脱性与非功利性，同样是要对国人进行精神启蒙，希望国人摆脱蒙昧、野蛮、庸俗，养成优美高尚的人格。在很多问题上，两派都有共同点，两派之间并没有不可跨越的界限。

[①] 参考陈文忠：《美学领域中的中国学人》导言部分，安徽教育出版社 2001 年版；以及聂振斌等：《思辨的想象：20 世纪中国美学主题史》第二章，云南大学出版社 2003 年版。

第一章

美学学科的初建

从学科史的角度回顾 19、20 世纪之交的中国美学,会有一个感觉:与个别美学家在美学研究上的建树相比,美学作为一门学科从无到有的建立是一件更为重要的事情。从 19 世纪末中国人知道"美学"这个词,到 20 世纪 20 年代美学作为一门学科得到大家广泛的承认,经历了一段不寻常的过程。在这一过程中,有以下几个方面的事情值得记述:第一,"美学"概念的传播与确立;第二,美学进入大学的课程设置;第三,重要美学论著的翻译与撰写。

第一节　"美学"概念的确立

一套规范的、成熟的概念术语体系,是一门学科得以存在的前提条件,也是这门学科正式成立的标志。美学作为一门学科在中国成立,是以一系列概念术语的传播与确立作为起始的。其中,又以"美学"概念的传播与确立最为重要。因为对一门学科来讲,命名是一件至关重要的事情,学科是通过命名而正式出现的,没有"美学"这一学科的命名,也就没有美学这一学科的存在。

(一)"美学"之前的美学译名:从"审美之理"到"艳丽之学"

曾经有种观点认为,是王国维于20世纪初最早引入了美学概念。① 现在看来,这一时间要大大提前。早在19世纪六七十年代,就已经有人将美学概念引入了中国,只不过那时并未使用"美学"这个词,而是用的其他名称。

最早将Aesthetics引入汉语世界的,是西方来华传教士。西方传教士来华后,除了传教、办学、办医院外,还从事图书编纂工作,所编之书除了宗教类小册子外,还有一些中外文词典以及介绍西方历史文化的普及性读物。在这些出版物中,有零星的关于西方美学的介绍。1866年,英国传教士罗存德(Wilhelm Lobscheid)在其所编的《英华词典》中,就开列了Aesthetics一词,他将此词译为"佳美之理"和"审美之理"。②

罗存德之外,另一位在美学概念传播史上值得纪念的人是德国传教士花之安(Ernst Faber)。有学者认为,花之安是最早创制"美学"一词,并以之对应西方Aesthetics的人,依据是1875年,花之安的《教化议》一书中出现了"美学"。③《教化议》提到"美学"的原文如下:

> 救时之用者,在于六端,一、经学,二、文字,三、格物,四、历算,五、

---

① 聂振斌:《中国近代美学思想史》,中国社会科学出版社1991年版,第55页。
② 黄兴涛:《"美学"一词及西方美学在中国的最早传播》,《文史知识》2000年第1期。
③ 黄兴涛:《"美学"一词及西方美学在中国的最早传播》,《文史知识》2000年第1期。

地舆，六、丹青音乐（二者皆美学，故相属）。①

在"丹青音乐"四字之后，花之安特地用小字作注写道："二者皆美学，故相属。"但是结合上下文仔细推敲这段话后，会发现花之安这里提到的"美学"不应理解为 Aesthetics，而是应该理解为"美的技艺"或"关于美的学问"。理由有二。第一，这段话之后，花之安又用了一段比较长的话来——论证他提出的"六端"所具有的"救时之用"，其中关于"丹青音乐"的论证如下："音乐与丹青，二者本相属。音乐为声之美，丹青为色之美。论乐亦儒书所重，君子无故，琴瑟不去于身……人能知画，人品亦可高洁，绘山，绘水，恍然身置清幽世界。"从这段话可知，之所以说丹青音乐"相属"是因为二者都具有美的效果，音乐追求声之美，绘画追求色之美。既如此，那么前面提到的"美学"便应该理解为"追求美的技艺或学问"，而不应理解为作为一门学科的美学。第二，如果将"美学"理解为今天的美学的话，那么"丹青音乐（二者皆美学，故相属）"这句话说不通，绘画与音乐可以算是美学的研究对象，但不能说它们二者就是美学本身。

不过，尽管《教化议》中的"美学"不能理解为今天的美学，但在另一本写于1873 年的《大德国学校论略》中，花之安却着实地向中国人介绍了美学。《大德国学校论略》的主要内容，是介绍德国大、中、小学教育的制度与现状，论证教育在促进德国学术进步、社会发展方面的作用，并劝说中国人努力兴学，以教育与学术兴国。在谈到德国的"太学院"即大学时，花之安提到德国大学分"经学""智学""法学""医学"四科，其中"智学"即哲学的主要课程共有"八课"：

> 智学分八课。一课学话，二课性理学，三课灵魂说，四课格物学，五课上帝妙谛，六课行为，七课如何入妙之法，八课智学名家。

可以看出，这里的"八课"对应的是八种不同的学问，作者给每一种学问取了一个中文名字。后面，他又逐一对"八课"的内容作了说明，通过这些说明，我们可以猜出它们各自在今天的名称。比如关于"学话"，他的说明是："不仅教习外国语言文字、声音点画等件，且论古今来有字有图之器皿，并有音无字者。二论文

---

① ［德］花之安：《教化议》，上海商务印书馆光绪二十三年（1897）再版本。

法之全,要旨何在,必须详释其理义,亦须比较万国之话。"可见,这门课应当是语言学。关于"灵魂说",他的说明是:"论性情,论知觉,即外象自五官如何而入,论如何生出意思,论如何醒悟,论寝息,论成梦,论心如何分时分处,论记性、幻性、思虑、谨慎、自知。"可见,这门课应当是心理学。让我们最感兴趣的是对第七课"如何入妙之法"的说明:

> 七课论美形,即释美之所在:一论山海之美,乃统飞潜动植而言;二论各国宫室之美,何法鼎建;三论雕琢之美;四论绘事之美;五论乐奏之美;六论词赋之美;七论曲文之美,此非俗院本也,乃指文韵和悠、令人心惬神怡之谓。①

从这段说明可以看出,这门讲求"如何入妙之法"的学科,正是我们今天所说的美学。在这段关于西方美学的介绍中,作者不但替美学创造了一个描述性的汉语名称"如何入妙之法",而且对美学的任务、美学研究的对象做了说明:美学的任务是研究美之所以为美,美的本质与根源何在;美学关注的对象不仅包括自然、建筑、音乐、绘画,而且包括文学、戏剧。

以今天的标准看,"如何入妙之法"不算是一个合格的译名,过于烦琐。不过站在花之安的角度来考虑的话,这一翻译又可以理解。要知道,当时的中国读者对 Aesthetics 一无所知,而汉语中又没有与之相近的现成的词可以拿来对应,为便于中国读者理解计,将其翻译为"如何入妙之法"也算是一个不错的选择。至少,这个名称可以帮助中国人部分地理解 Aesthetics 为何物。"妙"在中国古代诗文评及画论中是一个常见的概念,称赞一幅画画得好可以说"神妙",称赞一首诗写得好可以说"臻于妙境"。"如何入妙之法"一眼望去的意思就是"如何进入艺术神妙境界的规则、法则",如果像黑格尔那样把美学理解为艺术哲学的话,那么这个翻译也不能说是错误。与这个翻译相类似的另一个关于 Aesthetics 的翻译,是"审辨美恶之法"。1875 年,中国人谭达轩编辑出版、1884 年再版的《英汉辞典》里,Aesthetics 被译为"审辨美恶之法"。所谓"审辨美恶之法",即"审查辨别何者为美何者为恶的规律或法则"。显然,词典编辑者在创制

---

① ［德］花之安:《大德国学校论略》,同治十二年(1873)羊城小书会真宝堂藏版。

这个译名的时候,也有希望这个译名能帮助中国读者更好理解美学的意思。

1889 年,供职于上海圣约翰书院的另一位中国人颜永京在翻译美国心理学家海文(Joseph Haven)《心灵学》时,创制了 Aesthetics 的另一个译名"艳丽之学"。《心灵学》是一本通论性质的心理学著作,在论述人的直觉能力(颜永京译为"理才")的部分,该书设置了一个专章来讨论人的审美经验,这部分内容今天看来大致属于心理美学的范围。颜永京将这一章的题目翻译为"论艳丽之意绪及识知物之艳丽"。译作的开头这样写道:

> 讲求艳丽者,是艳丽之学,较他格致学,尚为新出,而讲求者尚希。①

显然,这里的"艳丽"的意思应该是美,而"艳丽之学"就是我们今天的美学。接下来,该书引出了美学中的一个难题——到底何为美,或者说何为"艳丽":

> 艳丽之为何,一言难罄。若取诸物而谓是艳丽则不难,惟阐其艳丽之为何,难矣。艳丽之物愈多而各异,则愈难阐明。因物多且异,而皆称艳丽者,则必皆有一公同佳处,而欲指明一公同佳处为何,岂非难哉?

这段话像极了柏拉图《大希庇阿斯》篇中关于美的本质的讨论:现实生活中,我们可以轻易地找出一匹美的母马,一个美的汤瓶,可是要追问美本身是什么、何以美的东西是美的,就遇到了困难。针对这个问题,该书给出了几种解答,如美在"物之新奇",在"物之有用",在"多样性状合为一",在"齐整均匀"等等,并一一对其辨析驳难。美的本质问题之外,该书还讨论了人的审美能力问题,颜永京将其翻译为"认知艳丽才"。总的来看,《心灵学》在美学概念的传播史上占有重要的地位,该书不仅较早向中国人介绍了美学,并且尽量以通俗易懂的方式介绍了美学的几个核心问题,对当时的中国人了解美学为何物大有帮助。

不论是罗存德的"审美之理""佳美之理",还是花之安、谭达轩的"如何入妙之法""审辨美恶之法",以及颜永京的"艳丽之学",都各有特色,在推动中国人认识并接受美学上都起到了一定作用。然而,这几个译名都没有最终流传下

---

① [美]海文:《心灵学》,颜永京译,上海益智书会光绪十五年(1889)版,第 13 页。

来。后来,它们都被来自日本的"美学"淘汰。之所以会有这样的结果,一方面固然是因为后来19、20世纪之交的几年日本新名词集体登陆中国所带来的强大冲击力,另一方面也因为这几个名称的先天不足。从语言学角度看,这几个名称有以下两个共同点:第一,都采用了"某某之某某"的文言结构,比较绕口,不符合后来现代白话文的表达习惯;第二,译名重在对 Aesthetics 为何物进行描述,而不是追求译名自身的简洁与有力。就语法上来分析,"审美之理""如何入妙之法""审辨美恶之法""艳丽之学"等都属于复合短语,而"美学"是一个复合词,用复合词而不是复合短语来翻译 Aesthetics 显然更简洁也更符合学科命名的国际惯例。毕竟,在西方文字中像美学、哲学、历史学等学科名称都只是一个单词,而不是一串短语。

(二)"美学"译名的最初引入

甲午战争后,兴起了一股关注并研究日本的风潮,越来越多的中国官员、知识分子前往日本考察。庚子事变后,更有数以万计的青年人前往日本留学。旅日及留日知识分子写了大量文字来介绍日本的国情政体,介绍日本自明治维新以来输入的各种西学知识。一时间,日本成为中国人了解世界的最重要窗口,中国人假道日本,了解到西方各种哲学社会科学的学说与知识。与此同时,日本人借用汉字来翻译西学所创造的各种新名词、新概念也铺天盖地进入中国,"美学"就是在这样一个背景之下被引入的。[①]

从现有材料看,较早引入"美学"一词的是康有为。1898 年春,康有为在上海大同译书局出版了《日本书目志》一书,这是一本目录学著作。在这本书中,他将自己历年以来购买的数百种日文书籍分门别类,总共分成了十五"门":"生理门第一,理学门第二,宗教门第三,国史门第四,政治门第五,法律门第六,农业门第七,工业门第八,商业门第九,教育门第十,文学门第十一,文字语言门第十二,美术门第十三,小说门第十四,兵书门第十五。"其中在"美术门"下"美术书"中出现了"美学"字样:"维氏美学,二册,中江笃介述,八角。"[②]《维氏美学》是日本学者中江兆民(中江笃介)翻译的法国维隆(E. Veron)的著作,分上下卷,由

---

① 关于日本人创制"美学"一词的情况,参考冯天瑜:《新语探源——中西日文化互动与近代汉字术语生成》,中华书局 2004 年版,第 409 页。
② 康有为:《日本书目志》,《康有为全集》第 3 卷,中国人民大学出版社 1991 年版,第 471 页。

日本文部省在 1883、1884 年出版。在这里，康有为只是把"维氏美学"作为书名照抄了过来，对于这本书的内容到底为何，他并没有更进一步的介绍。

《日本书目志》之后，"美学"再度出现，是在一些前往日本考察教育的学者撰写的关于日本学校规制与课程的文字中。1900 年，沈翊清在福州出版《东游日记》，提到日本师范学校开设"美学"与"审美学"。1901 年 10 月，留日学生监督夏偕复作《学校刍言》一文，稍后出版的吴汝伦的《东游丛录》里，也使用过"美学"一词。同年，京师大学堂编辑出版的《日本东京大学规制考略》一书中，更是多次出现了"美学"一词。《日本东京大学规制考略》从"总规""教科""各科学科课程"等多方面介绍了日本东京大学的状况。在"教科"部分，该书提到东京大学文科有"国语学""汉学""史学""哲学""心理学""美学""博言学"等主干课程。在"各科学科课程"部分，该书罗列东大文科九个学科的课程表，其中"美学与美术史"在每个学科的课表中都出现了一次，并且都是在各科第三年的课表中，学时一般是每星期两课时。例如，文科哲学科的完整课表如下：

第一年：哲学概论，全体学，史学，西洋哲学史，腊丁语，动物学，国文学，英语，地质学，汉文学，德语；

第二年：西洋哲学史，中国哲学，腊丁语，论理学及知识论，印度哲学，德语，社会学，心理学，伦理学，比较宗教及东洋哲学；

第三年：美学及美术史，印度哲学，社会学，教育学，精神病论，梵语，哲学，哲学演习，希腊语，比较宗教及东洋哲学，中国哲学，心理学，精神物理学。[1]

再往后，在日本东京中国留学生办的一些同乡杂志上，也出现了"美学"。1903 年《浙江潮》第六期"学术"栏下"文学"分栏中，发表了一篇署名"匪石"的文章《中国音乐改良说》，在这篇文章的标题下有一小段说明文字："此篇例入美学，以本志无此专目，故栏入于此，体例外（舛）谬，阅者谅之。"[2]

翻阅该期杂志，可以看到"学术"栏下共设"经济""教育""军事""历史""传

---

[1] 《日本东京大学规制考略》，京师大学堂 1901 年铅印版，第 29 页。编者按：腊丁语即拉丁语。
[2] 匪石：《中国音乐改良说》，《浙江潮》第 6 期，浙江潮杂志社 1903 年版。

记""文学"六个分栏,除"传记"外,其他五个栏目对应的是五种不同的学问,在该文作者心目中,"美学"本来也应该专门设一个栏目的。显然,这里的"美学"指的是与经济学、军事学、历史学等并列的一门学问,已经是在现代意义上使用的一个概念。1905 年 12 月,《新民丛报》刊登了蒋观云的译作《维朗氏诗学论》,文章开头蒋观云这样来介绍该文的出处:"是论本法国 Everon 氏所著 Esthetigue 书中之一篇,Esthetigue 者美学之意,日本中江笃介氏译其书为《维氏美学》。兹取其关于诗学者译述之,以供我国文艺界之参观。"①值得注意的是,这里不仅提到了"美学",而且提到了"美学"对应的法文单词 Esthétique。

以上提到的关于"美学"的使用,都带有偶然性质,作者只是简单提到了"美学",或者作为书名,或者作为学科名,或者作为课程名,并未解释"美学"到底为何物。"美学"概念要想真正确立,还需做进一步的工作,即不仅仅引入"美学"这样一个名称,还要对美学为何物、美学的历史如何、美学的使命为何等问题予以阐述。惟其如此,才说明中国人真正理解并接受了"美学"。这方面的工作,是由以王国维、蔡元培为代表的一批学人完成的。

(三)"美学"概念的基本确定

王国维关于"美学"的介绍,最早见于他的哲学与教育学译著。1902 年,王国维供职于罗振玉主办的《教育世界》杂志社,编辑刊物之余,他翻译了三本书:《哲学小辞典》《哲学概论》以及《教育学教科书》。第一本书收入"教育丛书",后两本书收入"哲学丛书",均由《教育世界》杂志社出版刊行。《哲学小辞典》提到了"美学"并为其下了这样一个定义:"美学、审美学:Aesthetics。美学者,论事物之美之原理也。"②《教育学教科书》在"总论"第三章《教育学与他科学之关系》中提到了"美学":"于教育之实行时正其次序系统,而为真正之教授,不可不藉伦理学之知识。欲使教授时有生气、有兴味,而使生徒听之不倦,不可不依美学及修辞学之法则。""美学"之外,《教育学教科书》还提到了美育:"文科、理科之

---

① 观云:《维朗氏诗学论》,《新民丛报》1905 年第 22 号。需要指出的是,蒋观云这段文字中列的两个法文词汇并不准确,Everon 应为 E. Veron,Esthetigue 应为 Esthétique。E. Veron 即 Eugen Veron,法国美学家,今通译维隆。
② 王国维:《哲学小辞典》,上海教育世界出版所 1902 年版。

教育,谓之智育;图画、唱歌等,谓之美育。"①《哲学概论》则不仅提到了"美学",而且在题为"自然之理想——宗教哲学及美学"的专节中,以近千字的篇幅,介绍了美学自柏拉图、亚里士多德以来的发展历史。书中认为,柏拉图、亚里士多德、普罗提诺等古代思想家的著作中包含大量的美学思想,但过于支离片面。近世以来英国之夏夫兹博里、哈奇生等皆论述过美感之性质,但也未组织真正之美学。真正的美学自大陆派哲学家始:

> 伏尔夫之组织哲学也,由心性之各作用而定诸学。而于知性中设高下之别,以高等知性之理想为真,对之而配论理学。然对下等之知性,即不明之感觉,别无所言。拔姆额尔登(自一七一四至一七六二)补此缺陷,而以下等知性之理想为美,对之而定美学之一科。其中,一、如何之感觉的认识为美乎? 二、如何排列此感觉的认识,则为美乎? 三、如何表现此美之感觉的认识,则为美乎? 美学论此三件者也。自此以后,此学之研究勃兴,且多以美为与其属于感觉,宁属于感情者。又文格尔曼、兰馨等由艺术上论美者亦不少。及汗德著《判断力批评》,此等议论始得确固之基础。汗德之美学分为二部,一优美及壮美之论,一美术之论也。汗德以美的与道德的、论理的快感的不同,谓离利害之念之形式上之愉快,且具普遍性者也。至汗德而美学之问题之范围,始得确定。②

可以说,这是自"美学"为中国人所知以来关于"美学"的最详尽的介绍了。

王国维个人著作中提到"美学",是在 1903 年之后。1903 年春,王国维开始钻研康德哲学,苦于不能理解,转而阅读叔本华的《意志及表象之世界》《自然中之意志论》及《充足理由之原则论》。由叔本华哲学,王国维打开通往康德哲学的大门。1905 年,王国维又返而读康德,先后读完了康德的"三大批判"。在研读叔本华及康德哲学的三年中,王国维写出了《叔本华之哲学及其教育学说》(1904)、《叔本华与尼采》(1904)、《红楼梦评论》(1904)、《论哲学家与美术家之

---

① 〔日〕牧濑五一郎:《教育学教科书》,王国维译,《王国维全集》第 17 卷,浙江教育出版社 2009 年版,第 496 页。
② 〔日〕桑木严翼:《哲学概论》,王国维译,《王国维全集》第 17 卷,浙江教育出版社 2009 年版,第 288 页。这段文字中提到的西方美学家,伏尔夫今通译沃尔夫,拔姆额尔登今通译鲍姆加登,文格尔曼今通译温克尔曼,兰馨今通译莱辛,汗德今通译康德。

天职》(1905)等文章。在这些文章中,包含着王国维自己对哲学、美学的理解,当然也包含着对于"美学"概念的介绍与宣传。在《叔本华之哲学及其教育学说》中,他肯定叔本华对传统哲学与美学的突破:"叔氏之他学说虽不慊于今人,然于形而上学心理学渐有趋于主意论之势,此则叔氏大有造于斯二学者也。于是叔氏更由形而上学进而说美学。"①在《叔本华与尼采》中他分析叔本华与尼采学说异同,认为尼采晚期学说"虽若与叔氏相反对,然要之不外以叔氏之美学上之天才论应用于伦理学而已"。② 1905 年,王国维为其自编文集《静庵文集》作序,在序言中他提到自己数年来攻读康德及叔本华哲学与美学的艰辛,感慨哲学、伦理学、美学往往可爱者不可信,可信者不可爱:"余知真理,而余又爱其谬误。伟大之形而上学,高严之伦理学,与纯粹之美学,此吾人所酷嗜也。然求其可信者,则宁在知识论上之实证论,伦理学上之快乐论,与美学上之经验论。知其可信而不能爱,觉其可爱而不能信,此近二三年中最大之烦闷。"③在这些文章中,我们可以看到王国维是把美学作为一门极高深、极挑战人的智力同时又容易让人困惑的学问介绍给大家的。可以说,20 世纪最初十年里,对"美学"理解最深、宣传最力的人非王国维莫属。

王国维之外,另一位真正理解"美学",并努力鼓吹"美学"的人是蔡元培。和王国维一样,蔡元培首次提到"美学"也是在他的译著中。1903 年,蔡元培翻译了德国科培尔《哲学要领》。该书除序言外,分"哲学之总念""哲学之类别""哲学之方法""哲学之系统"四部分。在"哲学之类别"部分,该书介绍了作为哲学之分支学科的美学:

> 美学者,英语为欧绥德斯 Aesthetics,源于希腊语之奥斯妥奥,其义为觉为见。故欧绥德斯之本义,属于知识哲学之感觉界。康德氏常据此本义而用之。而博通哲学家,则恒以此语为一种特别之哲学。要之美学者,固取资于感觉界,而其范围在研究吾人美丑之感觉之原因。好美恶丑,人之情也,然而美者何谓也?此美者何以现于世界耶?美之原理如何耶?吾人

---

① 王国维:《叔本华之哲学及其教育学说》,《王国维遗书》第 5 卷,上海书店出版社 1983 年影印版,第 28 页。
② 王国维:《叔本华与尼采》,《王国维遗书》第 5 卷,上海书店出版社 1983 年影印版,第 62 页。
③ 王国维:《静安文集续编·自序二》,《王国维遗书》第 5 卷,上海书店出版社 1983 年影印版,第 21 页。

何由而感于美耶？美学家所见与其他科学家所见差别如何耶？此皆吾人于自然界及人为之美术界所当研究之问题也。

美术者 Art，德人谓之 Kunst，制造品之不关工业者也。其所涵之美，于美学对象中，为特别之部。故美学者，又当即溥通美术之性质、及其各种相区别、相交互之关系而研究之。①

这段文字的值得注意之处，是从词源学上指出了现代美学的来源，同时又说明了为什么本来是研究人的感觉的美学会与美及美术发生关系：美学的本义固然是感觉，但正是在感觉中蕴含着人对于美丑的感知，因此美学必然研究美以及人们对美的感知判断，另外美学还关注与美有关的各种艺术。这样的见解，在当时是比较超前的。

进入民国以后，蔡元培执掌教育部，后来又主持北京大学。他利用自己的地位，大力提倡美育。在《对于新教育之意见》(1912)、《养成优美高尚思想》(1913)、《教育界之恐慌及救济办法》(1916)、《以美育代宗教说》(1917)等系列文章、演讲中，他论证美术对人的情感的陶冶作用，呼吁以美育促进人的全面发展。提倡美术、美育之余，他也不忘向大家推荐以美术、审美为研究对象的美学。在出版于 1915 年的《哲学大纲》中，他多次提及美学：在"总论"部分，他将哲学区分为自然哲学与精神哲学，以美学为精神哲学分支；在"价值论"部分，他从"道德""宗教思想""美学观念"三方面阐述了哲学价值论为何物。1916 年，他筹划编写"欧洲美学丛述"，先撰《康德美学述》，向国人扼要介绍康德美学，尤其重点介绍了康德《判断力批判》中的美感分析部分。1917 年 4 月，在《以美育代宗教》的著名演说中，他提出美学上都丽之美（优美）与崇宏之美（壮美）的区分。如果说，20 世纪最初十年，传播"美学"概念最有力的人是王国维的话，那么第二个十年，传播"美学"最有力的人物无疑是蔡元培。

王国维、蔡元培之外，徐大纯、萧公弼在"美学"概念的确立过程中也曾经起过作用。徐大纯于 1916 年撰《述美学》，萧公弼于 1917 年撰《美学·概论》。这两篇文章中，徐大纯的《述美学》尤其值得注意。《述美学》开头，作者即声称，美学是一门年轻的学问，不但"中土向所未有"，即在西方也是晚近之学，中国人对

---

① ［德］科培尔：《哲学要领》，蔡元培译，《蔡元培全集》第 1 卷，中华书局 1984 年版，第 184 页。

美学还很陌生，作者写作本文的目的是"务求简单明了，以斯学之概念，输入读者脑中，而引起其研究之志"①。接下来，文章分四部分对"美学"进行了介绍。第一部分，作者介绍了 Aesthetics 一词的词源，以及鲍姆加登以 Aesthetics 命名美学这一学科的初衷，并简要说明了为什么美学研究会与审美与艺术相关。第二部分，作者介绍了鲍姆加登之前美学的学科前史，以及鲍姆加登之后美学学科的发展。值得注意的是，在这一部分，作者不仅介绍了康德、席勒、黑格尔、叔本华等 19 世纪德国美学的代表人物，还简要介绍了 19 世纪末以来美学的最新发展，提到了德国的费舍尔、哈特曼，俄国的别林斯基、托尔斯泰，美国的桑塔亚那。第三部分，作者提出了美学研究中的一个核心问题，美感的本质问题，介绍了康德的美感分析理论，以及康德之后其他学者对此问题的看法。第四部分，作者介绍了美学研究中的几个重要概念——美、丑、威严（即崇高）、滑稽美、悲惨美、自然美、艺术美等。可以说，这篇文章是蔡元培一系列美学讲稿问世之前，关于美学的概念、历史、问题的最全面介绍了。如果非要给"美学"概念的确立找一个标志性的时间点的话，那么可以说，经过很多人的努力，到徐大纯的《述美学》发表时，"美学"概念已经初步确立。

　　"美学"概念从引入到确立，并非总是一帆风顺，而是经历了不少波折。很长一段时间里，"一物多名"与"一名多指"的现象困扰着"美学"。所谓"一物多名"，是指"美学"被引入后，并没有马上成为美学唯一的名称，同时期还有其他一些名称与它竞争。所谓"一名多指"，指的是在很多人的笔下，"美学"并不仅仅指称 Aesthetics，同时还包含其他一些意思。

　　先说"一物多名"。20 世纪最初的几年，与"美学"并行的一个最常见的美学译名是"审美学"。如前所述，沈翊清《东游日记》提到美学时同时用了"美学"与"审美学"两个词。王国维《哲学小辞典》介绍 Aesthetics 时也同时用了"美学"与"审美学"。另外，1903 年汪荣宝《新尔雅》提到了"审美学"，该书这样解释"审美学"："研究美之形式，及美之要素，不拘在主观客观，引起其感觉者，名曰审美学。"②1904 年 3 月王国维撰《孔子之美育主义》，用了"审美学"而没有用"美学"。③ 1906 年 4 月，《新民丛报》发表的《教育学剖解图说》中，将心理学、伦理

---

① 徐大纯：《述美学》，《东方杂志》第 12 卷第 1 号，商务印书馆 1916 年版。
② 汪荣宝、叶澜：《新尔雅》，光绪二十九年（1903）刻本。
③ 王国维：《孔子之美育主义》，《教育世界》1904 年第 69 号。

学、社会学、历史学、审美学、论理学、生理学、卫生学八门学科列为"教育学之补助学科"。[1] 直到 1915 年，上海商务印书馆出版的《辞源》，"美学"专条还是这样写的："就普通心理上所认为美好之事物，而说明其原理及作用之学也……萌芽于古代之希腊。18 世纪中，德国哲学家薄姆哥登 Alexander Gottlieb Baumgarten 出，始成为独立之学科。亦称审美学。""审美学"的流行，与日本有关系。明治时期日本人关于美学的译名原本就混乱，在中江兆民选定"美学"一词之前，西周曾经将其译为"善美学""美妙学"。之后，森鸥外又将其译为"审美学"。1892 年起，森鸥外在庆应义塾以"审美学"的名义讲授美学。另外，森鸥外还撰写过《审美论》(1892)、《审美极致论》以及《审美纲领》(1899)。[2] 日本人关于用"审美"还是"审美学""审美论"的分歧显然也延续到了中国。"审美学"之外，还有人用过"美术"，以及之前由中国人颜永京首创的"艳丽之学"。1908 年，颜永京之子颜惠庆所编的《英华大辞典》关于 Aesthetics 的翻译是这样的："Aesthetics：philosophy of taste，美学、美术、艳丽学。"1916 年，该词典出版第四版，关于 Aesthetics 的翻译仍是"美学、美术、艳丽学"。[3]

再说"一名多指"。曾经有一段时间，在某些学者的笔下，"美学"不仅仅指称美学，还指称其他意思。比如，蔡元培译《伦理学原理》第八章"道德与宗教之关系"论述宗教利用美术时，有这样一句话："多神教常界诸神以人类感官之性质，至为自由，故在美学界，极美满之观，是吾人今日所以尚惊叹于希腊诸神也。"仔细揣摩上下文，这句话中的"美学界"似乎应作"艺术界"或"美术界"来理解。又比如，蔡元培 1915 年撰写的《哲学大纲》第四编的"美学观念"部分，频频出现"美学之判断"一词："美学之判断，所以别美丑"，"其绅经绎纯粹美感之真相，发挥美学判断之关者，始于近世哲学家，而尤以康德为最著。"[4]这里的"美学之判断"，应作今天"审美判断"来理解。同理，1916 年《康德美学述》中"美学之断定"[5]，也应作"审美之断定"解。

什么时候，"美学"的概念被完全确定下来，"美学"一词成为 Aesthetics 的专属名称的呢？我们很难给出一个确切的时间，而只能说，大概在 1920 年以

---

[1] 祖武：《教育学剖解图说》，《新民丛报》1906 年第 5 号。
[2] 森鸥外：《鸥外全集》第 1 卷，鸥外全集刊行会 1923 年版。
[3] 颜惠庆：《英华大辞典》，上海商务印书馆 1916 年版，第 33 页。
[4] 蔡元培：《哲学大纲》，《蔡元培全集》第 2 卷，中华书局 1984 年版，第 379、380 页。
[5] 蔡元培：《康德美学述》，《蔡元培全集》第 2 卷，中华书局 1984 年版，第 498 页。

后。1920 年之后,随着刘仁航译《近世美学》的出版,随着蔡元培一系列以"美学"命名的讲稿的发表,随着国内高校纷纷开设美学课,"美学"的名称才彻底被固定、强化下来。关于这几个事情,后面的两节还会讲到。

引入并树立一个"美学"概念,并不只是对这个学科的命名而已。实际上,这意味着学科的建立。学科的命名,从来都是有意识的学科建构的一部分。有名才有实,名称具有述行(performative)作用,在"美学"这个名称的刺激下,美学这个学科才建立起来。

(四) 其他几个概念的引入:审美、美、美术、艺术

"美学"之外,"审美""美""美术""艺术"等相关概念的流变也值得关注。

先说"审美"。汉语"审美"一词对应英文中的 Aesthetic,"美学"一词对应英文中的 Aesthetics,两个单词仅相差一个字母,非常接近。19 世纪末 20 世纪初,"美学"一词引入中国的同时,"审美"一词也随之输入。前面曾经提到,1866 年罗存德《英华词典》即将 Aesthetics 翻译为"审美之理""佳美之理",这样算起来"审美"一词的出现还要早于"美学"。1901 年王国维译的《教育学》一书中,没有出现"美学",但是已出现了"审美""审美的感情"等概念。《教育学》第二编"教育之原质"论儿童教育当注意环境美化:"小儿之周围,不可使驳杂。人间之审美的感情,自幼时之周围造成者也。"[①]1902 年,王国维在翻译桑木严翼著的《哲学概论》时,则同时提到了"美学"与"审美":"抑哲学者承认美学为独立之学科,此实近代之事也。在古代柏拉图屡述关此学之意见,然希腊时代尚不能明说美与善之区别……其他如普禄梯诺斯、龙其奴斯等亦述审美之学说,尚不与以完全之组织。"[②]

和"美学"一样,"审美"一词的引入,与世纪之交西方及日本教育学知识的输入有密切关系。20 世纪最初的几年,提到"美学"与"审美"最多的,是一些有关教育的著作与文章。但是二者之间又有细微差异:"美学"一词通常在关于日本与西方教育制度的文章中出现,作为现代大学中的一门学科、学问而被提到;

① ［日］立花铣三郎:《教育学》,王国维译,《王国维全集》第 16 卷,浙江教育出版社 2009 年版,第 360 页。
② ［日］桑木严翼:《哲学概论》,王国维译,《王国维全集》第 17 卷,浙江教育出版社 2009 年版,第 288 页。书中提到的普禄梯诺斯今通译普罗提诺,龙其奴斯今通译朗吉努斯。

"审美"则往往在教育理论、教育方法的文章著作中出现,被认为是对中小学生特别是儿童施加教育的一种方法、手段。1904 年 2 月,王国维在所撰《孔子之美育主义》中,主张发挥审美在教育中的独特功效:"审美之境界乃不关利害之境界,故气质之欲灭,而道德之欲得由之以生。故审美之境界乃物质之境界与道德之境界之津梁也⋯⋯而美育与德育之不可离,昭昭然矣。"1905 年《江苏》杂志发表的《教育学之补助学科》一文,也提到了"审美":"感情之起源,有发于普通的⋯⋯等而上之,则为情操,随吾人高尚思想以俱来,有知识的,有审美的,有伦理的。"1905 年《醒狮》杂志发表的《图画修得法》一文,强调图画在培养学生审美情操方面的重要性:"图画者可以养成绵密之注意,锐敏之观察,确实之知识,强健之记忆,著实之想像,健全之判断,高尚之审美心(今严冷之实利主义,主张审美教育,即其美之情操,启其兴味,高尚其人品之谓也)。"①

20 世纪初,"审美"成为哲学、美学以及文学批评中的常用概念术语。蔡元培《哲学大观》:"自美感进化之事实言之,其形式之渐进而复杂,常与内容相因,且准诸美术家之所创造,与审美者之所评鉴,则客观之价值,亦有未容蔑视者。"②蔡元培《以美育代宗教说》:"狮虎,人之所畏也,而芦沟桥之石狮,神虎桥之石虎,决无对之而生搏噬之恐者。植物之花,所以成实也,而吾人赏花,决非作果实可食之想。善歌之鸟,恒非食品。灿烂之蛇,多含毒液,而以审美之观念对之,其价值自若。"③梁启超《美术与生活》:"要而论之,审美本能,是我们人人都有的。"④

和"审美"不同,"美"本来是汉语中所固有的词。《论语》《庄子》《老子》中,"美"字屡见不鲜。但是,在中国古代"美"的含义很复杂,美经常与善联系在一起,美可以形容物体外形,也可以被用来形容政治与德行。然而在现代美学理论中,美与善与真被严格区分开来,真、善、美三分,三者分别与人的精神中的理智、意志、情感相关联。那么,这个意义上的"美"的概念是何时确立的呢? 大概的时间也是在 19、20 世纪之交。世纪之交,伴随哲学、教育学、心理学等西方学术的输入,与"真""善"相对的"美"的概念也被引入。1901 年王国维译《教育学》

---

① 惜霜:《图画修得法》,《醒狮》第 2 期,醒狮杂志社 1905 年版。
② 蔡元培:《哲学大观》,《蔡元培全集》第 2 卷,中华书局 1984 年版,第 380 页。
③ 蔡元培:《以美育代宗教说》,《蔡元培全集》第 3 卷,中华书局 1984 年版,第 33 页。
④ 梁启超:《美术与生活》,《饮冰室合集·文集之三十九》,中华书局 1936 年版,第 24 页。

中,较早引入了智、意、情三分的框架,该书强调教育之目的在使人三方面全面发展,最后达到真、善、美的境地:"精而言之,道德上之自由者,使智识所指示之真、善、美体于我心,而真、善、美与心无二致之谓也。心之自由所动,即与真合、与善合、与美合所谓也。"该书第二编第二节提到对幼儿的教育应特别注意应用美的元素:"使小儿之周围之物,常保持绮丽,则清洁之习惯,自为第二之天性,而为判别美丑之元素也。"①1903 年秋《论教育之宗旨》一文中,王国维提出教育之宗旨为"使人为完全之人物",人类精神有智力、情感、意志三方面,对之而有真、美、善三种理想,"欲为完全之人物,不可不备真、美、善之三德"。②

"美学"的概念输入并逐渐确立后,"美"的概念与"美学"如影随形。"美学"被认为是与"美"有关的学问,"美"的本质如何、"美"如何被鉴赏被认为是美学的核心问题。如前所述,1902 年王国维《哲学小辞典》给"美学"的定义是这样的:"美学、审美学:Aesthetics。美学者,论事物之美之原理也。"③1902 年王国维译《哲学概论》关于"宗教及美学"的专节中,提到了"美与善之区别""美的感情之性质",并再三强调"美"的问题在美学中的重要性:"一、如何之感觉的认识为美乎? 二、如何排列此感觉的认识则为美乎? 三、如何表现此美之感觉的认识则为美乎? 美学论此三件者也"。④ 1903 年蔡元培《哲学要领》关于"美学"的介绍中,强调美学的核心问题是研究"吾人美丑之感觉之原因",研究"美何以现于世界""美之原理如何"。1915 年蔡元培《哲学大纲》提出美学判断的关键在辨别美丑:"科学在乎探究,故论理学之判断,所以别真伪;道德在乎执行,故伦理学之判断,所以别善恶;美感在乎赏鉴,故美学判断,所以别美丑。"1916 年蔡元培《康德美学述》认为康德美学的精华是其关于优美与壮美的解剖,介绍康德关于优美分析的结论:"美者,循超逸之快感,为普遍之断定,无鹄的而有则,无概念而必然者也。"

"美"是一种特殊的存在,美具有超概念性、超功利性与普遍性。这样一种"美"的概念被应用于艺术,便是对艺术超功利性的强调。美是无功利的,艺术

---

① [日]立花铣三郎:《教育学》,王国维译,《王国维全集》第 16 卷,浙江教育出版社 2009 年版,第 332、360 页。

② 王国维:《论教育之宗旨》,《教育世界》1903 年第 56 号。

③ 王国维:《哲学小辞典》,《教育世界》杂志社 1902 年版。

④ [日]桑木严翼:《哲学概论》,王国维译,《王国维全集》第 17 卷,浙江教育出版社 2009 年版,第 288 页。

以美为目的，当然也超越道德与功利之外。王国维《红楼梦评论》："美术之为物，欲者不观，观者不欲；而艺术之美所以优于自然之美者，全存于使人易忘物我之关系也。"志忞《名人乐论》："即音乐之美以言音乐理论，日本音乐家中知之者、研究之者，恐无其人也。"[1]黄人《〈小说林〉发刊词》："小说者，文学之倾于美的方面之一种也。宝钗罗带，非高蹈之口吻。碧云黄花，岂后乐之襟期……一小说也，而号于人曰：吾不屑屑为美，一秉立诚明善之宗旨，则不过一无价值之讲义，不规则之格言而已。"[2]徐念慈《〈小说林〉缘起》："黑瞀尔氏（Hegel，1770—1831）于美学，持绝对观念论者也。其言曰：艺术之圆满者，其第一义，为醇化于自然。简言之，即满足吾人之美的欲望，而使无遗憾也。"[3]20 世纪文学批评、艺术批评中，"美"成为一个核心关键词。

今天，"艺术"与"美术"被认为是两个不同的词。"艺术"的范围很广，包括文学、音乐、舞蹈、绘画、雕塑等在内。"美术"则专指造型艺术，包括绘画、雕塑以及建筑，有时甚至连建筑也排除在外。但是在 20 世纪初，这两个概念却没有像今天这样被严格区分。通常情况下，这两个概念被不加区分地互换使用，其含义都等同于今天的艺术，并且总起来看"美术"一词的使用频率要高于"艺术"。1902 年，王国维译《哲学概论》同时使用了"美术"和"艺术"："雅里大德勒应用美之学理于特别之艺术上……汗德之哲学分为二部，一优美及壮美之论，一美术之论也。"《红楼梦评论》《古雅之在美学上之位置》同样也是如此。《人间嗜好之研究》则只使用了"美术"，而没有用"艺术"。蔡元培早期的文章，也多用"美术"而不用"艺术"。大多数情况下，19 世纪末、20 世纪初的"美术"，其意思是"美的艺术"或"追求美的艺术"，大致相当于今天的"艺术"。当然，也有特殊的情况，有时候"美术"也在今天的意义上使用。比如，1901 年《译书汇编》第二年第一期发表了一篇《日本学校系统说》，提到日本东京美术学校教授铅笔、毛笔、油画、雕刻等各种美术，显然这里的"美术"就是今天狭义的美术。另外，还有些人同时在广义和狭义两个层面上使用"美术"。比如，《醒狮》杂志开辟有"美术"与"音乐"两个不同栏目，"美术"栏目全是画论，"音乐"栏目专论音乐，显然作为栏目名称的"美术"是狭义的。但是另一方面，"音乐"栏刊发的文章中又

① 志忞：《名人乐论》，《醒狮》第 2 期，醒狮杂志社 1905 年版。
② 黄人：《〈小说林〉发刊词》，《小说林》第 1 期，小说林社 1907 年版。
③ 徐念慈：《〈小说林〉缘起》，《小说林》第 1 期，小说林社 1907 年版。

声称"音乐者,美术的,亦教育的","目下之日本音(乐),总不得为美术"①,"美术"又变成了广义的概念。

"美术"与"艺术"概念的混乱,同样来自日本。1882 年,费诺罗萨在《美术真说》中明确将"音乐、诗歌、书画、雕刻和舞蹈"纳入"美术"的范畴,确立了"美术"概念在日本的地位。但是紧接着中江兆民《维氏美学》又用"艺术"代替了"美术"。森鸥外《审美极致论》则混用"美术"与"艺术"。另一方面,大西祝、高山樗牛的一些著作中,"美术"又被在狭义上使用。这种混乱延续到了中国。

什么时候"美术"丧失了其广义的内涵,成为造型艺术的专称,而"艺术"取代了"美术"原来的地位呢? 大概在 1920 年左右。推动这一转变的因素有两个。一是不断有学者撰文,要求区分"艺术"与"美术",将"美术"的意义限定为造型艺术。比如吕澂 1919 年刊载于《新青年》的《美术革命》这样写道:"凡物象为美之所寄者,皆为艺术(Art),其中绘画雕塑建筑三者,必具一定形体于空间,可别成为美术(Fine Art),此通行之区别也。"二是各种美术专科学校、音乐专修学校纷纷开设,既然美术学校只教绘画、雕塑,音乐有专门学校,而文学又往往开设在综合大学的文科专业中,那么在一般人心目中,"美术"自然不再是一个总括各门艺术的概念。

第二节 大学的美学课程设置

现代学术的发展与大学的学科及课程设置有密切关系。衡量一门学科是否真正确立,一个重要标准是看其在大学的学科课程体系中是否占有一定位置。能够在大学的学科课程体系中占有固定的一席之地,不仅说明该学科的学科地位得到了官方与公众的承认,而且还意味着该学科的知识生产活动得到了体制的保障。美学学科地位在中国的确立,与清末以来中国大学的学科及课程设置有直接关系。

---

① 志忞:《名人乐论》,《醒狮》第 2 期,醒狮杂志社 1905 年版。

（一）清末大学中的"美学"课程

美学首次进入中国的大学课程体系，是在 1904 年张之洞、张百熙等人组织制定的《奏定大学堂章程》中。《奏定大学堂章程》规定，大学堂内设分科大学堂及通儒院，分科大学共八：一经学科大学，二政法科大学，三文学科大学，四医科大学，五格致科大学，六农科大学，七工科大学，八商科大学。各科大学又分为若干"门"（相当于现在的系），其中工科大学分九门："一土木工学门，二机器工学门，三造船学门，四造兵器学门，五电气工学门，六建筑学门，七应用化学门，八火药学门，九采矿及冶金学门。"其中，"建筑学门"第二年的课表中，出现了"美学"。建筑学门完整课表如下：

第一年：算学，热机关，应用力学，测量，地质学，应用规矩，建筑材料，房屋构造，建筑意匠，应用力学、制图及演习，测量实习，制图及配景法，计画及制图，建筑历史，配景法及妆饰法，自在画；

第二年：计画及制图，卫生工学，水力学，施工法，实地演习（不定），冶金制器学，配景及装饰法，自在画，美学，装饰画；

第三年：计画及制图，实地演习（不定），自在画，装饰画，地震学。[1]

在"建筑学门"开设"美学"课，这一做法出自对日本大学课程制度的模仿。《奏定大学堂章程》的编制，折衷了各国的大学制度，但主要是模仿学习日本，在日本大学制度的基础上略作调整而成。关于这一点，有《章程》制定过程中制定者的文稿函件为证。1902 年张之洞致张百熙书信里提到："派员考察一层，最为扼要……日本学制，尤为切用，谕旨中有详细章程通行各省之谕，此时似可从容斟酌。"[2]另外，各分科大学下各门的设置，各门的具体课程设置，以及关于某些课程的说明，都可以证明这一点。比如经学科大学的"辩学"课程，后面以小字注明"日本名论理学，中国古名辩学"，政治科大学的"国家财政学"课程，小字注释"日本名为财政学，可暂行采用，仍应自行编纂"，等等。实际上，除了经学科

---

① 张之洞、张百熙等：《奏定学堂章程·大学堂章程》，光绪三十年（1904）陕西藩署刻本。
② 张之洞：《致京张冶秋尚书》，璩鑫圭、唐良炎编《中国近代教育史资料汇编·学制演变》，上海教育出版社 2007 年版，第 141 页。

大学、文学科大学的课程设置较有特色外,其他五科大学的分科及课程几乎都是照搬日本(其中商科大学系由日本政法学科中之商法独立出来),这里不再赘述。想要说的是,就工科建筑学门美学课的设置来说,是受到日本东京大学的影响。前面曾经提到过的《日本东京大学规制考略》一书的"各科学科课程"中,介绍过日本东京大学工科"造家科"的课程设置,完整课表如下:

第一年:数学,建筑材料,自在画,蒸汽机关,家屋构造,材料及构造强弱制图演习,材料及构造强弱学,建筑沿革,实地测量,测量,住家意匠,制图及配景法,地质学,日本建筑学,意匠及制图,应用规矩,配景法。

第二年:卫生工学,施工法,装饰画,妆饰法,制造冶金学,意匠及制图,日本建筑学,美学,实地演习,特别建筑意匠,自在画。

第三年:实地演习,地震学,计划及卒业论说,建筑条例,自在画,装饰画,意匠及制图。①

将这份课表与《奏定大学堂章程》中工科建筑学门的课表仔细比较,会发现基本相同。《奏定章程》所列 3 年 24 门课程中,除了"水力学"课程东京大学"造家学门"没有,个别课程的名称稍有差异(如"热机关"东京大学为"蒸汽机关","建筑历史"东京大学为"建筑沿革")外,其他课程均完全相同。显然,《奏定章程》建筑学门的课程设置,来自对日本东京大学建筑学门课程的复制,"美学"就是在这种复制中进入《奏定大学堂章程》中来的。

有意思的是,建筑学门依样画葫芦地设置了美学课,文学科大学却没有美学课。正如前面已经提到过的,日本东京大学文学科大学总共九门学科的课表中,均包含"美学及美术史"课程,这与《奏定大学堂章程》中文学科大学的情况形成了鲜明对比。《奏定大学堂章程》规定"文学科大学"分为九门:"一中国史学门,二万国史学门,三中外地理学门,四中国文学门,五英国文学门,六法国文学门,七俄国文学门,八德国文学门,九日本国文学门。"②搜寻各门的具体课程表,均不见"美学"。为什么会漏掉美学? 或许,是设计者对美学这门课的性质、

① 京师大学堂编:《日本东京大学规制考略》,京师大学堂 1901 年铅印版。
② 张之洞、张百熙等:《奏定学堂章程·大学堂章程》,光绪三十年(1904)陕西藩署刻本。

内容不了解,不明白这门课对文学科各学科的意义。但更重要的原因,应该是设计者对整个文学科大学的设计思路。据《日本东京大学规制考略》,东京大学文学科分为九门:"曰哲学科,曰国文学科,曰汉学科,曰国史科,曰史学科,曰博言学科,曰英文学科,曰德文学科,曰法文学科。"①比较《奏定大学堂章程》与它的差异,会发现除了改"国文学科"为日本文学科、增加中外地理学门及俄国文学门外,最重要的一个差异,是减掉了至关重要的哲学学科。在东京大学文学科大学里,哲学科居首位,哲学科的主课哲学概论、哲学史、美学等,在其他学科也是主干课程。而在《奏定大学堂章程》对文学科大学的设计中,却不见哲学的踪影。与哲学学科的空缺相对应,其他各科的课程中也不见哲学概论、哲学史、伦理学、美学等哲学学科的常见课程。也许在设计者看来,既然整个哲学学科都是多余的,那么作为哲学分支的伦理学、美学等也就自然付之阙如了。

《奏定大学堂章程》出炉后,引起王国维的强烈不满。1906 年,王国维在《教育世界》杂志发表《奏定经学科大学文学科大学书后》一文,系统指摘《奏定大学堂章程》的缺点。王国维指出,《奏定大学堂章程》谬误甚多,其中最根本之谬误则为"缺哲学一科",欧洲大学无不以神、哲、医、法为分科之基础,日本大学不设哲学科大学,但文学科大学中哲学门居各门之首。王国维猜测张之洞不设哲学科的各种可能的理由,如"以哲学为有害之学""以哲学为无用之学""以外国之哲学与中国古来之学术不相容",等等,并一一予以驳斥。王国维认为,不但废除哲学科为无理由,哲学科当专设一门,并且经学科大学、文学科大学下各门均应讲授哲学概论及美学、名学(逻辑学)等哲学的分支学问。他特意谈到美学对文学科的意义:"且定美之标准与文学上之原理者,亦唯可于哲学之一分科之美学中求之"。最后,他拟定了一个全新的文学科大学规程,将张之洞的"经学科大学"合并入文学科大学中,文学科大学分为五科:一经学科,二理学科,三史学科,四国文学科,五外国文学科。各科的课程如下:

一、经学科科目:一哲学概论,二中国哲学史,三西洋哲学史,四心理学,五伦理学,六名学,七美学,八社会学,九教育学,十外国文;

二、理学科科目:一哲学概论,二中国哲学史,三印度哲学史,四西洋哲

---

① 《日本东京大学规制考略》,京师大学堂 1901 年铅印版。

学史,五心理学,六伦理学,七名学,八美学,九社会学,十教育学,十一外国文;

三、史学科科目:一中国史,二东洋史,三西洋史,四哲学概论,五历史哲学,六年代学,七比较言语学,八比较神话学,九社会学,十人类学,十一教育学,十二外国文;

四、中国文学科科目:一哲学概论,二中国哲学史,三西洋哲学史,四中国文学史,五西洋文学史,六心理学,七名学,八美学,九中国史,十教育学,十一外国文;

五、外国文学科科目:一哲学概论,二中国哲学史,三西洋哲学史,四中国文学史,五西洋文学史,六国文学史,七心理学,八名学,九美学,十教育学,十一外国文。①

从这个课表可以看出,在王国维看来,除了史学科之外,文学科大学其他各科均应开设哲学课与美学课。

王国维的文章发表后,并未引起太大反响。1907年,张謇等拟定的《江阴文科高等学校办法草议》中,在"文学部"的科目里列有"美学"一科,也许是受王国维主张的影响,也许不是。1910年,按《奏定大学堂章程》组织的京师大学堂各分科大学行开学礼,除医科大学未招生外,其他七科大学共有十三门实际招生,王国维在文学科大学下设哲学科的建议并未被采纳。1911年,由于辛亥革命的爆发,京师大学堂实际陷于停顿。

（二）民初大学堂的课程设置

进入民国以后,教育部对清末的大学规程作了大刀阔斧的改造。1913年1月,《教育部公布大学规程》出炉。《规程》规定,大学分文科、理科、法科、商科、医科、农科、工科共七科。和《奏定大学堂章程》相比,少了经学科,文学科改称文科。各科下各门的具体课程设置,也有许多变化。这一次,美学课不仅在工科建筑学门,而且在文科哲学门、文学门的课程设置中均赫然在列。以下是文

---

① 王国维:《奏定经学科大学文学科大学章程书后》,《王国维遗书》第5卷,上海书店出版社1983年影印版,第42页。

科哲学门中国哲学类的课表：

（1）中国哲学，（2）中国哲学史，（3）宗教学，（4）心理学，（5）伦理学，（6）论理学，（7）认识论，（8）社会学，（9）西洋哲学概论，（10）印度哲学概论，（11）教育学，（12）美学及美术史，（13）生物学，（14）人类及人种学，（15）精神病学，（16）言语学概论。

以及文学门国文学类的课表：

（1）文学研究法；（2）说文解字及音韵学，（3）尔雅学，（4）词章学，（5）中国文学史，（6）中国史，（7）希腊罗马文学史，（8）近世欧洲文学史，（9）言语学概论，（10）哲学概论，（11）美学概论，（12）论理学概论，（13）世界史。①

紧接着，1913年3月《教育部公布高等师范学校课程标准》中，"美学"又进入了高等师范本科国文部、英文部的课程设置。该《标准》规定：本科国文部以伦理学、心理学、教育学、国文及国文学、英语、历史、哲学、美学概要、言语学、体操为主课，其中美学概要在第三学年上下学期均开设，每周学时2小时；本科英文部课程除多了一门英语及英文学外，其他与国文部课程大同小异，美学概要也是在第三年上下学期开设，每周学时2小时。

教育部关于大学文科开设美学课的规定，很快得到了一些大学的响应。《教育公报》1917年10月发布《北京大学文、理、法科本、预科改定课程一览》，通过这份文件我们知道，改定后的北大哲学门与文学门课程中均设置了美学。下面是哲学门的课程：

通科：心理学概论、认识论、哲学史、生物学、人类学、伦理学概论、教育学概论、美学概论、言语学概论、玄学（即纯正哲学）、外国语（欧洲近代语）。

以上各科，各生所必习者，除外国语外，各科均在第一、二学年讲毕。

---

① 《教育部公布大学规程令》，《教育杂志》1913年第5卷第1号。

专科：中国哲学史、印度哲学史（梵文）、西洋哲学史（希腊文）、论理学（名学）（因明学）、心理学（心理学史）（人体组织及解剖）（生理学）（精神病学）、伦理学（伦理学史）、教育学（教授法）（教育史）（教育学史）、宗教学（比较宗教学）（宗教史）、美学（美术史）（考古学）（文学史）、社会学（统计学）（法理学）（经济学）、言语学（发音学）（比较言语学）。

以上各科在第三、四学年讲授，任各生自择正科一科，副科一科或二科，听讲时间必在三〇单位以上。①

北京大学之外，一些师范类大学也设置了美学课。1917 年 1 月《国立武昌高等师范学校本学年教授程序报告》提到该校英语部三年级开设的美学课程："美学，授《欧洲美术史》（History of European Arts），每周授课二小时，用英文教授，第二学期终即可授毕。"②1920 年 2 月《北京女子高等师范学校八年九月开学后现行校务状况报告》介绍该校图画手工专修科课程，其中也有美学："美学：本学期讲授美学序论、材料形式内容等。每周一小时，用讲义。"③

综合大学、师范学校之外，专门美术学校美学课的设置也值得关注。1918 年 7 月，在蔡元培等人的倡导下，国立北京美术学校成立。该校分中等部和高等部，高等部设中国画科、西洋画科、图案科及图画手工师范科。有意思的是，在中国画科、西洋画科、图案科第二部、图画手工师范科的课程表中，均出现了"美学与美术史"，可见这门课在该校的重要性。这样的设置，与蔡元培有没有关系呢？我们不得而知。另外，各科课表对"美学与美术史"课程内容及讲授顺序的规定也很有意思。中国画科、西洋画科、手工师范科的"美学与美术史"分三部分内容：第一学年讲中国绘画史，第二学年讲西洋绘画史，第三学年讲美学。图案科第二部（建筑装饰图案）的"美学与美术史"也分三部分内容：第一学年西洋建筑史，第二学年美学，第三学年美学。④ 设计者似乎刻意将美学放在了

① 《北京大学文、理、法科本、预科改定课程一览》，潘懋元、刘海峰编《中国近代教育史资料汇编·高等教育》，上海教育出版社 2007 年版，第 391 页。
② 《国立武昌高等师范学校本学年教授程序报告》，潘懋元、刘海峰编《中国近代教育史资料汇编·高等教育》，上海教育出版社 2007 年版，第 751 页。
③ 《北京女子高等师范学校八年九月开学后现行校务状况报告》，潘懋元、刘海峰编《中国近代教育史资料汇编·高等教育》，上海教育出版社 2007 年版，第 769 页。
④ 《北京美术学校学则》，潘懋元、刘海峰编《中国近代教育史资料汇编·高等教育》，上海教育出版社 2007 年版，第 637、641 页。

艺术史的后面,是否考虑到这两部分内容性质的不同呢?

1919 年,上海图画美术学校刊发的《上海图画美术学校概况》中,也提到该校开设了美学课。据文章介绍,该校正科课程中包含"伦理学、透视学、解剖学、美术史、美学、画学、几何学、投影学、铅笔画、钢笔画、水彩画、彩油画、木炭画、图案画,均以实写为要"。文章还特别提到各课教学均包含野外写生部分,"务使学生得直接审案自然界真美的精神,而于美学上且有所心得。"①

回溯 20 世纪初"美学"课在中国大学中的历史,一个重要但现在却很难考索的问题是:虽然很多学校很早就设置了"美学""美学及艺术史"的课程,但这些课程实际开设的情况到底怎样,有多少学校真的将这门课开出来了?

据《北京大学学科史》介绍,直到 1914 年,北大哲学系才迎来第一批学生,则此前哲学系不可能开出美学课。那么 1914 年之后有没有可能呢?《北京大学哲学学科史》认为,由于师资缺乏,直到 1921 年蔡元培在北大讲授美学通论前,北大哲学系一直未正式开设美学课。这个说法可备一说。哲学系如此,中文系的情况又怎样呢?北京大学档案馆藏《北京大学文科一览》中,有一张中文系 1918 年的课表:

姓　名	担任学科	每周学时
刘师培	中国文学 文学史	六 二
黄　侃	中国文学	十
朱希祖	中国古代文学史 中国文学史大纲	二 三
钱玄同	文字学	六
周作人	欧洲文学史 十九世纪文学史	三 三
黄　节	中国诗	六
吴　梅	词曲 近代文学史	十 二

① 《上海图画美术学校概况》,潘懋元、刘海峰编《中国近代教育史资料汇编·高等教育》,上海教育出版社 2007 年版,第 647 页。

可以看出,在这张课表中没有美学课。另外,北大红楼纪念馆展示的 1918 年北大文科教员及其所授课程表中,也没有关于美学课的信息:

姓名	职称	课程	课时		薪资	住址
李煜瀛	讲师	法国文学 生物学 生物学方法论	一 三 一	五	一〇〇	东城遂安伯胡同四号
梁漱溟	讲师	印度哲学	三	三	一〇〇	崇文门外缨子门外胡同路东十六号
顾兆熊	教授	经济学 兼习德文	二二 三	五	二二〇	东城新开路门牌七十六号
杨昌济	教授	伦理学 伦理学史	三三 二	五	二四〇	宝钞胡同北头豆腐池胡同九号
沈步洲	讲师	言语学	二	二	四〇	西城后王公厂路南电话西局一四一
刘师培	教授	中国文学 文学史	六 二	八	二八〇	西城南池子老爷庙电话南局二千七百六十九号
黄侃	教授	中国文学	一〇	一〇	二八〇	北池子北沙滩二十二号
朱希祖	教授	中国古代文学史	二	五	二八〇	黄仪门内帘子库胡同北口路西栅栏门内
钱玄同	教授	文字学	六	六	二四〇	教员寄宿舍
周作人	教授	欧洲文学史 十九世纪文学史	三三 三	六	二四〇	宣武门外南半截胡同绍兴会馆
吴梅	教授	词曲 近代文学史	一〇 二	一二	二二〇	东斜街二十七号
黄节	教授	中国诗	六	六	一八〇	南深沟高井胡同八号电话南局九百零一
辜汤生	教授	英国诗 拉丁文	四 三	七	二八〇	东安门外椿树胡同门牌三十号
Bush	外国教员	英文门英文	一四	一四	二八〇	什锦花园东口外莫宅
Wiliam	外国教员	预科英文 本科作文及英文学	九 七	一六	四五〇	东华门骑河楼门牌十一号
杨荫庆	教授	预科英文 兼习班英文 英文演说	九 三三 二二	一四	二八〇	崇文门外香串胡同门牌十四号

姓名	职称	课程		课时	薪资	住址
文　讷	外国教员	英国史	三	三	六〇	亮果厂一号
宋春舫	教授	十九世纪文学史法文门	二五二	一二	二八〇	景山东街中老胡同路北志宅

其他学校的美学课，倒是有确定已经开设的。《北京女子高等师范学校八年九月开学后现行校务状况报告》是对将要结束的 1918—1919 学年第一学期校务状况的报告，该文提到本学期美学课"讲授美学序论、材料形式内容等。每周一小时，用讲义"，则这门课正在上，讲授者为谁呢？《国立武昌高等师范学校本学年教授程序报告》显示该校美学课"每周授课二小时，用英文教授，第二学期终即可授毕"，则亦已实际开课。实际讲课者为谁？《教育公报》第五年第十三期刊登了一篇《武昌高等师范学校教员及担任学科一览表》，列出了该校总共 36 位中外教师的名字以及他们所担任的学科，但是在担任学科一栏中又没有发现美学或美术史的字样。《报告》提到该课程用英文讲授，是否该课程是由担任英文课的老师兼任呢？查《一览表》，担任英文的老师共六位：张锡周，北洋大学毕业；王恭宽，美国大学毕业；华尔伟，美籍教师；陈辛恒，英国万特别大学硕士毕业；张瑛，北洋大学毕业；沈溯明，美国康奈尔大学毕业。是否是他们六位中的某一位担任的美学课呢？留待以后查找。

1920 年以后，国内各综合性大学普遍都开设了美学课，且都留下了可查的文字记录。1921 年蔡元培在北大讲授美学课，1923 年邓以蛰在北大讲授美学课，1925 年宗白华在中央大学讲授美学课，是学术界众所周知的事情，这里不再赘述。

第三节　美学著作的翻译与撰写

引入"美学"这样一个概念，开设美学这样一门课程，还不足以保证美学这门学科的真正确立。美学要成为大家都公认的一门学问，还需满足两个条件：

外国美学著作的翻译，以及中国人自己的美学著作的撰写。前者标志着美学学科规范、研究典范的确立，后者则意味着美学这门学科真正在中国生根发芽。

（一）哲学、心理学译著中的美学内容

专门的美学著作的翻译，在中国出现相对较晚。在此之前，一部分哲学、心理学方面的译著，承担起了输入美学知识的任务。前面提到，颜永京译约瑟·海文的《心灵学》中，有关于美学的专章。王国维译桑木严翼的《哲学概论》中，有名为"自然之理想——宗教哲学及美学"的专节。在这两部译著中，我们看到不仅"美学"的概念被介绍进来，而且关于美学的一些较系统的知识也得以输入。与这两部译著类似的书还有一些，以心理学方面的为最多。

1902 年王国维译元良勇次郎《心理学》一书中，第十章"音乐"，第十一章"绘画"，第十二章"美丽之学理"，以今天观点看属于心理美学的内容。在"音乐"章，作者分析音乐使听者产生快感的原因，指出音乐由声高搭配而成，此种搭配对人耳蜗中的不同神经产生刺激，最后使人产生和谐与不和谐的感觉。在"绘画"章，作者探讨绘画能给人以快感的原因，结论有三点："第一，模拟之巧拙；第二，绘画之选择；第三，画工之意匠是也。"模拟之巧拙，即画家模仿得像与不像。绘画之选择，即绘画对象的选择，"画粗俗之瓷盆，不如画古代之酒器；画婀娜之娼妓，不若画优美之贵妇人；画洋服之勇士，不若画服甲胄者"。画工之意匠，即画家在绘画中表现的主观精神，优美之绘画应以高尚之观念，引起观赏者同样的观念。在"美丽之学理"章，作者分析美丽之物使人愉快的原因，同样归结为三点："第一，眼球筋肉之感；第二，色之调和；第三，由同伴法所惹起主观的之观念是也。"所谓"同伴法"，即我们现在所说的联想作用。作者特意举希腊雕塑《拉奥孔》为例，指出拉奥孔群雕本述恐怖之事，但之所以使观者产生快感，一个原因是观者欣赏群雕时会产生种种精神的联想，比如命运、神罚的可惧，等等。[①]1907 年，王国维译海甫定《心理学概论》中，也有关于美学的内容。该书第五篇"感情之心理学"第三章以专节论述"智力的感情及审美的感情"，第五章以专节论述"滑稽之情"。特别是在论滑稽之情的专节中，作者以约三千字的篇幅，分

① ［日］元良勇次郎：《心理学》，王国维译，《王国维全集》第 17 卷，浙江教育出版社 2009 年版，第393、394、395 页。

析滑稽之感的原因，列举了多种说法，如欲望满足说、优越感说、同情说、期待落空说，并一一予以辨析。在朱光潜《文艺心理学》问世之前，这是国内能看到的关于"滑稽"的最详尽的论述了。

其他人翻译的心理学译著中，也出现了一些关于美学的内容。比如，1903年出版的《心界文明灯》一书中设有"美的感情"专节。其中提到"美的感情可分为美丽、宏壮二种"，面对美丽之物，人只有快乐一种感情，面对宏壮之物，人于快感之中又伴以恐惧、勇敢之情。1905 年陈愧编译的《心理易解》一书，有关于美感的相对性的论述："甲所美者，未必乙多美也。好恶之不齐，境遇教育习惯等，且均有关系焉。"1907 年杨保恒所编《心理学》一书中，设有"美的情操"专节，在该节中，不仅介绍了"美的情操"的三要素说，即"体制""形式"和"意匠"，同时还阐明了优美、壮美和滑稽美的区别。诸如此类的译著，在输入西方美学思想上都起过一定作用。①

（二）专门的美学译著

专门的美学译著方面，现在看到的比较早的是 1905 年蒋观云译的《维朗氏诗学论》。蒋观云，浙江诸暨人，同情康梁的君主立宪主张，1904—1905 年曾协助梁启超主编《新民丛报》，《维朗氏诗学论》即发表在《新民丛报》上。从这篇译文开头的说明我们知道，该文原为日本中江兆民翻译的法国维朗（今译维隆）《维氏美学》中的一篇，译者又将其转译为中文。中江兆民译《维氏美学》分上下卷，其中下卷共七篇，蒋观云的译文对应的是其第七篇《诗学》，而认真比对后发现蒋对这一篇的翻译也不完整：中江兆民《诗学》原文有八章，蒋观云译文只有两章，分别对应原文第一、二章。译文第二章的末尾有括弧，括弧内两个字"未完"，但实际上后来没有再续登。看来译者本来打算将《诗学》全篇译完，但后来因为其他事情中止了。

维隆《维氏美学》的理论出发点，是一种浪漫主义的表现论，即认为艺术是人类感情、性情的表现。《诗学篇》贯彻了这一理论，主张诗歌的使命是表达情感，诗人体会到一种深厚的感情，以合适的方式传达出来，然后又引起读者的某

---

① 关于近代心理学译著与美学的关系，参考黄兴涛：《"美学"一词及西方美学在中国的最早传播》，《文史知识》2000 年第 1 期。

种感情,这就是诗歌的价值所在。蒋观云翻译的第一、二章的主要内容,也围绕
这一理论而展开。在第一章中,维隆提出,所谓文艺才能,可以理解为"能感动
人心之性",即受到外部环境刺激而产生感情的能力。人人都有诗才,但诗人的
诗才更大一些,原因是诗人观察事物与一般人不同,同样的事物诗人的观察更
敏锐,由此产生的感慨更深。不仅如此,诗人还能以合适的技巧,将自己的感慨
表达出来,使人人都能知晓,这是诗人之所以为诗人的独特之处。另外,诗人表
达情感还有一个特点,即往往不是在感情最浓烈的时候把这种情感表达出来,
而是等激情过后经理性反思然后再传达出来,"诗人之作,非发于其方有感激之
时,而发于其既有感激之后者也。由是观之,所谓诗者,非真写其感激而写其感
激后之一影像也。"①在第二章中,作者提出另一个观点:诗人有感动人心之能,
但诗人并不是简单将自己所有而读者没有的感情灌输给读者,读者读了诗人的
作品之所以感动,原因是自己脑中本来就有感情的积蓄,诗人"不过以感情惹起
读者之感情而已"。② 读者的感情不一定等同于诗人的感情,因为读者阅读时常
伴以想象与联想。那些在情感表达方面适当含蓄,既不晦涩也不过度直白的诗
歌,往往容易激发读者感情,因为这类诗歌为读者想象留下了空白。诗歌作品
往往运用比喻,也是这个道理,比喻的妙处在于不直言某物而是用相似之物来
比拟。另外,在表达情感方面,古代诗人与现代诗人也有一些差异,古代诗人善
于表达种族的共同情感,现代诗人善于表达个人性的情感。可以看出,《诗学
论》的主要内容,大致属于文学创作论的范围。

　　值得注意的是,在《维朗氏诗学论》的正文中,夹杂着一些蒋观云对原文表
达意见的按语。这些按语的内容,主要是对原文中的观点进行解释、说明、补
充,比如第二章的一段按语举《诗经》中的比兴来肯定维隆关于比喻的看法。还
有个别按语,是表达对原文的批评与纠正的。例如,第一章中维隆提出诗人不
是在刚有感情时表达感情,而是在感情已经过去之后再将其复现。蒋观云对此
表达异议,认为诗人之感慨有两种,一平日之感情,一临时之感情,"由追忆往日
之感情而作者固多,以触发一时之感情而作诗者尤不少",当然有时还有这种
情况,即诗人因一时触发之感情而作诗,而作诗过程中平日蓄积之感情也发挥

---

① 观云:《维朗氏诗学论》,《新民丛报》1905 年第 22 号。
② 观云:《维朗氏诗学论》,《新民丛报》1905 年第 24 号。

了重要作用。又比如,第一章末尾维隆提出,一个时代有一个时代的潮流风尚,伟大诗人能表达此一时代风尚,于是能风靡一世之人心。对此,蒋观云也提出异议:"一时代之人,往往有以风俗人心退化之故,其思想有甚失之于卑近者,若必强作者而与流俗同好,其造诣不必能高。余尝论英雄之所以能成为英雄者,谓必与时代相合,而又必稍稍有高出乎时代之处……诗人亦然,其思想不出时代之中,而又不可不占时代思想中最高之一位置,此其所以能为一代之大家也。"①可见,在翻译《维朗氏诗学论》时,蒋观云并未完全认同作者的观点,而是有自己的判断和取舍。

紧接着《维朗氏诗学论》而问世的,是严复译的《美术通诠》。严译《美术通诠》共三篇,第一篇《艺术》,第二篇《文辞》,第三篇《古代鉴别》。第三篇的最后标有"未完"二字,可见并非全译。三篇译文于1906年10月至1907年6月分三次刊载于《寰球中国学生报》,发表时署"英国倭斯弗著,侯官严复译"。由于严复并未标注作者的英文原名,所以"倭斯弗"是谁我们还不知晓。从严复的译文看,该书的论述综括各门艺术,但以文学为主,应该是一本文学理论或文学批评学的著作。但是严复将其翻译为"美术通诠",可见他是把该书作为一本艺术通论来移译的。

《美术通诠》第一篇《艺术》中,作者对艺术概念予以辨析,指出艺术可分为两类,一"美术",二"实艺",前者如雕塑、绘画、音乐、诗赋,后者如各种手工技艺,二者的区别在于"美术所以娱心,而实艺所以适用"。美术又大概可分为"目治之美术"与"耳治之美术"两种,前者包括"营建"(建筑)、"刻塑"(雕塑)、"丹青"(绘画),后者包括"乐律"(音乐)与"诗歌"。以上总共五门美术中,诗歌对材料介质的依赖最少,所以地位也最尊贵。不管何种美术,都可从三个方面来考察:"一其所托之物质也,二其为接于耳目之途术也,三其意境之显晦也。"②接下来,作者从这三个方面一一论述了建筑、雕塑、绘画、音乐、文学五种艺术。在第二篇《文辞》中,作者将文辞与图画两种艺术进行对比,突出文辞的优长。作者认为,和图画相比,文辞的表现能力更强,艺术效果更持久,文辞所写者"概古今人事之变端,统幽明物界之现象,其所传载者,不独人类之言行事功散然粲著者

---

① 观云:《维朗氏诗学论》,《新民丛报》1905年第22号。
② 严复:《美术通诠》,《寰球中国学生报》第3期,环球中国学生会1906年版。

也,且凡人情物理之所会通,所可垂之以为义法者"①。第三篇《古代鉴别》中,作者提出文辞可分为两种,一种为"实录之文",一种为"创意之文",前者纪实,后者构虚,很难说谁高谁低。就"创意之文"来说,其带给读者之享受有三,"事实也,文章也,机趣也"。接下来,作者介绍了古希腊柏拉图和亚里士多德的诗论,并一一对其评骘。作者认为,柏拉图指责诗人说谎,败坏道德,这种批评只顾及了前面所提到的"创意之文"三要素中的一种,而忽略了另外两种要素。亚里士多德《诗学》的值得注意之处,是其对"脱拉节地"(即 tragedy,悲剧)的格外重视。

《美术通诠》的正文中,也夹杂着一些译者的按语,当然这是严复译文的一贯风格。这些按语,一般是对原文进行阐释的,往往有借题发挥的意味。比如,在关于"实录之文"与"创意之文"区分的部分,严复加了一段按语,藉倭斯弗的理论,对中国人关于小说词曲的偏见进行了抨击:"复按:文字分为创意、实录二种,中国亦然。叙录实事者固为实录,而发挥真理者亦实录也。至创意一种,如词曲小说之属,中国以为乱雅,摈不列于著作之林,而西国则绝重之。"这是典型的严复按语的特点。也有些按语,是单纯对原文进行解释的。比如,在关于亚里士多德的"脱拉节地"论部分,严复加了一段按语:"欧洲词曲,大者分为三科:一曰脱拉节地,描摹高义俊伟慨慷,而其中往往有死亡危苦之人事;次曰康密地,嬉笑讥呵,意存讽刺,而其文邻于游戏;三曰额毕格,则以诗为史,类中国之弹词。"②这是中国人对于悲剧、喜剧、史诗的较早的介绍了。还有些按语,是对原文观点进行修正的。比如,在第一篇的结尾的一段按语中,严复指出书法在中国为一种独特之美术,很难归入倭斯弗的艺术五种类中去。

《美术通诠》的语言风格,也是典型的严氏译文的"渊雅"风格。"渊雅"的重要表现,是在译名上力求古朴。虽然也采用了一些当时通行的译名,如"艺术""美术"等,但也有很多概念,尽管当时已有较为通俗的、为一般人所认可的译名,但严复并没有采用,而是选用了一些非常古老的词来对译。比如,"文学"一词久已输入,严复没有采用,而是用的"文辞""文章"。"建筑"一词在《钦定大学堂章程》(1902)、《奏定大学堂章程》(1904)中已经出现,早为一般人所承认,严

---

① 严复:《美术通诠》,《寰球中国学生报》第 4 期,环球中国学生会 1907 年版。
② 严复:《美术通诠》,《寰球中国学生报》第 5、6 期合刊,环球中国学生会 1907 年版。

复也没有采用，而是用了"营建"。"建筑师"一词，严复用的是"梓人""梓匠"。当然，这些译名还不会影响读者对原文意思的理解。而有些词语的使用，却足以导致读者理解的混乱。在讲到建筑材料的使用时，有这样一句译文："营建所托之物质，乃其最粗。略言所用：石也，砖也，木也，铁也，及其他所常用者。是其物为最常之五材。"①"五材"是中国古书中的概念。《左传·襄公二十七年》："天生五材，民并用之，废一不可。"杜预注："金、木、水、火、土也。"②西方并没有"五材"的说法，"五材"用在这里没有必要，反而容易让读者产生困惑，以为真的是指砖石木铁等五种建筑材料。诸如此类的译文，让人不禁对严复"信、达、雅"的翻译追求产生疑问："信""达""雅"三者之间的关系到底应该如何处理，是否要将对于"雅"的追求控制在一定范围以内，才不致损害译文的"信"与"达"？

《美术通诠》与《维朗氏诗学论》两部译著，都只翻译了原书的一部分，并非全璧。大部头的外国美学著作的完整翻译，始于刘仁航译高山林次郎的《近世美学》。刘仁航，江苏邳州官湖镇人，早年就读于徐州中学堂、南京高等学堂、上海广方言馆，后往日本留学，曾任江苏省立第七师范校长，中年后信佛，著有《印度游记》《东方大同学案》等书。《近世美学》是其留日归国后所译。《近世美学》于1920年由商务印书馆出版，但是据书后附的《译余赘言》，我们知道作者翻译这本书的时间是1917年。《近世美学》的原作者高山林次郎（1871—1902）又名高山樗牛，日本明治时期思想家、文艺评论家，东京大学毕业，曾任《太阳》杂志编辑，以输入介绍尼采思想闻名于日本。《近世美学》系高山樗牛醉心尼采之前的译作，1899年由博文馆出版。

《近世美学》的开头，附有高山樗牛的原序，序里写道："是书之著，于今日美学，非有新知识之贡献，其目的所在，不过示现今美学之状态而已。"③可见，这是一本以介绍西方美学最新发展状况为宗旨的美学史类著作。该书共分上下两编。上编"美学史一斑"分两章。第一章"绪言"篇幅很短，简单介绍了美学名称的来源，美学的任务，美学研究的必要性等问题。第二章"美学史之概观"则以近百页的篇幅，完整叙述了西方美学自柏拉图、雅里大德理（亚里士多德）、普劳提尼（普罗提诺）到吴福（伍尔夫）、博格通（鲍姆加登）、李新（莱辛）、康德、黑格

---

① 严复：《美术通诠》，《寰球中国学生报》第3期，环球中国学生会1906年版。
② 《春秋左传正义》，李学勤主编《十三经注疏》标点本，北京大学出版社1999年版，第1065页。
③ ［日］高山樗牛：《近世美学》，刘仁航译，商务印书馆1920年版，第1页。

尔的历史。下编"近世美学"是全书主体,共四章:第三章(章节顺序承上编而来)"克尔门氏之美学"介绍了"德国感情美学之代表"克尔门(Kirchmann,1802—1884,今译基尔希曼)的美学思想;第四章"哈尔土门氏之美学"以百页的篇幅,详述德国哈尔土门(Eduard von Hartmann,今译哈特曼)的审美假象论;第五章"斯宾塞尔及葛兰德亚铃氏之生理美学"介绍了英国学者斯宾塞的游戏说以及葛兰德亚铃的生理美学;第六章"马侠尔氏快乐论之美学"评述了美国学者马侠耳(Henry Rutgers Marshall,今译马歇尔)的快乐论美学。

《近世美学》一书的写作重点,是 19 世纪中后期以来的西方美学,其中又以德国美学家哈特曼为重中之重,整本书中关于哈特曼的篇幅占了全书篇幅的三分之一还要多。作者高山樗牛在序言中对哈特曼推崇备至:"近世美学者中,以哈尔土门氏为精。"以今天的眼光看,哈特曼并非第一流的美学家,为什么作者对他如此推崇? 这与明治时期哈特曼在日本的特殊地位有关。在日本,第一位广为人知的西方美学家不是康德、黑格尔,而是哈特曼。1890 年,在关于"日本绘画的未来"的争论中,森鸥外援引哈特曼的美学理论,对东京帝国大学外山正一的画论进行了猛烈抨击。紧接着,在著名的"没理想的论争"中,森鸥外又一再援引哈特曼的"具像理想"说来批判坪内逍遥的写实主义,哈特曼的威名进一步传播。1892 年,森鸥外在庆应大学讲授哈特曼美学,次年东京帝国大学邀请哈特曼的朋友凯贝尔担任哲学、美学教授。1899 年,森鸥外、大村西崖共同编译了哈特曼的《审美纲领》。在明治二十年的日本思想界,哈特曼是绝对的权威。[①]1899 年 6 月,就在《近世美学》出版前夕,高山樗牛还发表了一篇关于《审美纲领》的书评。《近世美学》对哈特曼的格外青睐,就是在上述历史背景之下发生的。

就体系的完备和结构的均衡而言,《近世美学》并非一本合格的美学史著作。不过,在范寿康《美学概论》、吕澂《现代美学思潮》及《美学浅说》出版之前,这是中文世界里关于西方美学发展史的最详尽的著述了。这本书的翻译出版,对于中国人了解美学为何物、美学如何研究、美学史上各家代表学说如何等具有重要的意义。

---

① 关于哈特曼在明治时期日本的影响,参考神林恒道:《"美学"事始——近代日本"美学"的诞生》,杨冰译,武汉大学出版社 2011 年版,第 51—57 页。

（三）美学著作的撰写

20 世纪初中国美学史上，值得提及的人物不少，但这些人中的大多数都仅有一些零星的、片段的美学思想，或者若干具有美学史意义的文学、艺术学命题，而缺乏专门的、系统的美学著作。在专门的美学著作的撰写方面，成就最为突出的是王国维、梁启超与蔡元培。

王国维所有著作中，能称得上专门美学著作的，都集中在他学术生涯的早期，按时间先后主要有如下几种：《孔子之美育主义》（1904），《红楼梦评论》（1904），《论哲学家与美术家之天职》（1905），《文学小言》（1907），《屈子文学之精神》（1907），《古雅之在美学上之位置》（1907），《人间嗜好之研究》（1907），《人间词话》（1908）。将这几篇著作进行纵向的比较，会发现两点变化。第一，最早，王国维关注的是一般意义上的审美以及美术（艺术），越往后，关注的对象越聚焦在文学这一具体的艺术样式上。这一变化与王国维 1905 年以后学术兴趣由抽象哲学理论向感性文学艺术的转移有关。第二，论述方式上，由照搬西方理论，以中国事实阐释、比附西方理论，到努力融汇中西、自出机杼。在《孔子之美育主义》《红楼梦评论》《论哲学家与美术家之天职》中，王国维征引席勒、叔本华、康德等人的美学观点，并以之为标准来衡量中国古代的文学与艺术观念。在《文学小言》《屈子文学之精神》中，王国维的立论出发点不再是西方美学，而是转向了中国传统的文艺实践，他从中国古代文学经典出发，来阐述他心目中"真文学""纯文学"的精神。在《人间词话》中，他对康德、叔本华等西方美学家的名字几乎只字不提，而专注于自己以境界为核心的词学理论的建构。越往后，王国维关于文学的论著越少直接引用康德、叔本华，但实际上康德、叔本华、尼采的影响已融于精神。至少，在《人间词话》"词人者不失其赤子之心者也"的命题中我们能看到尼采的影子，而"以我观物""以物观物""遗其关系限制"的表述与《叔本华之哲学及其教育学说》《叔本华与尼采》中的若干表述也若合符契。王国维所追求的，是使西方美学理论融入中国本土的文艺实践，提炼出一套能够有效阐释中国古代文学经典的美学范畴。20 世纪初，自觉从事美学研究，并努力追求理论创新的人当中，王国维是首屈一指的人物。

与王国维主要在其学术生涯的早期关注艺术与审美不同，梁启超一生都保持了对于文艺问题的关注。早年，梁启超著有《论小说与群治之关系》《小说丛话》《译印政治小说序》《饮冰室诗话》等。晚年,又有《中国韵文里头表现的情感》《情圣杜甫》《屈原研究》《陶渊明》《"知不可而为"主义与"为而不有"主义》《趣味教育与教育趣味》《美术与生活》《美术与科学》《学问之趣味》《敬业与乐业》等一系列论著。严格说来,梁启超早期的论著如《论小说与群治之关系》《饮冰室诗话》等,虽然具有美学史的意义,但并非真正意义上的美学著作,而是文学理论、文学批评的著作。晚年的一系列论著,则具有鲜明的美学色彩,既是文学理论、文学批评的著作,又是美学的著作。这其中,尤其又以《美术与生活》《"知不可而为"主义与"为而不有"主义》《中国韵文里头表现的情感》《情圣杜甫》等几篇著作的美学意味最为浓厚。在这几篇著作中,梁启超超越了文学的界限,讨论一般意义上的艺术,艺术的本质是什么,艺术何为,艺术与人生的关系,等等。在《中国韵文里头表现的情感》中,他主张人生的根本是情感,情感教育的利器是艺术。在《情圣杜甫》中,他提出"美术是情感的产物,情感是不受进化法则支配的"。在《美术与人生》中,他提出趣味是人生的根本动力,艺术的使命在于创造与激发趣味。可以看出,在这几篇论著中,梁启超在有意识地建构一套以"情感"和"趣味"为核心的艺术理论。因此,虽然没有明确拈出"美学"二字,但梁启超的这几篇论著却无疑属于美学。总起来看,在专门美学著作的撰写方面,梁启超做了一些工作,但成就与贡献要小于王国维与蔡元培。

蔡元培的美学研究生涯,以1916年为界,可以分为两个时期。1916年之前,蔡元培有关美学的著述主要有两类:第一类是从教育学需要出发,提倡美术、美育的,如《对于新教育之意见》(1912),《养成优美高尚思想》(1913),《教育界之恐慌及救济方法》(1916)等;第二类是旨在介绍西方哲学思想,附带提到美学的,如《哲学要领》(1903),《伦理学原理》(1909),《哲学大纲》(1915)等。严格地讲,这两类著作都只能算是与美学相关,并非真正的、专门的美学著作。1916年起,蔡元培连续撰写了一系列专门的美学著作,主要有:《康德美学述》(1916),《以美育代宗教说》(1917),《美术的起原》(1920),《美术的进化》(1921),《美学的进化》(1921),《美学的研究法》(1921),《美学讲稿》(1921),《美学的趋向》(1921),《美学的对象》(1921)《美育实施的方法》(1922),等等。这批著作按内容不同可分为两类:一类是艺术哲学方面的,如《美术的起原》《美术的进化》;一类是美学史及美学通论,如《美学的进化》《美学的研究法》《美学讲稿》等。其中后一类著作尤其值得重视。在这一类著作中,蔡元培做了两方面有意思的工作。一方面,他追溯了中西方古代美学思想的发展,尤其梳理了中国古代的美学思想,指出美学虽然是一门外来的学问,但中国古代早已有美学的萌芽。在《美学的进化》《美学讲稿》中,他指出中国古代《礼记·乐记》《考工记·梓人篇》等著作中,已经包含极精的美学理论,后世《文心雕龙》《诗品》,各种诗话、词话、书谱、画论中,也都有美学方面的内容,只不过"没有人能综合各方面的理论,有统系的组织起来,所以至今还没有建设美学"。① 另一方面,他着重介绍、评述了西方美学最近的发展趋向。在《美学的研究法》《美学讲稿》中,他介绍了费希耐(Fechner,今译费希纳)、摩曼(Meumann,今译梅伊曼)、惠铁梅(Witmer,今译韦特默)、射加尔(Segal,今译希格尔)、爱铁林该(Ettlinger,今译埃特林格)等人的试验美学,列举了试验美学对美术家及鉴赏家心理所运用的各种研究方法,并一一评价之,指出其可借鉴之处及可改进之处。在《美学的趋向》中,他介绍了立普斯(Lipps)、洛特茨(H. Lotze,今译洛采)的感情移入说,认为"感情移入的理论,在美的享受上,有一部分可以应用,但不能说明全部"。② 通过这些论述,我们可以领会蔡元培关于中国美学发展的设想:中国美学的发展,不仅要继往,继承古代美学思想并将之发扬光大,而且要开新,借鉴西方美学最新方法并将其推进到新的高度。

蔡元培美学著作在现代中国美学史上的意义,不仅仅在于这些著作是首次直接冠以"美学"之名的专著,在这些著作中提出了若干重要的美学观点,更重要的意义在于,在这些著作中,蔡元培从学科规划的高度,规定了美学的学科地位、研究对象、研究范畴、研究方法,从而从根本上树立了中国美学的学科规范。

小 结

"美学"概念的输入与广泛传播,为美学带来了学科的命名。大学美学课程的设置,以制度的方式保证了美学的学科地位。美学著作的翻译以及撰写,则意味着美学学科规范、研究方法的确立。短短二十年的时间里,美学作为一门

---

① 蔡元培:《美学的进化》,《蔡元培全集》第4卷,中华书局1984年版,第20页。
② 蔡元培:《美学的趋向》,《蔡元培全集》第4卷,中华书局1984年版,第117页。

学科被迅速建立起来。美学学科地位的迅速确立，一个重要原因是救亡图存背景下中国知识分子对于西方学术如饥似渴的学习、借鉴。和哲学、教育学、心理学、社会学一样，美学作为现代西方学术的一部分，也被视为西方国家富强、文明的原因之一而被中国人接受。但是对于美学学科来说，仅仅是"挟洋自重"还不够，要想在中国真正扎根并繁荣发展，还需要在以下两个方面努力：第一，与中国的文学艺术深度融合；第二，与中国的历史传统与现实需要深度融合。幸运的是，在这两方面，20世纪初的中国美学家们都做了大量工作。

第二章

王国维美学思想

王国维(1877—1927)是近代第一个对西方美学理论有所研究而作深入引介的人,也是第一个对美学问题作专门而深入讨论的人,冯友兰因此称他是"中国近代美学的奠基人"。

　　王国维以国学家名世,其实他早年曾致力于哲学(尤其是西方哲学)和文学的研究。王国维研究哲学始于 1901 年,至 1906 年后渐渐移心于文学,其专心治哲学的时间约 5 年。至 1913 年撰成《宋元戏曲考》(后改题《宋元戏曲史》),其专心治文学的时期亦结束,历时约 6 年。这样算起来,他从事美学活动的时间前后约 11 年。这期间王国维写了许多哲学、美学、文学评论的文章。其中与美学相关的主要有《叔本华之哲学及其教育学说》《红楼梦评论》《论哲学家与美术家之天职》《文学小言》《屈子文学之精神》《去毒篇》《人间嗜好之研究》《古雅之在美学上之位置》《人间词话》。《人间词话》有单行本,其他论文收集在他自编的《静庵文集》(1905)和他自沉后门人杨万里辑的《静庵文集续编》中。此外,佛雏《王国维哲学美学论文辑佚》有《孔子之美育主义》一篇,也很重要。

　　西方哲学中,王国维浸染最深的是叔本华和康德。这令他的思想兼具西方近代的启蒙精神和浪漫气质。王国维对西方近代启蒙文化的精神,颇能心领神会。他向国人介绍的西方哲学家,主要即是启蒙时代以来的哲学家。他说:"启蒙时代之第一特点,在力戒盲信盲从。"[①]他认为英国自培根以来的经验主义,法国自笛卡尔以来的理性主义,对于旧说都持宁怀疑而不盲信的态度[②],其后乃有康德的批判哲学,对于理性自身亦加以反思,完成了从独断论哲学向批判哲学的变革。同时,叔本华、尼采的影响,对歌德、席勒的推崇,又让他的文化理想染上了些许浪漫的色彩而高扬情感的旗帜。他的文学批评也表现出这样的性质。他的文学批评有两个基本倾向:一,提倡独立、纯粹、真正的文学,反对政治化、道德化的文学;二,注重情感,强调文学培养、慰藉情感的功能。

　　如此鲜明的近代文化特征,似乎很难与作为国学大师的王国维联系起来。所以新文化阵营里的顾颉刚在纪念王国维的文章中特意提醒人们:"他的学问,恐怕一般人要和别的老先生老古董们相提并论,以为他们都是研究旧学,保存国粹的。这是大错误。"又说,"王国维在廿余年前治哲学、文学、心理学、法学等,他的研究学问的方法已经上了世界学术的公路……他对于学术界的最大功

---

① 王国维:《述近世教育思想与哲学之关系》,《王国维哲学美学论文辑佚》,佛雏校辑,华东师范大学出版社 1993 年版,第 14 页。
② 王国维:《述近世教育思想与哲学之关系》,《王国维哲学美学论文辑佚》,佛雏校辑,华东师范大学出版社 1993 年版,第 8—10 页。

绩，便是经书不当作经书（圣道）看而当作史料看，圣贤不当作圣贤（超人）看而当作凡人看。他把龟甲文、钟鼎文、经籍、实物作打通的研究，说明古代的史迹。他已经把古代的神秘拆穿了许多，这和一班遗老们迷信古代，将'圣道王功'常挂在嘴边的，会相同吗？"所以，"我们单看王国维的形状，他确是一个旧思想的代表者；但细察他的实在，他却是一个旧思想的破坏者。"的确，受过西方近代哲学洗礼的王国维，思想和眼光都超出时辈，与旧派的学者是迥然不同的。他早年的理想是作思想的革命，以西方近代文化的精神，批评、改造传统文化，以为传统文化找到一条发展的道路。他的美学研究是其思想革命的一部分，其立脚点在西方近代文化，这是我们需要特别注意的。

王国维的美学思想，起初完全立足于叔本华，这方面的代表作是《红楼梦评论》。此后他渐渐走出叔本华美学思想的束缚而走向康德、席勒——当然也并非完全绝去了叔本华的影响——从《论哲学家与美术家之天职》到《屈子文学之精神》，可以看到其中发展的痕迹。他一步步建立起自己新的文学观，即文学当以写真情、真景为根本的目的。最后，经过《古雅之在美学上之位置》对第一形式和第二形式的区分，终于在《人间词话》中提出了他的"境界"说。境界理论是王国维文学思想的结晶，其形态是传统的，其内容却融合了西方近代文化的精神，显示出试图沟通中西美学与艺术的努力。

第一节 叔本华哲学与美学思想的引介与《红楼梦评论》

王国维美学上的第一件工作，是引介叔本华哲学与美学思想，并将之应用于文学批评而作《红楼梦评论》。

（一）叔本华哲学与美学思想的引介

王国维的哲学兴趣原本在康德（王国维译为"汗德"），但他在研读康德时遇到很大困难，于是转而读叔本华。他的初衷是想以叔本华作为通往康德的桥梁，不意"读叔本华之书而大好之"，竟至沉浸其中一年有余。或许因为个性气质上的契合，他一时被叔本华的学说深深吸引而笃信不疑——"其所尤惬心者，则在叔本华之知识论……然于其人生哲学，观其观察之精锐与议论之犀利，亦未尝不心怡神释也。"①他甚至一度认为叔本华超过了康德："自希腊以来至于汗德之生二千余年，哲学上之进步几何？自汗德以降至于今百有余年，哲学上之进步几何？其有绍述汗德之说，而正其误谬，以组织完全之哲学系统者，叔本华一人而已矣。而汗德之学说，仅破坏的而非建设的。彼憬然于形而上学之不可能，而欲以知识论易形而上学，故其说仅可谓之哲学之批评，未可谓之真正之哲学也。叔氏始由汗德之知识论出，而建设形而上学，复与美学、伦理学以完全之系统。然则视叔氏为汗德之后继者，宁视汗德为叔氏之前驱者为妥也。"②他先作了一篇论文《叔本华之哲学及其教育学说》，从叔本华的哲学推演其教育学；后又借叔本华的哲学分析《红楼梦》，作《红楼梦评论》。

《叔本华之哲学及其教育学说》思路清晰，论证谨严。其中论叔本华哲学的部分，从叔本华信奉的知识论推及其形上学，然后从其形上学推及其美学，最后推及其伦理学，清晰地呈现了叔本华美学的来龙去脉及其旨趣。王国维介绍说：

Ⅰ. 叔本华在知识论上信奉康德之说，认为"世界者，吾人之观念也。一切万物，皆由充足理由之原理决定。而此原理，吾人知力之形式也。物之为吾人所知者，不得不入此形式，故吾人所知之物，绝非物之自身，而但现象而已，易言以明之，吾人之观念而已"。叔本华所认同康德的，到此为止，再往后就分道扬镳了。分歧的起点在于对"物之自身"（即"物自体"）的看法。依照王国维当时对康德的理解，康德认为"物之自身"不可知，所以他的哲学也就止步于与物之现象相关的知识论，而没有与"物之自身"相关的形而上学。但是，叔本华却在探求"物之自身"的问题上另辟蹊径。叔本华从对"我"的反观入手，看出"我之自身"乃是"意志"；而身体则是意志的客观化，即"意志之入于知力之形式中者也"。然后叔本华由"观我"例推，得出"一切物之自身皆意志"的结论。叔本华既以意志为世界万物的本质，又借助于对生物界和人的精神发展次序的考察，证明就人而言意志是精神中的第一原质，知力（包括悟性和理性）是第二原质，即是说：人的知力是意志的奴隶，它因意志而生，为意志服务。王国维认为这是叔本华对形而上学和心理学的一大贡献，因为古往今来论形而上学和心理学，

① 王国维：《静安文集·自序》，《王国维全集》第 1 卷，浙江教育出版社 2009 年版，第 3 页。
② 王国维：《叔本华之哲学及其教育学说》，《王国维全集》第 1 卷，浙江教育出版社 2009 年版，第 35 页。

皆偏重于知力的方面,以为世界及人的本体是知力,至叔本华倡意志论,才把那倾向扭转过来。

Ⅱ.叔本华更由形而上学,进而说美学。既然人的本质是意志,而意志的一大特质是生活之欲,因此保存生活——从保存个体生活进而到保存种族生活——遂成为人生唯一的大事业。"吾人之意志,志此而已;吾人之知识,知此而已。"①人的所有活动,包括认识活动以及由此而形成的知识,都是围绕着生活之欲打转;人的所有情感,无始无终的满足与空泛,希望和恐怖,也都由此而起。因此,人"目之所观,耳之所闻,手足所触,心之所思,无往而不与吾人之利害相关",而人之"终身仆仆,而不知所税驾者,天下皆是也"②。那么,这利害之念,竟没有休止的时候? 我们在这桎梏的世界中,竟不能获得一时的救济吗? 叔本华说:有。

> 唯美之为物,不与吾人之利害相关系;而吾人观美时,亦不知有一己之利害。何则? 美之对象,非特别之物,而此物之种类之形式,又观之之我,非特别之我,而纯粹无欲之我也。夫空间、时间,既为吾人直观之形式,物之现于空间者皆并立,现于时间者皆相续,故现于空间时间者皆特别之物也。既视为特别之物矣,则此物与我利害之关系,欲其不生于心,不可得也。若不视此物为与我有利害之关系,而但观其物,则此物已非特别之物,而代表其物之全种,叔氏谓之曰实念。故美之知识,实念之知识也。而美之中又有优美与壮美之别。今有一物,令人忘利害之关系而玩之而不厌者,谓之曰优美之感情;若其物直接不利于吾人之意志,而意志为之破裂、唯由知识冥想其理念者,谓之曰壮美之感情。然此二者之感吾人也,因人而不同。其知力弥高,其感之也弥深。独天才者,由其知力之伟大,而全离意志之关系,故其观物也视他人为深,而其创作之也与自然为一。故美者,实可谓天才之特许物也。③

简而言之,审美能使人暂息利害之念,暂脱意志(生活之欲)的罗网。惟在常人,

---

① 王国维:《叔本华之哲学及其教育学说》,《王国维全集》第1卷,浙江教育出版社2009年版,第39页。
② 王国维:《叔本华之哲学及其教育学说》,《王国维全集》第1卷,浙江教育出版社2009年版,第39页。
③ 王国维:《叔本华之哲学及其教育学说》,《王国维全集》第1卷,浙江教育出版社2009年版,第39页。

知力仅作意志的奴隶,只有在天才,知力始不复为意志之奴隶而为独立之作用。因此,美是"天才的特许物"。

Ⅲ. 但是一方面,天下之人,终生局促于利害之桎梏而不知美之为何物者,滔滔皆是;另一方面,美对于吾人,仅一时的救济,而非永远的救济。因此乃有叔氏走向拒绝意志的伦理学——若极力主张自己的生活之欲而至侵凌、牺牲他人的生活之欲,斯为恶;若以己所欲而欲人,己所不欲而勿施于人,则各自限制或拒绝一己之欲而遂他人之欲,斯为善,而视其限制或拒绝生活之欲的程度而有正义之德、博爱之德。

以上是王国维对叔本华哲学的介绍。王国维介绍叔本华哲学,大致按照叔本华《作为意志和表象的世界》一书。叔氏《作为意志和表象的世界》共四章,第一章讨论认识论,第二章讨论意志论形而上学,第三章讨论美学与艺术问题,第四章讨论伦理学。由此可以看出,美学是叔本华哲学系统的一个重要环节。在叔本华看来,审美是拯救人生的一条途径,虽然只是一时的救济而非彻底的解决,但这毕竟为人类的审美/艺术活动提供了一个价值依据。由此亦可知,王国维一开始就是从哲学层面介入美学/艺术问题的,这与梁启超等人从政治层面介入艺术问题大异其趣。至于内容方面,则有所谓"天才"观,是我们需要留心的。康德论艺术亦说天才,然康德说天才,侧重于艺术家通过作品而为艺术立法的能力;叔本华说天才,则侧重于摆脱利害关系和充足理由律而观物的能力。

《叔本华之哲学及其教育学说》的后半部分,即是基于以上对叔本华哲学(知识论、形而上学、美学、伦理学)的分析而推论叔本华的教育学,其中亦涉及一个与美学有关的重要话题,即叔本华的直观思想。王国维说:"至叔氏哲学全体之特质,亦有可言者。其最重要者,叔氏之出发点在直观(即知觉)而不在概念是也。"[1]为什么呢?因为叔本华认为"直观者,乃一切真理之根本,唯直接间接与此相联络者,斯得为真理,而去直观愈近者,其理愈真;若有概念杂乎其间,则欲其不罹于虚妄难矣"。[2] 这直接决定了叔本华对美术(艺术)的态度。王国维评论说:

① 王国维:《叔本华之哲学及其教育学说》,《王国维全集》第1卷,浙江教育出版社2009年版,第43页。
② 王国维:《叔本华之哲学及其教育学说》,《王国维全集》第1卷,浙江教育出版社2009年版,第45页。

美术之知识全为直观之知识，而无概念杂乎其间，故叔氏之视美术也，尤重于科学……科学上之所表者，概念而已矣。美术上之所表者，则非概念，又非个象，而以个象代表其物之一种之全体，即上所谓"实念"者是也，故在在得直观之。如建筑、雕刻、图画、音乐等，皆呈于吾人之耳目者。唯诗歌（并戏剧、小说言之）一道，虽藉概念之助以唤起吾人之直观，然其价值全存于其能直观与否。诗之所以多用比兴者，其源全由于此也。由此，叔氏于教育上甚蔑视历史，谓历史之对象，非概念，非实念，而但个象也。诗歌之所写者，人生之实念，故吾人于诗歌中，可得人生完全之知识。故诗歌之所写者，人及其动作而已。而历史之所述，非此人即彼人，非此动作即彼动作，其数虽巧历不能计也，然此等事实，不过同一生活之欲之发现。故吾人欲知人生之为何物，则读诗歌贤于历史远矣。①

王国维认为，直观之知识乃最确实之知识，而概念者，仅为知识之记忆传达之用，不能由此而得新知识；真正的新知识，必不可不由直观之知识，即经验之知识中得之。他说，"自中世纪以降之哲学，往往从最普遍之概念立论……一切谬妄，皆生于此"，又说"古今之哲学家，往往由概念立论，汗德且不免此，况他人乎！特如希哀林（谢林）、海额尔（黑格尔）之徒，专以概念为哲学上唯一之材料，而不复求之于直观，故其所说非不庄严宏丽，然如蜃楼海市，非吾人所可驻足者也"。② 因此他对富于直观的叔本华哲学，有极高的评价：

> 叔氏之哲学则不然，其形而上学之系统，实本于一生之直观所得者，其言语之明晰与材料之丰富，皆存于此……彼以天才之眼，观宇宙人生之事实，而于婆罗门、佛教之经典及柏拉图、汗德之哲学中，发见其观察之不谬，而乐于称道之。然其所以构成彼之伟大之哲学系统者，非此等经典及哲学，而人人耳中目中之宇宙人生即是也。③

---

① 王国维：《叔本华之哲学及其教育学说》，《王国维全集》第1卷，浙江教育出版社2009年版，第50—51页。
② 王国维：《叔本华之哲学及其教育学说》，《王国维全集》第1卷，浙江教育出版社2009年版，第43页。
③ 王国维：《叔本华之哲学及其教育学说》，《王国维全集》第1卷，浙江教育出版社2009年版，第43—44页。

王国维认为叔本华哲学之所以凌轹古今,原因实在于此。

叔本华对人生之本质乃生活之欲的判断,即是建立在对人生的直接观察之上。这判断是极其悲观的,对于习惯了以理性为人之高贵本性的传统来说,其震撼力不言而喻。叔氏对人生的观察与判断,或正与王国维对人生的观察与判断相吻合①,遂令王国维笃信不疑。这笃信可以在《叔本华之哲学及其教育学说》一文中清楚地看到——虽然不久之后他就对叔氏伦理学上的拒绝意志说发生了怀疑。然则王国维之作《红楼梦评论》,就不仅是"取外来之观念与本土固有之材料相参证"而已,亦是基于他自己的世界观与人生观,对于《红楼梦》的深切感悟与分析。

(二)《红楼梦评论》一:人生与艺术的概观

《红楼梦评论》的立脚地几乎全在叔本华哲学,这一点王国维自己也承认的②。但是在这篇论文里,王国维是以自己的口吻说话,其所引证亦不限于叔氏哲学,所以冯友兰称之为王国维的第一个美学纲领③。拿《红楼梦评论》与《叔本华之哲学及其教育学说》相比较,可以发现《叔本华之哲学及其教育学说》一文中的诸多美学观点在《红楼梦评论》中都有更充分的展开,表述亦更为流畅自然。

《红楼梦评论》计五章。

第一章"人生及美术之概观",给出了关于人生和艺术的一般理论。这个理论无疑是叔本华式的。与《叔本华之哲学及其教育学说》一文略有不同的是,《红楼梦评论》刻意突出了生活之欲所引起的痛苦——这样的处理当然与他要讨论《红楼梦》有关。他说人生的实际不过是要维持一己之生活与图种姓之永远生活,而生活的本质是欲望,与欲望始终相连的是痛苦:

> 生活之本质何?欲而已矣。欲之为性无厌,而其原生于不足。不足之状态,苦痛是也。既偿一欲,则此欲以终。然欲之被偿者一,而不偿者什

---

① 关于王国维思想与叔本华哲学之关系,参见缪钺:《王静安与叔本华》,《诗词散论》,开明书店1948年版,第68—69页。
② 王国维:《静安文集·自序》("去夏所作《红楼梦评论》,其立论虽全在叔氏之立脚地"),《王国维全集》第1卷,浙江教育出版社2009年版,第3页。
③ 冯友兰:《中国哲学史新编》(下),人民出版社1999年版,第538页。

佰。一欲既终,他欲随之。故究竟之慰藉,终不可得也。即使吾人之欲悉偿,而更无所欲之对象,倦厌之情即起而乘之。于是吾人自己之生活,若负之而不胜其重。故人生者,如钟表之摆,实往复于痛苦与倦厌之间者也。夫倦厌固可视为苦痛之一种。有能除去此二者,吾人谓之曰快乐。然当其求快乐也,吾人于固有之苦痛外,又不得不加以努力,而努力亦苦痛之一也。且快乐之后,其感苦痛也弥深……又此苦痛与世界之文化俱增,而不由之而减。何则?文化愈进,其知识弥广,其所欲弥多,又其感苦痛亦弥甚故也。然则人生之所欲,既无以逾于生活,而生活之性质,又不外乎苦痛,故欲与生活与苦痛,三者一而已矣。(《红楼梦评论》第一章)①

人类生活的性质既如此矣,人类的知识又如何呢? 王国维说,知识的产生无非是为了欲的满足:

吾人之知识遂无往而不与生活之欲相关系,即与吾人之利害相关系……故科学上之成功,虽若层楼杰观、高严巨丽,然其基址则筑乎生活之欲之上,与政治上之系统立于生活之欲之上无以异。然则吾人理论与实际之二方面,皆此生活之欲之结果也。(第一章)②

他由此得出一个人生的"概观":吾人之知识与实践二方面,无往而不与生活之欲相关系,即与苦痛相关系。

他进而论艺术(即他所谓美术):

兹有一物焉,使吾人超然于利害之外,而忘物与我之关系。此时也,吾人之心无希望,无恐怖,非复欲之我也,而但知之我也。此犹积阴弥月,而旭日杲杲也;犹覆舟大海之中,浮沉上下,而飘著于故乡之海岸也;犹阵云惨淡,而插翅之天使,赍平和之福音而来者也;犹鱼之脱于罾网,鸟之自樊笼出,而游于山林江海也。然物之能使吾人超然于利害之外者,必其物之于

---

① 王国维:《红楼梦评论》,《王国维全集》第 1 卷,浙江教育出版社 2009 年版,第 55 页。
② 王国维:《红楼梦评论》,《王国维全集》第 1 卷,浙江教育出版社 2009 年版,第 55—56 页。

吾人无利害之关系而后可，易言以明之，必其物非实物而后可。然则非美术何足以当之乎？夫自然界之物，无不与吾人有利害之关系，纵非直接，亦必间接相关系者也。苟吾人而能忘物与我之关系而观物，则夫自然界之山明水媚，鸟飞花落，固无往而非华胥之国，极乐之土也。岂独自然界而已，人类之言语动作，悲欢啼笑，孰非美之对象乎？然此物既与吾人有利害之关系，而吾人欲强离其关系而观之，自非天才，岂易及此？于是天才者出，以其所观于自然人生中者复现之于美术中，而使中智以下之人，亦因其物之与己无关系而超然于利害之外。（第一章）①

据此，则唯有审美的对象能使人超出利害的纠缠而脱离欲望的苦海。唯常人难以进入审美的状态，于是天才将其在审美状态下的所见复现于艺术，以帮助常人超出利害而观之。王国维由此得出一个艺术/美术的概观："美术之为物，欲者不观，观者不欲；而艺术之美所以优于自然之美者，全存于使人易忘物我之关系也。"他引出"艺术之美"优于"自然之美"，自然也是为讨论《红楼梦》作铺垫。

他又进而论美之种类：

美之为物有二种：一曰优美，一曰壮美。苟一物焉，与吾人无利害之关系，而吾人之观之也，不观其关系而但观其物，或吾人之心中无丝毫生活之欲存，而其观物也，不视为与我有关系之物，而但视为外物，则今之所观者，非昔之所观者也。此时吾心宁静之状态，名之曰优美之情，而谓此物曰优美。若此物大不利于吾人，而吾人生活之意志为之破裂，因之意志遁去，而知力得为独立之作用，以深观其物，吾人谓此物曰壮美，而谓其感情曰壮美之情。（第一章）②

这一段与前引《叔本华之哲学及其教育学说》涉及优美、壮美概念的一段相似，唯在表述上略趋严密，明确区分了"优美/壮美"与"优美之情/壮美之情"：以"优美/壮美"属物，以"优美之情/壮美之情"属人（观者）。

---

① 王国维：《红楼梦评论》，《王国维全集》第1卷，浙江教育出版社2009年版，第56—57页。
② 王国维：《红楼梦评论》，《王国维全集》第1卷，浙江教育出版社2009年版，第57页。

另一个更值得留意的进步,是他在优美、壮美之外,补充了叔本华美学中另一个具有负面价值的概念:眩惑。他说:

> 至美术中之与二者(优美、壮美)相反者,名之曰眩惑。夫优美与壮美,皆使吾人离生活之欲,而入于纯粹之知识者。若美术中而有眩惑之原质乎,则又使吾人自纯粹之知识出,而复归于生活之欲。如粔籹蜜饵,《招魂》《启文》《发》之所陈;玉体横陈,周昉、仇英之所绘……徒讽一而劝百,欲止沸而益薪。(第一章)①

用叔本华的话说,眩惑迎合、激发人的意志/欲望。不过在叔本华那里,"眩惑"是"壮美"的对立面,而在王国维这里,"眩惑"被调整成了"美"(包括优美和壮美)的对立面。②

以上是王国维提出来的一个"哲学—美学"纲领。《红楼梦评论》即是依据这个纲领解析《红楼梦》:第二章"《红楼梦》之精神"是哲学维度的解析,第三章"《红楼梦》之美学上之价值"是美学维度的解析。

(三)《红楼梦评论》二:悲剧精神及其美学价值

照王国维的思路,人生的本质是意志,诸意志中最强烈最根本的意志是生存之欲;生存之欲包括保存个体的生存之欲和求永久生存的种姓之欲,二者之中又以后者与我们一生的所作所为以及所受的苦难关系最大。而种姓之欲的起点是男女之欲,于是男女之欲问题就成为解开人生之秘的关键。王国维说,两千年来,自哲学上解开此问题的只有叔本华的《男女之爱之形而上学》,而古今中外的诗歌小说,描写男女之爱的不可悉数,能解决此问题的却极少。唯《红楼梦》一书,"非徒提出此问题,又能解决之",因为《红楼梦》一书,实示此生活此苦痛之由于自造,又示其解脱之道不可不由自己求之者也"——所谓由自己求之,是指如宝玉经历种种苦痛之后,最终自觉地拒绝生活之欲(出世)。王国

---

① 王国维:《红楼梦评论》,《王国维全集》第 1 卷,浙江教育出版社 2009 年版,第 58 页。
② 德文原文 Reizende (Arthu Schopenhauer, Die Welt als Wille und Vorstellung Ⅰ, Diogenes, 1977, p265.),石冲白译作"媚美"(叔本华《作为意志和表象的世界》,石冲白译,商务印书馆 2009 年版,第 288 页),佛雏据英译本译作"俏媚或魅惑"(佛雏:《王国维诗学研究》,北京大学出版社 1987 年版,第 124 页)。按:Reizende,英语世界也有不同译法,或译为 charming/attractive,或译为 stimulating。

维认为这就是《红楼梦》的精神。

王国维并由此建立其艺术批评理论。这个艺术批评理论几乎是为《红楼梦》量体而定：

> 宇宙一生活之欲而已。而此生活之欲之罪过，即以生活之苦痛罚之，此即宇宙之永远的正义也。自犯罪，自加罚，自忏悔，自解脱。美术之务，在描写人生之苦痛与其解脱之道，而使吾侪冯生之徒，于此桎梏之世界中，离此生活之欲之争斗，而得其暂时之平和，此一切美术之目的也。（《红楼梦评论》第二章）①

王国维在东西方小说中各找到一部名著来说明他的这个批评理论：一个是歌德的《浮士德》，一个是曹雪芹的《红楼梦》。他说，欧洲近代文学所以推《浮士德》为第一，即因为它"描写博士浮士德之苦痛及其解脱之途径最为精切"；《红楼梦》所以为一"宇宙之大著述"，亦即因为它描写宝玉"（之苦痛及）解脱之行程、精进之历史，明了精切"。然后他又进一步指出："浮士德之苦痛，天才之苦痛。宝玉之苦痛，人人所有之苦痛也，其存于人之根柢者为独深，而其希救济也为尤切。"这等于说《红楼梦》所表现的人生之苦痛，较《浮士德》所表现的人生之苦痛更为普遍，更为深刻。这个问题是第三章"红楼梦之美学上之价值"要集中讨论的。

王国维认为，《红楼梦》的美学价值在于其悲剧精神。他从两个方面揭示《红楼梦》的悲剧特性。

（一）与国人传统的乐天精神不同，《红楼梦》是"彻头彻尾的悲剧"。他说：

> 吾国人之精神，世间的也，乐天的也，故代表其精神之戏曲小说，无往而不著此乐天之色彩，始于悲者终于欢，始于离者终于合，始于困者终于亨……吾国之文学，以挟乐天的精神故，故往往说诗歌的正义，善人必令其（善）终，而恶人必罹其罚，此亦吾国戏曲小说之特质也。（第三章）②

---

① 王国维：《红楼梦评论》，《王国维全集》第1卷，浙江教育出版社2009年版，第63页。
② 王国维：《红楼梦评论》，《王国维全集》第1卷，浙江教育出版社2009年版，第64、66页。

而：

> 《红楼梦》一书，与一切喜剧相反，彻头彻尾之悲剧也。①

说《红楼梦》是"彻头彻尾的悲剧"，乃因为它表现了宇宙中"苦痛"与"生活之欲"二者"如骖之靳"而"相始终"的"永远的正义"。王国维说：

> 凡此书中之人，有与生活之欲相关系者，无不与苦痛相终始。②

而且与一般戏曲小说中善有善报、恶有恶报的"诗歌的正义"不同，《红楼梦》中：

> 赵姨、凤姊之死，非鬼神之罚，彼良心自己之苦痛也。③

最能体现其悲剧精神之彻底性的，当然是书中表现出的对于人生之虚幻性和悲剧性的自觉。王国维引《红楼梦》十四曲中李纨受封一曲为证。李纨受封曲云：

> 镜里恩情，更那堪梦里功名！那美韶华去之何迅，再休提绣帐鸳衾。只这戴珠冠，披凤袄，也抵不了无常性命。虽说是人生莫受老来贫，也须要阴骘积儿孙。气昂昂头戴簪缨，光灿灿胸悬金印，威赫赫爵禄高登，昏惨惨黄泉路近。问古来将相可还存？也只是虚名儿与后人钦敬。

人生的悲剧性在于：所有恩情韶华、荣华富贵、功名事业，随着黄泉路近，都成梦幻泡影。《红楼梦》所揭示的，正是人生的这种悲剧性。王国维由此得出结论说："此足以知其非诗歌的正义，而既有世界人生以上，无非永远的正义之所统辖也。故曰《红楼梦》一书，彻头彻尾的悲剧也。"④

---

① 王国维：《红楼梦评论》，《王国维全集》第 1 卷，浙江教育出版社 2009 年版，第 65 页。
② 王国维：《红楼梦评论》，《王国维全集》第 1 卷，浙江教育出版社 2009 年版，第 65 页。
③ 王国维：《红楼梦评论》，《王国维全集》第 1 卷，浙江教育出版社 2009 年版，第 66 页。
④ 王国维：《红楼梦评论》，《王国维全集》第 1 卷，浙江教育出版社 2009 年版，第 66 页。按：王国维对此悲剧性有极深的体认，类似"也只是虚名儿与后人钦敬"的话，多次出现在他的诗词中，如《清玉案》题吴中真娘墓："算是人间赢得处，千秋诗料，一抔黄土。"《蜀道难》悼端方之死："赠官赐谥终何济。"

（二）《红楼梦》表现普通人的悲剧，是"悲剧中的悲剧"。王国维依叔本华之说分悲剧为三种，而以为《红楼梦》正是叔本华所谓的第三种悲剧：

> 由叔本华之说，悲剧之中，又有三种之别：第一种之悲剧，由极恶之人极其所有之能力以交构之者；第二种由于盲目的命运者；第三种之悲剧由于剧中之人物之位置及关系，而不得不然者，非必有蛇蝎之性质与意外之变故也，但由普通之人物，普通之境遇，逼之不得不如是。彼等明知其害，交施之而交受之，各加以其力而各不任其咎。此种悲剧，其感人贤于前二者远甚。何则？彼示人生最大之不幸，非例外之事，而人生所固有故也……若《红楼梦》，则正第三种之悲剧也。①

王国维以《红楼梦》主角宝玉、黛玉为例，指出二人的悲剧"不过通常之道德，通常之人情，通常之境遇为之而已"，而非有"蛇蝎之人物，非常之变故行于其间"。王国维最终得出结论说："由此观之，《红楼梦》者，可谓悲剧中之悲剧者也。"

王国维又从《红楼梦》的悲剧性质——"彻头彻尾的悲剧""悲剧中的悲剧"——说明《红楼梦》美学上的风格："由此之故，此书中壮美之部分，较多于优美之部分，而眩惑之原质殆绝焉。"②

（四）《红楼梦评论》三：对解脱说的疑问及辩护

第三章的末尾，王国维论及艺术的美学价值与其伦理价值的关系。他说："叔本华置诗歌于美术之顶点，又置悲剧于诗歌之顶点；而悲剧之中，又特重第三种，以其示人生之真相，又示解脱之不可已故。故其美学上最终之目的，与伦理学上最终之目的合。由是《红楼梦》之美学上之价值，亦与其伦理学上之价值相联络也。"然而也就在这联络中，引出了第四章中关于艺术价值的两个疑问。

这两个疑问都跟他对叔本华之解脱伦理学的怀疑有关。第一个疑问：解脱果真可以作为伦理学上最高的理想吗？就通常的道德观念来说，解脱让人沦为"绝父子、弃人伦、不忠不孝"的罪人。但是王国维说，世上本无所谓绝对的道

---

① 王国维：《红楼梦评论》，《王国维全集》第1卷，浙江教育出版社2009年版，第66、67页。
② 王国维：《红楼梦评论》，《王国维全集》第1卷，浙江教育出版社2009年版，第67页。

德,通常所谓的道德问题,从一个更高的层面看("开天眼而观之"),其实不成问题,因此解脱之罪并不成立。接下来的问题是:如果人生都没有了,那么宇宙间最可宝贵的艺术不也就要废亡了? 王国维回答说:

> 美术之价值,对现在之世界人生而起者,非有绝对的价值也。其材料取诸人生,其理想亦视人生之缺陷逼仄,而趋于其反对之方面。如此之美术,唯于如此之世界,如此之人生中,始有价值耳……(其)价值存于使人离生活之欲,而入于纯粹之知识。然而超今日之世界人生以外者,于美术之存亡,固自可不必问也。(第四章)①

他认为,对解脱说将引起艺术之废亡的疑虑,与道德方面的疑虑一样,都是没有必要的。

第二个疑问:解脱果真可能实现吗? 王国维经过一番考察与论证,得出结论说:叔本华所谓拒绝生活意志(或曰寂灭),终究不过是个"可近而不可即(及)"的理想,在现实中是无法实现的。既然解脱不可能,那么艺术以解脱为理想不就失去依据了吗? 王国维认为不妨碍,因为:

> 以人生忧患之如彼,而劳苦之如此,苟有血气者,未有不渴慕救济者也;不求之于实行,犹将求之于美术。(第四章)②

不可能解脱,并不妨碍人渴慕救济;不能求之于现实,不妨求之于美术。然则解脱的伦理学不能成立,并不妨碍艺术以解脱为理想。如此,则《红楼梦》之精神存于解脱,也就无可厚非了。

可见王国维对叔本华伦理学的怀疑,并没有导致他对叔本华形而上学和美学的怀疑。所以他在第五章(余论)批评当时人以"考据之眼读《红楼梦》"时提到的两个艺术原则,也全然来自叔本华。其一曰:艺术之所写,非个人之性质,而人类全体之性质。惟艺术之特质贵具体而不贵抽象,于是举人类全体之性

---

① 王国维:《红楼梦评论》,《王国维全集》第 1 卷,浙江教育出版社 2009 年版,第 71—72 页。
② 王国维:《红楼梦评论》,《王国维全集》第 1 卷,浙江教育出版社 2009 年版,第 75 页。

质,置诸个人之名字之下。其二曰:美之知识,断非自经验得之(即先天的,而非后天的)。艺术家是先天中有美的预想而后实现之于具体的作品。

(五)《红楼梦评论》的成就与缺点

《红楼梦评论》在中国近代文学批评史、美学史,乃至思想史上,都有重要的地位和意义。陈寅恪说王国维“取外来之观念与本土固有之材料相参证”的文学批评著作,足以“转变一代风气”,其所举的代表之一即是《红楼梦评论》(另一是《宋元戏曲史》)。

从文学研究的角度看,《红楼梦评论》的贡献主要有两点。第一个贡献,为小说争地位。中国文学史历来以诗文为正宗,而鄙视戏曲、小说这类通俗文学。王国维从“人生及美术”的概观入手,论证了小说的重要意义。他说:

> 美术中以诗歌、戏曲、小说为其顶点,以其目的在描写人生故。(第一章)①

其时梁启超也在为小说作呼吁,并在《论小说与群治之关系》(1902)一文中提出“小说界革命”的话题。王国维之关注小说,或许是受梁启超的影响,不过王国维论证小说之价值的路向与梁启超迥异。梁启超用政治的眼光看小说,所以从政治的角度论小说的价值;王国维用哲学的眼光看小说,所以从哲学的角度论小说的价值。他对《红楼梦》的解读即是哲学的解读,而不是政治的或历史的解读。与当时流行的影射派或索隐派相比,这解读极为独特,也最为深刻。第二个贡献,是揭示《红楼梦》的悲剧特性,并批判中国文化中过度的“乐天的精神”和文学中普遍存在的“诗歌的正义”。后来蔡元培、胡适、鲁迅等人批评中国小说、戏曲普遍追求大团圆结局的陋习,都可以说是对王国维这一揭示和批判的响应。②

《红楼梦评论》也是中国近代第一篇美学论文,规模宏阔,时见胜义——王国维曾称赞叔本华的文章“思精而笔锐”,他自己的这篇《红楼梦评论》确实也可

---

① 王国维:《红楼梦评论》,《王国维全集》第 1 卷,浙江教育出版社 2009 年版,第 59 页。
② 聂振斌:《王国维美学思想研究》,商务印书馆 2012 年版,第 192 页。

以说"思精而笔锐"，尤其是其中所展现的对传统文化的批判的锋芒，对于习惯了道德的乐天主义的国人而言，真可以有"若受电然"的感觉。

这篇论文当然也有不少可检讨之处。比如对于《红楼梦》内容的一些具体的解读——特别是释宝玉之"玉"为"欲"的隐喻——不免有为了配合其批评的哲学基础而削足适履的痕迹。然而最大的可检讨之处——无论对读者而言，还是对王国维自己而言——乃是作为其理论依据的哲学。王国维自己已在《红楼梦评论》的第四章已对叔本华拒绝意志的伦理学提出"绝大之疑问"，后来又终于悟到"叔氏之说，半出于其主观的气质，而无关于客观的知识"①。我们对于王国维的"人生及美术之概观"，亦可以提出同样的疑问。在叔本华那里，人有两面：一面是意志/欲望的主体，生殖器为其极；一面是认识的主体，大脑为其极②。艺术/审美帮助人由意志/欲望的主体，走向纯粹认识的主体。从消极的方面说，是摆脱欲望；从积极的方面说，是进入纯粹认识。《红楼梦评论》抓住了叔本华学说消极的一面，把论述的重点放在意志/欲望的主体及其苦痛，并相应地把对艺术的关注放在其解脱功能——选择这样的论述方向，显然与王国维自己偏于悲观的主观气质有关，亦与他年轻的偏于个人之伤感、浪漫的情怀有关。但随后的对叔本华寂灭的伦理学理想的怀疑，为他从积极的方面看待叔本华美学提供了一个契机——此后他对艺术/审美价值的论述，逐渐转向其显现真理与慰藉情感的一面，这与《红楼梦评论》侧重于艺术/审美的解脱功能，显然不同了。③

第二节　王国维美学思想的发展

《红楼梦评论》之后，《人间词话》之前，是王国维美学思想的发展时期。这一时期，他的美学思考向多个方向展开而不再囿于叔本华。但是走出叔本华，

---

① 王国维：《静安文集自序》，《王国维全集》第 1 卷，浙江教育出版社 2009 年版，第 3 页。按：据《静安文集自序》，王国维对叔本华人生哲学观的怀疑，初发于《红楼梦评论》第四章，而畅发于稍后的《叔本华与尼采》一文。
② ［德］叔本华：《作为意志和表象的世界》，石冲白译，商务印书馆 2009 年版，第 274 页。
③ 关于《红楼梦评论》之后，王国维美学思想的转向，冯友兰《中国哲学史新编》中说是"由叔本华上溯柏拉图"，其理由是王国维在《红楼梦评论》"余论"引述叔本华的一段话中出现了"理念"一语。这样的推断是不能成立的，因为：一，叔本华哲学原本就吸收了柏拉图的"理念"论；二，柏拉图对艺术的态度与王国维对艺术的态度完全不同。

并不意味着彻底放弃叔本华。实际上，他的美学思考中一直存在着叔本华的影响和痕迹——他有选择地放弃，也有选择地继承。

（一）艺术、哲学与真理

依叔本华之说，人在艺术/审美活动中不是意志的主体，而是纯粹的认识主体；其所观的对象，非特别（个体）之物，而是物之种类的代表。所以艺术的知识，是关于"实念"（Idea，后人译作"理念"）的知识。这种知识超绝了各种关系，是超越时空的永远的知识。这一思想给王国维留下了极深的印象，亦给了王国维深刻的影响——他在《叔本华之哲学及其教育学说》《红楼梦评论》《叔本华与尼采》诸文中都曾提及或引用此说，后又由此说发展出艺术的真理性问题。

艺术的真理性问题，一直贯穿于王国维关于艺术的思考，集中而且成熟的讨论则见于《论哲学家与美术家之天职》（1905）。我们就从这篇文章说起。

《论哲学家与美术家之天职》一文的主旨是揭示哲学与艺术的特有价值，呼吁一种独立于政治、独立于道德的纯粹的哲学与艺术。这篇文章可以看作是我国近代哲学与艺术的独立宣言——既是对中体西用派抵制和非议哲学的回应①，也是对梁启超把诗歌小说政治化的回应——其核心的思想，是这样一段话：

> 夫哲学与美术之所志者，真理也。真理者，天下万世之真理，而非一时之真理也。其有发明此真理（哲学家），或以记号表之（美术）者，天下万世之功绩，而非一时之功绩也。②

这段话可以分两层看：就其所同而言，哲学与艺术皆志于真理；就其所异而言，哲学家揭示真理，艺术家表记真理。然而无论如何，二者皆以寻求并揭示真理为目标。

此所谓真理，指宇宙人生的真相。比如，叔本华的哲学全在思索人生的本质，其所谓宇宙人生的本质是意志，而意志与苦痛相始终，人乃以拒绝意志为自

---

① 王国维：《哲学辩惑》，《王国维全集》第 14 卷，浙江教育出版社 2009 年版，第 6—9 页。
② 王国维：《论哲学家与美术家之天职》，《王国维全集》第 1 卷，浙江教育出版社 2009 年版，第 131 页。

我拯救的途径。此即是叔本华所发明的关于宇宙人生的真理。曹雪芹在《红楼梦》中揭示"此生活此苦痛之由于自造，又示其解脱之道不可不由自己求之"①，此亦即是曹雪芹所觉解到的人生的真理。真理具有普遍性，是"天下万世之真理，而非一时（一地）之真理"。此所谓"天下万世"，即是《红楼梦评论》中所曾强调的"人类之全体"。《红楼梦评论》第五章"余论"说：

> 夫美术之所写者，非个人之性质，而人类全体之性质也。惟美术之特质，贵具体而不贵抽象，于是举人类全体之性质，置诸个人之名字之下……善于观物者能就个人之事实，而发见人类全体之性质。②

《红楼梦》之为伟大的艺术，即因为它在主人公贾宝玉身上展现了人类普遍的境遇。于此我们亦可以明白，王国维说"美术中以诗歌、戏曲、小说为其顶点，以其目的在描写人生故"，其所谓"描写人生"的"人生"，不是某个人的人生，而是就人类之全体而言的"实念"意义上的人生。这观念亦体现于他对《桃花扇》的批评。他说"《桃花扇》之作者，但借侯、李之事以写故国之戚，而非以描写人生为事。故《桃花扇》，政治的也，国民的也，历史的也"。③ 我们知道，亚里士多德、叔本华都曾比较历史与诗。历史是实然的，同时也是偶然的，有限的；诗是理想的，同时也是包含必然性的，全体的。偶然的东西当然与真理无关，必然的才是真理。说《桃花扇》是政治的、国民的、历史的，即是说它无与于真理。

以能否"替人类全体代言"来判断艺术家及其作品的高下，是王国维一贯的标准。《红楼梦评论》之后，他在《人间嗜好之研究》（1907）中亦论及此问题：

> 若夫真正之大诗人，则又以人类之感情为其一己之感情，彼其势力充实不可以已，遂不以发表自己之感情为满足，更进而欲发表人类全体之感情。彼之著作实为人类全体之喉舌。④

① 王国维：《红楼梦评论》，《王国维全集》第1卷，浙江教育出版社2009年版，第62页。
② 王国维：《红楼梦评论》，《王国维全集》第1卷，浙江教育出版社2009年版，第76页。
③ 王国维：《红楼梦评论》，《王国维全集》第1卷，浙江教育出版社2009年版，第65页。
④ 王国维：《人间嗜好之研究》，《王国维全集》第14卷，浙江教育出版社2009年版，第115页。

最后在《人间词话》(1908—1909)中,他又把这标准用于宋徽宗(道君)词与南唐后主李煜词的比较,说:"道君不过自道身世之戚,后主则俨有释迦、基督担荷人类罪恶之意,其大小固不同矣。"宋道君的词止于写一己的遭遇,李后主的词却是替人类之全体发声,因此二者的高下不可同日而语。

与艺术的真理性/普遍性相关的一个问题,是艺术与哲学的关系。对王国维来说,这个问题多少有些困难。一方面,他跻艺术于哲学。《红楼梦评论》中,他赞誉《红楼梦》"哲学的也,宇宙的也,文学的也"。联系他对《桃花扇》的批评来看,"哲学的""宇宙的""文学的"三者皆指向普遍性,即皆指向"人类全体""人生"。在王国维看来,文学作品如果能够像《红楼梦》那般以描写人生为目的,替全人类发声,展现普遍的人性和人类普遍的境遇,换句话说,文学作品如果能够示现宇宙人生之本质/真相,则它就不仅是文学的,而同时亦是哲学的了。这样的思路,显然从叔本华来,因为是叔本华赋予了艺术/审美以哲学意义。不过王国维没有停留于此。他进一步思考艺术与哲学的异。集中的思考首先即出现在《论哲学家与美术家之天职》中。其一即"发明此真理(哲学家)"与"或以记号表之者(美术家)"的区分。在这个区分中,不同的是两者行为的方式,或曰两者与真理发生关系的方式,至于行为的对象或目标,两者是一致的,都是"真理"。这种区分思路,在《奏定经学科大学文学科大学章程书后》(1906)一文中有更清晰的表述:

> 特如文学中之诗歌一门,尤与哲学有同一之性质。其所欲解释者,皆宇宙人生上根本之问题,不过其解释之方法,一直观的,一思考的;一顿悟的,一合理的耳。[①]

如果这段话的末尾再加上"一具体的,一抽象的"一句,区分就更明了了。

应该说,如此的区分从逻辑上看是充分而且明确的。但是在实际的方面,仍然隐藏着危机。这危机仍然与叔本华美学有关。叔本华说,艺术/审美中的主体是纯粹的认识主体。据此,则艺术/审美乃是一种认识活动,惟其所得的知

---

① 王国维:《奏定经学科大学文学科大学章程书后》,《王国维全集》第14卷,浙江教育出版社2009年版,第37页。

识不是关于现象的知识，而是关于理念的知识而已。艺术/审美的目的仍是认识（获得知识）——其间没有情感的位置。然而实际的情形——就常识而言——艺术/审美主要涉及情感而非知识。

一旦把情感问题考虑进来，立即就会敏觉到哲学与艺术之间另一种基于情感和认识的分际。对此分际的敏觉亦在《论哲学家与美术家之天职》一文中初现端倪。

（二）艺术与情感

《论哲学家与美术家之天职》说：

> 夫人之所以异于禽兽者，岂不以其有纯粹之知识与微妙之感情哉？至于生活之欲，人与禽兽无以或异。后者政治家及实业家之所供给，前者之慰藉满足，非求诸哲学及美术不可。①

这似乎是以"知识"归哲学，而以"感情"归美术了。文中另有一段话，也表现出这样的倾向。他说：

> 今夫人积年月之研究，而一旦豁然悟宇宙人生之真理，或以胸中惝恍不可捉摸之意境，一旦表诸文字、绘画、雕刻之上，此固彼天赋之能力之发展，而此时之快乐，绝非南面王之所能易者也。②

这隐隐约约是以"真理"归哲学，而以"意境"归艺术。"意境"固然可以蕴含或暗示"宇宙人生之真理"，但并不就是"宇宙人生之真理"；意境固然并不全关乎情感，而毕竟主要地关乎情感。把上面两段话联想起来，我们大致可以看到王国维的另一个思考方向：哲学—真理—纯粹知识—满足纯粹知识之需要；艺术—意境—情感—满足情感之需要（慰藉情感）。这思路里呈现出来的哲学与艺术的分际，与基于叔本华哲学而阐述的哲学与艺术之关系，可谓大异其趣。

---

① 王国维：《论哲学家与美术家之天职》，《王国维全集》第 1 卷，浙江教育出版社 2009 年版，第 131 页。
② 王国维：《论哲学家与美术家之天职》，《王国维全集》第 1 卷，浙江教育出版社 2009 年版，第 133 页。

　　艺术与情感的关系，是王国维关于艺术的另一个向度的思考。这一思考的起点是美育，或他所谓的情育。他特别看重艺术的情感培育和慰藉功能，主张以艺术为美育/情育的主要手段。这是从欣赏的方面看艺术与情感的关系。更进一步的思考，则是从创作的方面看艺术与情感的关系。这涉及艺术的构成（或曰艺术的本质），是王国维后期美学思考的中心问题。我们首先在《文学小言》（1906）中看到这样的思考：

　　　　文学中有二原质焉，曰景，曰情。前者以描写自然及人生之事实为主，后者则吾人对此种事实之精神的态度也。故前者客观的，后者主观的也；前者知识的，后者感情的也。自一方面言之，则必吾人之胸中洞然无物，而后其观物也深，而其体物也切，即客观的知识，实与主观的感情为反比例。自他方面言之，则激烈之感情，亦得为直观之对象；文学之材料，而观物与其描写之也，亦有无限之快乐伴之。要之，文学者，不外知识与感情交代之结果而已，苟无敏锐之知识与深邃之感情者，不足与于文学之事。①

　　这思考当然是继《论哲学家与美术家之天职》中以"知识"归哲学，以"情感"归艺术的区分而来。不过在这里，他对艺术（文学）作了更精密的分析，分析出艺术中的两种原质（基本元素）——情和景——然后把"知识"与"景"联系起来，从而将"知识"重新纳入艺术，并与"情"作一种新的调和。他得出的结论是：文学是知识与感情共同的产物；敏锐的知识与深邃的情感，都是文学所必须的，缺一不可。我们不清楚王国维所谓"交代"是否有相互影响的意思。如果没有相互影响，则知识与情感在文学中仅是平行的关系；如果有相互影响，则知识的客观性就不能成立，而王氏的这一段议论仍属"于义未安"。《文学小言》中的另一段话，给出了倾向于后者的答案。这段话是从历史上的名句说起的。他说：

　　　　"燕燕于飞，差池其羽。""燕燕于飞，颉之颃之。""睍睆黄鸟，载好其音。""昔我往矣，杨柳依依。"诗人体物之工，侔于造化，然皆出于离人、孽

————————————
① 王国维：《文学小言》，《王国维全集》第14卷，浙江教育出版社2009年版，第93页。

子、征夫之口,故知感情真者,其观物亦真。①

他直觉到诗中之景物与诗人之情感的关系:感情真者,观物亦真。至于何以如此,他没有说。

大略同时而发表稍后的《屈子文学之精神》对此问题有进一步的思考。这一次他把情感提高到基础的地位——他说:

> 诗歌之题目皆以描写自己之感情为主,其写景物也,亦必以自己深邃之感情为之素地,而始得于特别之境遇中用特别之眼观之。②

又说:

> 要之,诗歌者,感情的产物也。虽其中之想象的原质(即知力的原质),亦须有肫挚之感情为之素地,而后此原质乃显。③

前一段话是对诗中之景物与诗人之情感之关系的进一步思考。他说诗人描写景物是以深邃的情感为基础的。惟其有深情,乃能对于景物发生特别的关注,特别的观照,从而有所洞见,有所妙赏。后一段话是对诗中情感与知识之关系的进一步思考。他认为情感显然具有比知识更为根本的地位,它既是艺术的源动力,也是艺术之景(联系于知识)的基础——诗中的景物是画在情感这块画布上的。

然而这还不是王国维关于情感与知识问题的最终答案。最终的答案在《人间词话手稿》(1907—1908)的这句话:

> 昔人论诗词,有景语、情语之别。不知一切景语,皆情语也。④

---

① 王国维:《文学小言》,《王国维全集》第 14 卷,浙江教育出版社 2009 年版,第 94 页。
② 王国维:《屈子文学之精神》,《王国维全集》第 14 卷,浙江教育出版社 2009 年版,第 98 页。
③ 王国维:《屈子文学之精神》,《王国维全集》第 14 卷,浙江教育出版社 2009 年版,第 101 页。
④ 王国维:《人间词话手稿》,《王国维全集》第 1 卷,浙江教育出版社 2009 年版,第 502 页。

"一切景语皆情语",等于是把"景"的客观性——亦可以说诗中之知识的客观性——消解于"情"的主观性了。这就承认了艺术中情感对于景物/知识的主导、统摄地位,而不仅是基础(素地)了。

从《红楼梦评论》到《人间词话》,情感在王国维艺术理论中一步步上升至核心的地位,而所谓"纯粹知识"则从核心一步步退出。这与他学术关注的重心从哲学向文学的转移有关,亦与他的人生态度从对人生问题的形而上思考并寻求彻底的解决,转向现实人生并在艺术中寻求情感的慰藉有关。①

(三)艺术与政治

在《红楼梦评论》中,王国维曾以是否与人的生活之欲相关(即利害相关)论艺术与政治的不同旨趣:政治与利害相关,而艺术无利害关系。至《论哲学家与美术家之天职》,王国维又以普遍性为依据,区分哲学/艺术与政治/实业:前者(哲学/艺术)系于天下万世,后者(政治/实业)系于一时一地或一国一家。

在王国维看来,哲学家和艺术家摆脱一时一地之利害关系而求索、揭示真理,以慰藉人类普遍的知识与情感需求,是千秋功业,这与政治家之服务于一时一地特定、有限的群体,以满足其生活之欲,二者性质的贵贱与价值的高下,不言而喻。正是真理的那种普遍性,赋予了"哲学(家)艺术(家)神圣的位置和独立的价值"。在此基础上,王国维批判了中国文化的一个顽疾。他说,自古以来中国的哲学家和诗人,无不兼欲为政治家。哲学家从孔、孟到程、朱、陆、王固皆如此,诗人如杜甫、韩愈、陆游亦皆如此——他们都有"致君尧舜上,再使风俗淳"的抱负。王国维感叹说:

> 美术之无独立之价值也久矣! 此无怪历代诗人,多托于忠君爱国、劝善惩恶之意以自解免,而纯粹美术上之著述,往往受世之迫害,而无人为之昭雪者也。此亦我国哲学、美术不发达之一原因也。②

这种普遍的政治热情,使得中国的哲学和文学失去了志于真理的神圣地位和价

---

① 参见张郁乎:《王国维及其悲观主义三境界》,《春归合早——诗与哲学之间的王国维》,北京大学出版社 2013 年版。

② 王国维:《论哲学家与美术家之天职》,《王国维全集》第 1 卷,浙江教育出版社 2009 年版,第 132 页。

值,所以中国向来没有纯粹/真正的哲学和纯粹/真正的艺术——他大声疾呼:
"夫忘哲学、艺术之神圣而以为道德政治之手段者,正使其著作无价值者也。愿
今后之哲学、美术家毋忘其天职及独立之位置,则幸矣。"

另一种更为不堪的行为,是依附于政治,沦为政治和道德的婢女。王国维
在《文学小言》(1906)中针对这种现象展开了更激烈的批评。他说:

> 若哲学家而以政治及社会之兴味为兴味,而不顾真理之如何,则又决
> 非真正之哲学。此欧洲中世哲学之以辨护宗教为务者所以蒙极大之污
> 辱……文学亦然,餔餟的文学决非真正之文学也。① (《文学小言》第一则)

文学家依附于政治或社会,固已失掉了他独立的思想。他之依附于政治或社
会,是为了谋食。王国维接着说:

> 以文学为职业,餔餟的文学也。职业的文学家以文学得生活,专门之
> 文学家为文学而生活。今餔餟的文学之途盖已开矣,吾宁闻征夫思妇之
> 声,而不屑使此等文学嚣然污吾耳也。② (《文学小言》第十七则)

王国维提出哲学的独立价值问题,有其实际的针对性。当时以张之洞为代表的
"中体西用派",出于维护传统道德体系的目的,对哲学怀着戒惧的心理,采取排
斥、攻击的态度。王国维遂以哲学专攻者的身份,接连写了《哲学辨惑》《论哲学
家与美术家之天职》《奏定经学科大学文学科大学章程书后》三篇文章予以批
驳。他提出文学的独立价值问题,亦似有实际的针对性,他在《论近年之学术
界》(1905)一文中曾说:"又观近数年之文学,亦不重文学自己之价值,而唯视为
政治教育之手段,与哲学无异。如此者,其亵渎哲学与文学之神圣之罪固不可
逭,欲求其学说之有价值,安可得也。"③相比于当时梁启超出于政治的兴味而提
出"诗界革命""小说界革命",以及后来胡适等人亦出于政治运动的兴味而提倡
"新文学",王国维出于哲学的兴味而呼吁文学的独立性,提倡独立于政治的纯

---

① 王国维:《文学小言》,《王国维全集》第 14 卷,浙江教育出版社 2009 年版,第 92 页。
② 王国维:《文学小言》,《王国维全集》第 14 卷,浙江教育出版社 2009 年版,第 97 页。
③ 王国维:《论近年之学术界》,《王国维全集》第 1 卷,浙江教育出版社 2009 年版,第 123 页。

粹/真正的文学/艺术,正是其思想的深刻之处。当然,王国维鼓吹纯粹/真正的文学,与后来人鼓吹"为艺术而艺术"并不相同,因为他的"情感"不完全是自我的情感,他的"为文学而生活"也不是"为文学而文学"。他是以"文学为人生"代替"文学为生活"。超越了个体而联系于人类全体的"人生",仍是其艺术的祈向。《人间词话手稿》有一则说:

> "君王枉把平陈业,换得雷塘数亩田",政治家之言也。"长陵亦是闲丘垄,异日谁知与仲多",诗人之言也。政治家之眼,域于一人一事。诗人之眼,则通古今而观之。词人观物,须用诗人之眼,不可用政治家之眼。[①]

诗人之眼,具有穿越历史(一时一地一人之事)而洞见"人生"本质的能力,是邻于哲学的。

(四) 艺术与道德

王国维不承认有所谓"绝对的道德"(《红楼梦评论》第四章),王国维亦反对为道德服务,反对劝善惩恶的文学(《论哲学家与美术家之天职》)。这两个方面都可以从叔本华哲学找到依据。叔本华以生存意志为宇宙人生的本质,而以审美/艺术为解脱的途径,其间没有道德的位置。但是在康德哲学中,实践理性(涉及道德)乃是宇宙人生的本质,而审美/艺术构成纯粹理性与实践理性之间的桥梁。因此,若王国维摆脱叔本华哲学的限制而上溯康德,道德问题必然进入其艺术思考的视野。[②]

体现这种思考的,主要是《文学小言》(1906)、《屈子文学之精神》(1906)两文。

《文学小言》之十六曰:

[①] 王国维:《人间词话手稿》,《王国维全集》第1卷,浙江教育出版社2009年版,第519—520页。关于这两句诗何以一是政治家之言,一是诗人之言,许文雨《人间词话讲疏》解析颇得其要。他说:前者"盖悼炀帝平陈大业不能久保,仅留区区葬身之所。此意自专吊炀帝一人之得失,不得移之与古今任何人";后者"意谓由殁后论之,则汉高亦何殊于其弟,同荒没于丘垄而已。凭吊一人,而古今无数人无无可同此感慨。此之谓诗人造情之伟大"。

[②] 参见:蓝国桥、吕中元:《康德与王国维美学之道德走向》,《湛江师范学院学报》2012年第4期。

  《三国演义》无纯文学之资格，然其叙关壮缪之释曹操，则非大文学家不办。《水浒传》之写鲁智深，《桃花扇》之写柳敬亭、苏昆生，彼其所为固毫无意义，然以其不顾一己之利害，故犹使吾人生无限之兴味，发无限之尊敬，况于观壮缪之矫矫者乎！若此者，岂真如汗德所云，实践理性为宇宙人生之根本欤？抑与现在利己之世界相比较，而益使吾人兴无涯之感也。则选择戏曲小说之题目者，亦可以知所去取矣。①

他一面坚持认为《三国演义》《水浒传》《桃花扇》不是纯文学，一面为其中某些人物的道德力量发感慨。这个矛盾起于文学之理想与文学之实际的差异——他的纯文学理想立足于叔本华哲学之以生存意志为宇宙人生的根本，而实际的文学作品并非如此。倘若转换到康德哲学之以实践理性为宇宙人生的根本，则道德就可能是文学的题中应有之义，而那矛盾亦可以得到消解了。王国维用"岂真如"一个反问句模糊了他的转换，而将那道德的力量追溯到"大文学家"。然而这转换的痕迹在《文学小言》中是很清晰的。

  《文学小言》之六、七曰：

  三代以下之诗人，无过于屈子、渊明、子美、子瞻者。此四子者，苟无文学之天才，其人格亦自足千古。故无高尚伟大之人格而有高尚伟大之文学者，殆未之有也。（六）

  天才者，或数十年而一出，或数百年而一出，而又须济之以学问，帅之以德性，始能产真正之大文学。此屈子、渊明、子美、子瞻等所以旷世而不一遇也。②（七）

在这里，"天才"不是产生伟大文学的充足条件，有"高尚伟大之人格"的天才，才能创作伟大的文学。"人格"固然不全是道德的事，但是道德（德性）却是"人格"的应有之义。这里举的屈原、杜甫亦都是忠君爱国的道德主义者——我们记得他曾在《论哲学家与美术家之天职》中批评杜甫以文学家而兼欲为政治家！

---

① 王国维：《文学小言》，《王国维全集》第 14 卷，浙江教育出版社 2009 年版，第 97 页。
② 王国维：《文学小言》，《王国维全集》第 14 卷，浙江教育出版社 2009 年版，第 94 页。

《文学小言》还举了些反例。在讨论了屈子、渊明、子美、子瞻四位具有高尚伟大人格的大文学家之后，他感叹我国叙事文学缺少伟大的成就：

> 至叙事的文学(谓叙事传、史诗、戏曲等，非谓散文也)，则我国尚在幼稚之时代。元人杂剧，辞则美矣，然不知描写人格为何事。至国朝之《桃花扇》，则有人格矣，然他戏曲则殊不称是①……以东方古文学之国，而最高之文学无一足以与西欧匹者，此则后此文学家之责矣。(十四)②

他把中国戏曲的不发达，归咎为其不知描写人格。他称赞《桃花扇》"有人格"，一定程度上可以说是为曾被他苛责的《桃花扇》平反。他刻意回避了小说，大概是为了回避曾为他盛称的《红楼梦》——《红楼梦》的精神在解脱而不在"描写人格"，可以说它"伟大"，"高尚"却是无从谈起的。王国维研究戏剧，本是想从事戏剧的创作，以弥补中国文学的缺憾。他后来放弃了创作戏剧的念头，我们也就不知道他所要创作的戏剧是以解脱为精神呢，还是以描写人格为精神。

《屈子文学之精神》一文的旨趣，是探讨"人格"与"天才"这两种大文学家所需的原质的历史结合。他说：

> 北方人之感情，诗歌的也，以不得想像之助，故其所作遂止于小篇。南方人之想像，亦诗歌的也，以无深邃之感情之后援，故其想像亦散漫而无所丽，是以无纯粹之诗歌。而大诗歌之出，必须俟北方人之感情与南方人之想像合而为一，即必通南北之驿骑而后可，斯即屈子其人也。③

其所谓北方人的感情，指国家的、道德的、担当的入世情怀。我们可以认为此即是人格。其所谓南方人的想象力，是个人的、知力的、遁世的精神。我们可以认为此即是天才。

---

① 《人间词话手稿》中亦有相似的议论："叔本华曰：抒情诗，少年之作也。叙事诗及戏曲，壮年之作也。余谓抒情诗，国民幼稚时代之作也。叙事诗，国民盛壮时代之作也。故曲则古不如今。(元曲诚多天籁，然其思想之陋劣，布置之粗笨，千篇一律，令人喷饭。至本朝之《桃花扇》《长生殿》诸传奇则进矣。)词则今不如古。盖一则以布局为主，一则须仁兴而成故也。"
② 王国维：《文学小言》，《王国维全集》第14卷，浙江教育出版社2009年版，第96页。
③ 王国维：《屈子文学之精神》，《王国维全集》第14卷，浙江教育出版社2009年版，第100页。

他又说：

> 所以驱使想像而成此大文学者①，实由其北方之肫挚的性格……（故）
> 周秦间之大诗人不能不独数屈子也……观后世之诗人，若渊明，若子美，无
> 非受北方学派之影响者。岂独一屈子然哉！②

可见《文学小言》中所谓高尚伟大之人格，即此北方人的肫挚感情。

在这些论述中，王国维没有使用"道德"一词，而是用了"人格""感情"。但是"人格"当然蕴涵着道德，而感情亦当然是属于人的蕴涵着道德的感情。实际上，自《论哲学家与美术家之天职》提出情感的问题，道德问题亦已如在弦上。《文学小言》由情感问题而引出人格问题，《屈子文学之精神》讨论情感与想象力的历史结合，无疑是一条线的发展。通过强调"人格""感情"，他把道德重新收摄进文学。这与他反对道德主义的文学是否矛盾？有张力，但不矛盾，因为道德主义者和有道德的人是两回事，道德说教和人格的感动也是两回事。

（五）论古雅：第一形式与第二形式的区分

《古雅之在美学上之位置》（1907）是王国维完成了由叔本华上溯康德之后的一篇美学论文。这篇文章里，王国维提出了"古雅"概念，作为对康德形式主义美学的补充。

文章开头说：

> "美术者，天才之制作也。"此自汗德以来百余年间学者之定论也。然天下之物，有决非真正之美术品而又决非利用品者；又其制作之人，决非必为天才，而吾人之视之也，若与天才所制作之美术无异者，无以名之，名之曰古雅。③

---

① 指屈原的《天问》《远游》。
② 王国维：《屈子文学之精神》，《王国维全集》第 14 卷，浙江教育出版社 2009 年版，第 101—102 页。按：此处所说屈子之"大文学"，指《天问》《远游》一类富于想象力的作品。
③ 王国维：《古雅之在美学上之位置》，《王国维全集》第 14 卷，浙江教育出版社 2009 年版，第 106 页。

可见他提出"古雅",是为讨论康德天才理论未能涵盖的那些居于真正之艺术品与纯粹之实用品之间的物品,以及非天才之艺术家的作品。这类物品或作品的美学品质,他名之曰"古雅"。他说美学史上还没有人专论过"古雅",所以他要特意提出来讨论一番。

但是"欲知古雅之性质,不可不知美之普遍的性质",于是他先讨论美的普遍性质(即一般性质)。这部分讨论完全基于康德的美学理论。他先说:

> 美之性质,一言以蔽之曰:可爱玩而不可利用者是已。[1]

这是康德的"非功利性"观念。他借康德的优美、宏壮理论,说明美的欣赏是对象之形式的无利害的沉浸观照。然后他又说:

> 一切之美,皆形式之美也。[2]

这也是康德的思想。任何一物,都有质料和形式两方面,美只涉及其形式。王国维说:"凡属于美之对象者,皆形式而非材质也。"

由此他引出"古雅"概念:

> 而一切形式之美,又不可无他形式以表之,惟经过此第二之形式,斯美者愈增其美,而吾人之所谓古雅即此第二种之形式。即形式之无优美与宏壮之属性者,亦因此第二形式故,而得一种独立之价值。故古雅者,可谓之形式之美之形式之美也。[3]

第一形式是天才(大艺术家)眼中所见或心中所预想之物或境的形式,他把所见或所预想之物或境表现于一艺术品,那艺术品的形式即是第二形式。王国维举了许多例子说明艺术的第一形式与第二形式。以音乐为例,同一首曲子,由不

---

[1] 王国维:《古雅之在美学上之位置》,《王国维全集》第14卷,浙江教育出版社2009年版,第106页。
[2] 王国维:《古雅之在美学上之位置》,《王国维全集》第14卷,浙江教育出版社2009年版,第107页。
[3] 王国维:《古雅之在美学上之位置》,《王国维全集》第14卷,浙江教育出版社2009年版,第107、108页。

同人演奏而呈现不同的结果。作曲家给出的是此曲的第一形式，演奏家给出的是此曲的第二形式（舞台呈现）。以绘画为例，画面布置属第一形式，用笔用墨属第二形式。他说："凡吾人所加于雕刻、书画之品评，曰神，曰韵，曰气，曰味，皆就第二形式言之者多，而就第一形式言之者少。文学亦然。"①据此，则艺术作品的风格，如绘画里的笔墨风格，文学作品的语言风格，皆属第二形式。"古雅"的概念即建立在第一形式与第二形式的区分上：康德所说的优美和宏壮，是第一形式的美；而他所要说的古雅，是第二形式的美。

这区分是极精微的区分，也是意蕴极丰富的区分。其丰富的意蕴包含在王国维对古雅之性质的进一步分析和说明中。我们择其要者，概括地介绍如下：

Ⅰ．自然只有第一形式，唯艺术既有第一形式，又有第二形式，因此：一，"古雅之致存于艺术而不存于自然"②，即是说唯有艺术品才有古雅的问题；二，艺术之美可以有两个层面：第一形式的美，即优美或宏壮；第二形式的美，即古雅之致。说"可以有两个层面"，是因为并非所有艺术品都具有两个层面的美。有些艺术品但有第二形式的美（雅），而不具备第一形式的美（优美或宏壮）。

Ⅱ．判断优美及宏壮的能力是先天的，因此唯有天才能够看到优美及宏壮并捕攫而表出之。即是说，唯有天才（第一流艺术家）的作品才具有第一形式的美。判断古雅的能力是后天的（经验的），因此不必俟天才，凭人力就可以致之——"苟其人格诚高，学问诚博，则虽无艺术上之天才者，其制作亦不失为古雅"③。所以古今三流而下的艺术家，只能得第二形式之美，而不能预第一形式之美。王国维也就此举了一些例子。他说绘画上如清初的王翚，诗歌上如宋朝的黄庭坚，明朝的高启（青邱）、李攀龙（历下），清朝的王士禛（新城），都是没有天才而以古雅取胜的。就美学的价值而言，第一形式之美高于第二形式之美，即优美、壮美高于古雅。

Ⅲ．艺术的第一形式之美须通过第二形式之美表现出来，即"优美及宏壮必与古雅合，然后得显其固有之价值"。但二者之间通常呈现一种反比例的矛盾状况，即"优美及宏壮之原质愈显，则古雅之原质愈蔽"④。申言之，最佳的状况

---

① 王国维：《古雅之在美学上之位置》，《王国维全集》第14卷，浙江教育出版社2009年版，第109页。
② 王国维：《古雅之在美学上之位置》，《王国维全集》第14卷，浙江教育出版社2009年版，第108页。
③ 王国维：《古雅之在美学上之位置》，《王国维全集》第14卷，浙江教育出版社2009年版，第110页。
④ 王国维：《古雅之在美学上之位置》，《王国维全集》第14卷，浙江教育出版社2009年版，第108页。

当然是第一形式与第二形式相协调,于是古雅而不觉其古雅,优美及宏壮之质乃得以充分地显现。最坏的状况则是第一形式与第二形式不协调,于是古雅竭力地凸现出来,掩盖或阻碍了优美及宏壮的呈现或传达。

Ⅳ. 最后,王国维重申了艺术品(美)的一般性质:"可爱玩而不可利用者,一切美术品之公性也。优美与宏壮然,古雅亦然。"[①]这不啻是在形式美中补充了古雅之后,向康德的又一次致敬。

在王国维美学思想的发展中,提出第一形式之美和第二形式之美的区分,是至关重要的一步。借此他可以建立起一个以第一形式之美之有无为标准的艺术评价系统:第一流的艺术必定是以第一形式之美取胜的,无第一形式之美(即无优美与壮美之属性)的作品,绝不能算第一流。二三流的作品,以第二形式之美取胜。艺术家当以追求第一形式之美为第一义,如此才能创作出第一流的作品。如果艺术家徒知追求第二形式之美,则只能出二三流的作品,他也绝无可能成为第一流的艺术家。不过,能不能成为第一流的艺术家,能不能创作出具有第一形式之美的作品,要看天分。一个艺术家,如果没有天才,则无论后天如何努力,也不可能创作出具有第一形式之美的作品;然则他只好退而求其次,凭修养之功在第二形式上用力,争取而且甘心地做个二三流的艺术家。

王国维发现,一般人常常混淆了第一形式与第二形式,把第二形式之美(古雅)错当成艺术的第一义,因而把一些仅凭第二形式之美取胜的艺术家滥入第一流艺术家之列。书画方面如此,文学方面亦如此。这个错误,使人们错会了艺术的第一义。由此引申开去,我们亦可以说这个错误导致人们对艺术的价值发生误解,而政治的文学,道德的文学,舗餟及文绣的文学所以流行,亦未始不与人们不能认清艺术的真正价值有关。试看这一段话:

> 苟其人格诚高,学识诚博,则虽无艺术上之天才者,其制作亦不失为古雅。而其观艺术也,虽不能喻其优美及宏壮之部分,犹能喻其古雅之部分。若夫优美及宏壮,则非天才殆不能捕攫之而表出之。今古第三流以下之艺术家,大抵能雅而不能美且壮者,职是故也。[②]

---

① 王国维:《古雅之在美学上之位置》,《王国维全集》第14卷,浙江教育出版社2009年版,第111页。
② 王国维:《古雅之在美学上之位置》,《王国维全集》第14卷,浙江教育出版社2009年版,第110页。

这岂非在《文学小言》将"人格"纳入艺术考察的视野后，又重申"天才"对于艺术的根本意义吗？

因此，《古雅之在美学上之位置》的初衷，或许只是想指出古雅亦有其美学上的意义，而实际的结果却是确认第一形式为艺术的第一义，并由此建立起一个新的艺术评价系统。随后的《人间词话》，可以说是这个新的评价系统的实践——标举"境界"为词的根本，即是标举第一形式之美；追求"不隔"，即是主张第一形式与第二形式相协调；批评"隔"，即是批评第二形式之美对第一形式之美的阻碍。

《古雅之在美学上之位置》是王国维走出叔本华之后，提出的又一个美学纲领。这个美学纲领以康德美学为基础，有补充，亦有发展，其中融入了中国艺术实践的丰富经验。

第三节 《人间词话》

王国维的兴趣从哲学转向文学之后，致力于研究词曲，关于词的主要著作是《人间词话》，关于曲的著作是《宋元戏曲考》。1907 至 1908 年间，王国维作词话一百二十余则，题曰《人间词话》，后从中选出六十三则，另补作一则，计六十四则，分三期发表在 1908—1909 年的《国粹学报》（其时《教育世界》已停刊）。1926 年，朴社以发表在《国粹学报》上的六十四则词话为据，出版《人间词话》（六十四则）单行本，由俞平伯标点并撰序。这单行本的印行是经过王国维首肯的，可以视为《人间词话》的定本。此处要讨论的亦即此六十四则《人间词话》。①

《人间词话》的六十四则词话是从百余则词话中精心挑选出来的，顺序也重新做了安排，形成了一个相对有逻辑的论说系统。大致来说，《人间词话》可以

---

① （一）王国维《人间词话手稿》现藏国家图书馆，2005 年浙江古籍出版社曾将之与《人间词手稿》一并影印发行。（二）六十四则《人间词话》中，第六十三则未见于初稿本，其余皆出自初稿本而略有改动或润色。（三）学界关于《人间词话》的所指并不统一。最初的《人间词话》单行本，以发表在《国粹学报》上的六十四则为准。后人将王国维词话稿本中未发表的部分作为《人间词话》下卷，而将发表的六十四则作为《人间词话》上卷，后又有人把王国维其他论词的话（包括书眉上的批注）收集起来作为《人间词话》的补遗。目前通行的《人间词话》常有上卷、下卷、补遗三部分，即由此而来。按：本文未注明出处的引文，皆出自六十四则本《人间词话》。

分为三个部分。第一至九则为第一部分,提出他的"境界"理论,并从多个方面对之加以说明。第十至五十二则为第二部分,以境界论为依据,评论历代词人。这部分亦有一个重要的理论问题,即"隔"与"不隔"。第五十三至六十四则为第三部分,是一些总论性质的话。这部分亦有一个理论问题,即文学的"时代升降"。《人间词话》有两个基本倾向:一是标举"境界"为词的根本,一是尊崇五代北宋词而鄙薄南宋词。这两个倾向也可以说是一个,因为他轩轾北宋南宋词的依据即是其境界的有无深浅。

(一)境界论一:标举"境界"

"境界"是《人间词话》的核心概念。《人间词话》第一则即说:

> 词以境界为最上。有境界则自成高格,自有名句。五代、北宋之词所以独绝者在此。[1]

"境界"又称"境",是诗人所见出或想见的优美或壮美的情境,属第一形式。诗人将之表现于诗词作品,此作品之辞句、格调,属第二形式。以"境界为最上",即是以第一形式为根本。王国维在其他地方还说过:"言气格、言神韵,不如言境界。境界,本也。气格、神韵,末也。境界具而二者随之矣。"[2]本末是传统的说法,用《古雅之在美学上之位置》的说法,就是艺术的第一形式和第二形式。第一流的作品,以第一形式之美取胜,即是以"境界"取胜。

对于自己拈出"境界"二字作为诗词的根本,王国维颇为得意。他说:

> 严沧浪《诗话》谓:"盛唐诸公,惟在兴趣。羚羊挂角,无迹可求。故其妙处,透澈玲珑,不可凑拍。如空中之音,相中之色,水中之影,镜中之象,言有尽而意无穷。"余谓北宋以前之词,亦复如是。然沧浪所谓"兴趣",阮

---

[1] 王国维:《人间词话》,《王国维全集》第 1 卷,浙江教育出版社 2009 年版,第 461 页。
[2] 王国维:《词话摘录》,《二牖轩随录》之四十三,《王国维全集》第 3 卷,浙江教育出版社 2009 年版,第 494 页。按:1914 年,王国维从昔时所作的词话中,选出三十一则,发表在日人办的《盛京时报》上,前有按语曰:"余于七八年前,偶书词话数十则,今捡旧稿,颇有可采者,摘录如下。"

亭所谓"神韵"，犹不过道其面目，不若鄙人拈出"境界"二字，为探其本也。①

这自负是有其道理的。"兴趣"是诗人见出或创造"境界"所需的一个主观条件，是诗之前，然而毕竟还不是诗本身。"神韵"不过描述了诗的一种性质，亦可以说是诗之境界的一种性质，是诗之后，然而也还不是诗本身。唯"境界"——诗的第一形式——可以说是诗本身。说境界是诗本身，意思是说：境界作为审美观照的对象，是诗人呈现于心而表现于作品者，境界的营造既是艺术的目的，营造成的境界也就是作品的基本构成与存在，所以谓之"本"。

诗词当以境界（优美之境或壮美之境）的创造为第一义。文辞的雕琢，格调的讲求，是第二义；此外如刻意求深，以之为政治或道德情怀的寄托，则是根本错会了艺术的天职与价值。王国维曾以自己的诗词为例说明此问题。他说：

> 樊抗父谓余词如《浣溪沙》之"天末同云"，《蝶恋花》之"昨夜梦中""百尺朱楼""春到临春"等阕，凿空而道，开词家未有之境。余自谓才不若古人，但于力争第一义处，古人亦不如我用意耳。②

他力争的第一义，即是"境界"的创造。这是艺术家的天职与价值所在。

所以标举境界的意义，还须联系其所否定的方面，才能够看得清楚。境界主于美，标举境界即是提倡出于美学兴味的艺术，亦即他在《论哲学家与美术家之天职》《文学小言》中所主张的纯粹、真正的艺术。它所针对而否定的，一方面是错了艺术的价值，而出于政治/道德兴味的政治/道德的艺术；一方面是混淆了第一形式之美（优美及壮美）与第二形式之美（古雅），不知追求第一形式之美（真情实感）而专在第二形式（文辞）上用功的文绣的艺术。就词的方面而言，它是针对晚清词坛兴盛的，主张在词中寄托家国情怀的寄托派。

（二）境界论二：对境界的说明

第二至第九则是对境界的进一步说明，涉及境界的生成方式、境界的类型、

---

① 王国维：《人间词话》，《王国维全集》第 1 卷，浙江教育出版社 2009 年版，第 463 页。"凑拍"一词《沧浪诗话》作"凑泊"。
② 王国维：《人间词话手稿》，《王国维全集》第 1 卷，浙江教育出版社 2009 年版，第 494 页。按：樊抗父即王国维的友人樊炳清。

境界的构成因素（原质）三个方面。

第二则说：

> 有造境，有写境，此理想与写实二派之所由分。然二者颇难分别，因大诗人所造之境必合乎自然，所写之境亦必邻于理想故也。①

这是说艺术境界的生成，有"造"与"写"两种方式，因而形成了理想派与写实派两个流派。但是王国维认为，二者的分别并不绝对，因为大诗人所造之境必定是合乎自然的，而大诗人所写之境亦必定是邻近理想的。为什么大诗人之写境必邻于理想，而造境必合乎自然，王国维亦有说明。不过这说明在第五则："自然中之物互相关系，互相限制，然其写之于文学及美术中也，必遗其关系限制之处，故虽写实家亦理想家也。又虽如何虚构之境，其材料必求之于自然，而其构造亦必从自然之法律，故虽理想家亦写实家也。"

第三则和第四则，是关于境界之类型的说明。第三则说：

> 有有我之境，有无我之境。"泪眼问花花不语，乱红飞过秋千去"，"可堪孤馆闭春寒，杜鹃声里斜阳暮"，有我之境也。"采菊东篱下，悠然见南山"，"寒波澹澹起，白鸟悠悠下"，无我之境也。②

第四则说：

> 无我之境，人惟于静中得之。有我之境，于由动之静时得之。故一优美，一宏壮也。③

结合这两则词话，可知王国维分境界为有我之境、无我之境两种，前者的美学性质是优美，后者的美学性质是壮美。

---

① 王国维：《人间词话》，《王国维全集》第 1 卷，浙江教育出版社 2009 年版，第 461 页。
② 王国维：《人间词话》，《王国维全集》第 1 卷，浙江教育出版社 2009 年版，第 461 页。按：为行文方便，此处截引第三则的前半部分。
③ 王国维：《人间词话》，《王国维全集》第 1 卷，浙江教育出版社 2009 年版，第 462 页。

第六则是关于境界之构成（内容）的说明：

> 境非独谓景物也。喜怒哀乐，亦人心中之一境界。故能写真景物、真感情者，谓之有境界，否则谓之无境界。①

这是为消除人们通常将"境界"等同于"景物"的误解，而特意强调"情"亦是境界的一方面内容。不过我们须知道，这里的喜怒哀乐之情，不是诗人的感情，而是诗人观照和描写的对象，正如《文学小言》（第四则）所说："激烈之感情，亦得为直观之对象、文学之材料，而其观之与描写之也，亦有无限之快乐伴之。"对于情感之作为观照和描写的对象，《红楼梦评论》亦曾有相似的议论。《红楼梦评论》第一章说："苟吾人能忘物与我之关系而观物，则夫自然界之山明水秀，鸟飞花落，固无往而非华胥之国，极乐之土也。岂独自然界而已？人类之言语动作，悲欢啼笑，孰非美之对象乎？"此段文字前半大致论景物之作为审美观照的对象，后半大致论情感之作为审美观照的对象。借古人的话说，以前者为内容的境界，可谓之"物境"，以后者为内容的境界，可谓之"情境"。

关于境界的构成（内容），王国维没有进一步明确说明。我们可以结合《文学小言》作一些推测。他以情和景作为构成境界的两种原质（基本元素），而形成的具体境界则有三种情况。其一，纯以情为构成元素；其二，纯以景为构成元素；其三，以情和景两种元素化合而成的情景交融。《人间词话手稿》中的一则即约略有此意。他说：

> 词家多以景寓情。其专作情语而绝妙者，如牛峤之"甘作一生拼，尽君今日欢"，顾琼之"换我心为你心，始知相忆深"，欧阳修之"衣带渐宽终不悔，为伊消得人憔悴"，美成之"许多烦恼，只为当时，一晌留情"，此等词古今曾不多见。②

其意或以为词中境界，以情景交融型为多，而纯以情为构成元素而成功者则不

① 王国维：《人间词话》，《王国维全集》第 1 卷，浙江教育出版社 2009 年版，第 462 页。
② 王国维：《人间词话手稿》，《王国维全集》第 1 卷，浙江教育出版社 2009 年版，第 503 页。

多见。他此处所举即是纯以情为构成元素而成功的境界。纯以景物为元素而构成的境界，我们可以替他举出一些，如他在《人间词话》中曾提到的"叶上初阳干宿雨，水面清圆，一一风荷举"（写荷），"桂华流瓦"（写月），"寒波澹澹起，白鸟悠悠下"。情景交融的更容易列举了——他一再提及的秦观的名句"可堪孤馆闭春寒，杜鹃声里斜阳暮"是最好的例子。

情、景是构成境界的基本元素，但并非写情写景就是"有境界"——否则所有诗词都可以说是"有境界"了——能"写真景物真感情"者，才算"有境界"。何谓真景物、真感情，我们暂不深究，我们且借一个比方来说明"有境界"。比方我们说某人"有道德"，我们是说他具有"美德"，而不是说他有"道德/伦理"。类似地，我们说某诗某词"有境界"，亦是说其境界具有优美或壮美之质。

（三）境界论三：境界必有所见

在《文学小言》和《屈子文学之精神》中，王国维曾将"情"放在一个比"景"更基础的位置，而流露出以情统景、以情率景的意味。《人间词话手稿》中也有一则说"一切景语皆情语也"。如此，则表现在艺术中的一切境界，皆非与主体无关的客观的物理之境，而皆是与主体相关的主观的情境或心境——是主体心灵状态的映射。即便所谓的"无我之境"，也并非真的"无我"，只不过物我之间没有冲突（无紧张关系），遂进入"不知何者为我，何者为物"的和谐状态，而起一种闲适优美之情罢了——"悠然见南山"之"悠然"，"寒波澹澹起"之"澹澹"，"白鸟悠悠下"之"悠悠"，无不映射着人的闲适优美之情。[1]

境界必是见人心，见情趣，见意趣的。《人间词话》说：

> "红杏枝头春意闹"，著一"闹"字，而境界全出。"云破月来花弄影"，著一"弄"字，而境界全出矣。（七）[2]

红杏枝头与春意，云破月来与花影，原都是物理，而"闹"与"弄"则关乎人情意

---

[1] 上文引了《人间词话》中论"有我之境""无我之境"一则的前一半，此则后一半为："有我之境，以我观物，故物皆著我之色彩。无我之境，以物观物，故不知何者为我，何者为物。古人为词，写有我之境者为多，然未始不能写无我之境，此在豪杰之士能自树立耳。"

[2] 王国维：《人间词话》，《王国维全集》第 1 卷，浙江教育出版社 2009 年版，第 462—463 页。

趣。诗的"境界"因此二字而出,可见王国维所说的"境界"是属人而非属物的。

境界也必是有所见的。凡言"境界",必预示着一种新鲜的发现,是作者特别之心特别之眼所独辟独见之境,其中包含着作者对于宇宙人生的真切的解悟。《文学小言》(第八则)说:

感情真者,其观物亦真。①

有一种真情,始有一种真心,始有一种真见。物之真——不是物理之真,物态之真,而是情态之真,真切之真——是凭真情之眼真情之心见出的。《人间词话》说:

能写真景物、真感情者,谓之有境界,否则谓之无境界。(六)②

此真景物、真感情,即是作者之所见。有所见则有境界,无所见则无境界。《人间词话》又说:

大家之作,其言情也必沁人心脾,其写景也必豁人耳目。其辞脱口而出,无矫揉妆束之态。以其所见者真,所知者深也。(五十六)③

可以说,"境界"乃是基于对宇宙人生的洞见与深情,而产生于对宇宙人生的妙赏。

《人间词话》之后,王国维有《清真先生遗事》一文,其中论及境界说:

山谷云:"天下清景,不择贤愚而与之。然吾特疑其端为吾辈设。"诚哉斯言。抑岂独清景而已!一切境界,无不为诗人设。世无诗人,即无此境界。④

---

① 王国维:《文学小言》,《王国维全集》第 14 卷,浙江教育出版社 2009 年版,第 94 页。
② 王国维:《人间词话》,《王国维全集》第 1 卷,浙江教育出版社 2009 年版,第 462 页。
③ 王国维:《人间词话》,《王国维全集》第 1 卷,浙江教育出版社 2009 年版,第 477 页。
④ 王国维:《清真先生遗事》"尚论三",《王国维全集》第 2 卷,浙江教育出版社 2009 年版,第 424 页。

我们亦可以说：诚哉斯言！境界乃诗人之心所独辟，诗人之眼所独见。然后王国维又说：

> 夫境界之呈于吾心而现于外物者，皆须臾之物，惟诗人能以此须臾之物，镌诸不朽之文字，使读者自得之。①

岂惟诗人而能写之而已，亦惟诗人而能见之！

"境界"概念的语源与历史问题，留待后文讨论。这里引《人间词话》里曾称许的一些有境界或境界好的诗句，略示其义："明月照积雪"；"大江流日夜"；"西风吹渭水，落叶满长安"；"中天悬明月"；"黄河落日圆"。王国维评价说："此种境界，可谓千秋壮观。"

（四）隔与不隔

"隔"与"不隔"是《人间词话》着重讨论的另一个理论问题。这个问题是从讨论词中的代字引出的。《人间词话》说：

> 词忌用替代字。美成《解语花》之"桂华流瓦"，境界极妙，惜以"桂华"二字代"月"耳。梦窗以下，则用代字更多。其所以然者，非意不足，则语不妙也。盖意足则不暇代，语妙则不必代。此少游之"小楼连苑""绣毂雕鞍"所以为东坡所讥也。（三十四）
>
> 沈伯时《乐府指迷》云："说桃不可直说破'桃'，须用'红雨''刘郎'等字。说柳不可直说破'柳'，须用'章台''灞岸'等字。"若惟恐人不用代字者。果以是为工，则古今类书具在，又安用词为耶？宜其为《提要》所讥也。（三十五）②

前一则批评词家喜用代字的陋习，认为这是词人在掩饰自己的无能。东坡讥讽少游，是刘熙载《艺概》记载的一个故事。秦观有一首《水龙吟》，起句曰"小楼连

---

① 王国维：《清真先生遗事》"尚论三"，《王国维全集》第2卷，浙江教育出版社2009年版，第424页。
② 王国维：《人间词话》，《王国维全集》第1卷，浙江教育出版社2009年版，第470、471页。

苑横空，下窥绣毂雕鞍骤"，苏轼听了讥笑说："十三个字只说得一个人骑马楼前过。"这是讽刺秦观词文饰太过，费辞了。王国维认为这与用代字同病。后一则批评沈义父(字伯时)《乐府指迷》提倡用代字的陋见。纪昀在《四库提要》中讥笑沈义父此说"欲避俚俗，转成涂饰"，即是说因求"雅"而至"涂饰"之病。这批评与判断是王国维认同的。

王国维说，词中用代字，无非两种情况。其一曰"意不足"，即词人胸中本无境界，只得在玩弄词藻上费心事。一种是"语不妙"，即境界本好，可惜词人才华不足，无妙语表达这境界，于是求助于用代字，如"桂华流瓦"之类。代字与所指之间，总是有一道弯，如隔着一层纱，干扰读者的理解和感受，使得境界不能完美地呈现。这当然是很可惜的事。

接下来王国维就说到"隔"的问题。他说：

> 白石写景之作，如"二十四桥仍在，波心荡，冷月无声"，"数峰清苦，商略黄昏雨"，"高树晚蝉，说西风消息"，虽格韵高绝，然如雾里看花，终隔一层。梅溪、梦窗诸家写景之病，皆在一"隔"字。（三十九）

又说：

> 问"隔"与"不隔"之别，曰：陶、谢之诗不隔，延年则稍隔矣。东坡之诗不隔，山谷则稍隔矣。"池塘生春草""空梁落燕泥"等二句，妙处唯在不隔。词亦如是。即以一人一词论，如欧阳公《少年游·咏春草》上半阕云："阑干十二独凭春，晴碧远连云。二月三月，千里万里，行色苦愁人。"语语都在目前，便是不隔。至云"谢家池上，江淹浦畔"，则隔矣。白石《翠楼吟》："此地，宜有词仙，拥素云黄鹤，与君游戏。玉梯凝望久，叹芳草、萋萋千里。"便是不隔。至"酒祓清愁，花消英气"，则隔矣。（四十）①

所谓"隔"，即是写景"如雾里看花"；所谓"不隔"，即是"语语都在目前"。前一则专就写景言，后一则兼叙事抒情言，可见"隔"与"不隔"不单是针对写景之

---

① 王国维：《人间词话》，《王国维全集》第1卷，浙江教育出版社2009年版，第472页。

句——一切文辞,包括叙事言情,都有隔与不隔的问题。所以王国维又举例说:

> "生年不满百,常怀千岁忧。昼短苦夜长,何不秉烛游?""服食求神仙,多为药所误。不如饮美酒,被服纨与素。"写情如此,方为不隔。"采菊东篱下,悠然见南山。山气日夕佳,飞鸟相与还。""天似穹庐,笼盖四野。天苍苍,野茫茫,风吹草低见牛羊。"写景如此,方为不隔。(四十一)①

这也就是另一则词话里所概括的:"大家之作,其言情也必沁人心脾,其写景也必豁然耳目,其词脱口而出,无矫揉妆束之态。"

王国维对"隔"的批评常常以姜夔为例。说到咏荷的词,他说"觉白石《念奴娇》《惜红衣》二词犹有隔雾看花之恨";说到咏梅的词,他说"白石《暗香》《疏影》,格调虽高,然无一语道着"。对这个"隔"之病的代表,王国维下结论说:

> 古今词人格调之高,无如白石。惜不于意境上用力,故觉无言外之味,弦外之响,终不能与于第一流之作者也。(四十二)②

这让我们想起王国维在《古雅之在美学上之位置》中对姜夔的评价:

> 姜夔之于词,且远逊于欧、秦,而后人亦嗜之者,以雅故也。③

在那篇论文中,王国维说第一流作者(或第一流作品)以第一形式之美取胜,而二三流的作者,无捕攫第一形式之美的能力,只能以第二形式之美(即古雅)取悦于人。把这两段话对看,可知《人间词话》说姜夔"格调"高,是说他的词长于第二形式之美,有一种古雅之致;说姜夔"不于意境上用力",是说他不知在第一形式上用力,所以作品无第一形式之美,不能成第一流作者。

于是我们知道,讨论"隔"与"不隔",其实是在讨论艺术的第一形式与第二

---

① 王国维:《人间词话》,《王国维全集》第1卷,浙江教育出版社2009年版,第473页。
② 王国维:《人间词话》,《王国维全集》第1卷,浙江教育出版社2009年版,第473页。
③ 王国维:《古雅之在美学上之位置》,《王国维全集》第14卷,浙江教育出版社2009年版,第109页。

形式的关系,在诗词即是境界与文辞的关系。境界与文辞相得(即第一形式与第二形式合),便是"不隔";不相得,则文辞对境界的呈现构成障碍,便是"隔"。这其中又有两种情况,即前面论"代字"时的"意不足"与"语不妙"。"意不足"即第一形式本不美,是则无第一形式之美可言,亦无感动的力量可言,自然给人"无一语道着"的感觉。"语不妙"即第二形式不足以表现第一形式,于是第一形式之美终究不能尽显,遂让人有"隔雾看花"之恨。关于"意不足"与"语不妙",《人间词话》另有一个具体的说明。他说:

> 人能于诗词中不为美刺、投赠之篇,不使隶事之句,不用粉饰之字,则于此道已过半矣。(五十七)[1]

"美刺投赠之篇",无真情实感,固然是"意不足"。"隶事之句""粉饰之字",典型的矫揉妆束之态,亦固然是"语不妙"。这两方面的毛病姜夔都有,所以王国维说他不在"意境"上用力。

"隔"与"不隔",直接关系到境界的有无深浅。所以批评"隔"与提倡"境界",其实是一个问题的两面,可谓一正一反,相为表里。无怪乎王国维反复申说,而使之成为贯穿《人间词话》第二、第三部分的一个重要话题了。

(五) 文体之时代升降一:与境界论之关系

《人间词话》最后一则说:

> 白仁甫《秋夜梧桐雨》剧,沉雄悲壮,为元曲冠冕。然所作《天籁词》,粗浅之甚,不足为稼轩奴隶。创者易工,而因者难巧欤?抑人各有能有不能也。读者观欧、秦之诗远不如词,足透此中消息。(六十四)[2]

他以白朴(字仁甫)之长于曲而劣于词,给了《人间词话》一个意味深长的结尾——元是戏曲的时代,词的时代结束了。这是历史潮流的起落,非个人所能

---

[1] 王国维:《人间词话》,《王国维全集》第1卷,浙江教育出版社2009年版,第477—478页。
[2] 王国维:《人间词话》,《王国维全集》第1卷,浙江教育出版社2009年版,第480页。

左右。回过头去看宋代，欧阳修、秦观的诗都远远不如他们的词，这也是历史潮流的起落——宋是词的时代，诗的时代过去了。这就是所谓的文体"时代升降"：一代有一代之文学。

文体的时代升降现象其实早就有人注意，不过一直没有人深究，也没有形成完整的历史的了解。王国维对此似乎尤有兴趣，《人间词话》更是反复申说。

为什么文体时代升降的问题对于王国维如此重要？这也与他以"境界"为核心的词学批评体系有关。盖判分五代、北宋词与南宋词的高下，固然可以以境界的有无深浅为依据；至于什么原因造成了五代、北宋词与南宋词之境界的有无深浅的差别，即何以五代、北宋人能写出有境界的词，南宋人写不出有境界的词，则须由文体时代升降的理论来说明。这也决定了《人间词话》讨论文体的时代升降，重点不在描述此现象，而在解释此现象。《人间词话》说：

> 四言敝而有《楚辞》，《楚辞》敝而有五言，五言敝而有七言，古诗敝而有律绝，律绝敝而有词。盖文体通行既久，染指遂多，自成习套。豪杰之士亦难于其中自出新意，故遁而作他体，以自解脱。一切文体所以始盛终衰者，皆由于此。故谓文学后不如前，余未敢信，但就一体论，则此说固无以易也。（五十四）①

这一段话的要点在"文体通行既久，染指遂多，自成习套"。既成习套，自然就没有新鲜的生命力了。但是"习套"的惰性如此强大，任你是天才豪杰之士，也难以在习套中自出新意，唯一的办法是离开已成习套的旧体而另辟新体，于是有无休止的新旧替代。

"习套"之论，固然可以解释新旧文体的盛衰替代，然而似乎还未能把境界的有无深浅问题说透。《人间词话手稿》中另有一则，可以拿来补充。那一则是就唐诗宋词的陵替而论的，其言曰：

> 诗至唐中叶以后，殆为羡雁之具矣。故五代、北宋之诗，佳者绝少，而词则为其极盛时代。即诗词兼擅如永叔、少游者，亦词胜于诗远甚，以其写

---

① 王国维：《人间词话》，《王国维全集》第1卷，浙江教育出版社2009年版，第476—477页。

之于诗者，不若写之于词者之真也。至南宋以后，词亦为羔雁之具，而词亦替矣。此亦文学升降之一关键也。①

他说五代、北宋诗不如词，是因为五代、北宋人"写之于诗者，不若写之于词者之真也"。而五代之后诗不能真的原因，则是由于那时候诗已经成应酬的工具了。同样的道理，我们亦可以说元代词不如曲，是因为元代人写之于词者不若写之于曲者真，而其所以如此者，则是由于南宋以后，词也已经成应酬的工具了。"羔雁之具"论，固然不如"习套"论涵盖广，然而是否"真"，确乎比是否有"新意"更切近境界的有无深浅问题。不真就是没有真情实感，诗人或词人不能写一己的真情实感，自然就不能写真感情真景物，如此即是"无境界"。扩展到一个时代来说，一时代有一时代继承自前时代的习套，一时代亦有一时代自己的精神。代表一时代的文体，如唐之诗，宋之词，元之曲，都是为表现那时代的精神而产生的。能写那时代的精神，即是能写其真。就此而言，文体的时代升降问题，可以说是其境界论的延伸。

然而就具体的作家而言，也有例外，即确实有个别的大艺术家能够用旧体而不落习套——例如词家之有清代的纳兰容若。纳兰容若是宋代之后唯一被王国维列入第一流的词人。对于这个例外，王国维解释说：

> 纳兰容若以自然之眼观物，以自然之舌言情。此由初入中原，未染汉人风气，故能真切如此。北宋以来，一人而已。（五十二）②

"以自然之眼观物，以自然之舌言情"，即是未染习套，所以如此者，是因为他根本就是个外来人。这是个人的例外，而不是文体之时代升降的例外。

（六）文体之时代升降二：词曲之地位

王国维重视文体的时代升降问题，另有一层深意，即将词、曲确立为一代之文学，从而为一向不为人重视的词和曲争得与诗文同样的地位。

---

① 王国维：《人间词话手稿》，《王国维全集》第 1 卷，浙江教育出版社 2009 年版，第 491 页。按：此则词话亦见于《文学小言》，文字小异。
② 王国维：《人间词话》，《王国维全集》第 1 卷，浙江教育出版社 2009 年版，第 476 页。

正统的文学观念,以诗文为雅为正宗,而以词曲为俗为旁道。王国维致力于词曲的研究,颇有以俗抗雅的意味。他当然不是欣赏庸俗,他是在俗文学中发现了"自然"和"真",一种新鲜活泼的感发的力量。这也与他提倡写真感情真景物的纯粹/真正的文学有关。他早就发现,古代那些体物之妙侔于造化的诗句,多出于"离人孽子征夫"之口。他亦说过,"宁闻征夫思妇之声,而不屑使此等(餔餟/文绣的——编者注)文学嚣然污吾耳也"。征夫思妇之声,虽或鄙野不雅,然而"真"。

《人间词话》也贯穿着这一态度。

词本是起于民间的,中唐而后渐有文人参与词的创作,词的雅化亦从此开始。然而直到五代、北宋诸大家,艳情仍是词的重要内容,而且与诗相比,词亦还是在野的身份而未失其清新活泼的原始力量。南宋起了一个大变化。南宋人举起崇雅正、黜浮艳的旗帜,主张以词言志,寄托家国身世之感,格调上尚清空而黜靡曼,其代表人物是姜夔(白石)和张炎(玉田)。可是王国维论词一向反对"寄托",或许在他看来这是渐成习套的过程,或者竟已经是"羔雁之具"了。王国维认为,这看似雅,其实是一副真正的俗子面目。他说:

> 唐、五代、北宋之词家,倡优也。南宋后之词家,俗子也。二者其失相等。然词人之词,宁失之倡优,不失之俗子。以俗子之可厌,较倡优为甚故也。①

唐、五代、北宋词虽有些倡优的性质,然而"真",有一种"生香活色"之美。南宋词则似雅而实俗——那份矜持与造作,说到底乃是"不真"。《人间词话》又说:

> "昔为倡家女,今为荡子妇。荡子行不归,空床难独守。""何不策高足,先据要路津。无为久贫贱,轗轲长苦辛。"可谓淫鄙之尤。然无视为淫词、鄙词者,以其真也。五代、北宋之大词人亦然。非无淫词,读之者但觉其亲切动人。非无鄙词,但觉其精力弥满。可知淫词与鄙词之病,非淫与鄙之

---

① 王国维:《人间词话手稿》,《王国维全集》第 1 卷,浙江教育出版社 2009 年版,第 520—521 页。

病，而游词之病也。（六十二）①

只要"真"，就会给人亲切动人或精力弥满的感觉，而不觉其淫或鄙。所以关键不在淫或鄙，而在真或不真（游）。

清代词学，自朱彝尊开始即推崇南宋，其论词亦如张炎一样重雅黜艳。这倾向一直维持到清末。王国维批评说：

> 竹垞以降之论词者，大似沈归愚（之论诗），其失也枯槁而庸陋。②

沈德潜论诗主风教之旨，朱彝尊一派论词亦如此，王国维统统斥之为"庸陋"。王国维词学，在清末可谓独树一帜。

继词的研究之后，王国维又曾倾力研究元曲，著有《曲录》《戏曲考原》《宋大曲考》《优语录》《古剧脚色考》《曲调源流考》，最后写出了著名的《宋元戏曲史》。《宋元戏曲史》自序说：

> 凡一代有一代之文学，楚之骚，汉之赋，六代之骈语，唐之诗，宋之词，元之曲，皆所谓一代之文学，而后世莫能继焉者也。独元人之曲，为时既近，托体稍卑，故两朝史志与《四库》集部，均不著于录，后世硕儒，皆鄙弃不复道……遂使一代文献，郁湮沉晦者且数百年。愚甚惑焉。往者读元人杂剧而善之，以为能道人情，状物态，词采俊拔而出乎自然，盖古之未有，而后人所不能仿佛也。③

在《宋元戏曲史》正文里，他数度盛赞元剧"写情则沁人心脾，写景则在人耳目，述事则如其口出"。这态度也与《人间词话》之推崇五代、北宋词是一贯的。

王国维研究戏剧，也有为自己创作戏剧做准备的打算。他创作戏剧的计划终于未见实行，而《宋元戏曲史》因为在俗文学研究上的开拓之功，与鲁迅的《中国小说史略》被郭沫若誉为我国早期俗文学研究的双峰。

---

① 王国维：《人间词话》，《王国维全集》第1卷，浙江教育出版社2009年版，第479页。
② 王国维：《人间词话》，《王国维全集》第1卷，浙江教育出版社2009年版，第525页。
③ 王国维：《宋元戏曲史·序》，《王国维全集》第3卷，浙江教育出版社2009年版，第3页。

第四节　"境界"概念的历史与纷争

《人间词话》最初在《国粹学报》发表时,并没有得到多少反响。直至十八年后的 1926 年,由俞平伯标点并撰序的《人间词话》单行本问世,才引起广泛的注意——这时王国维已经是名满天下的国学大师了。俞氏在为单行本所作的短序中对《人间词话》推崇备至,以为"虽只薄薄的三十页,而此中所蓄几全是深辨甘苦惬心贵当之言,非胸罗万卷者不能道"。俞氏在序中又特别指出王国维论词"标举'境界'",于是作为《人间词话》核心概念的"境界",亦从此得到学界的青睐,并逐渐被接受为传统诗学、传统美学的核心概念。对"境界"概念及王国维"境界"理论的研究亦随之得到了多方面的展开和深入。下面,略述学界关于"境界"研究的几个热点话题,并提出我们的看法。

(一)"境界"概念的历史

学界关于"境界"的研究,最重要的一个成果,是对"境界"概念的渊源、流变的历史考察与整理。

"境界"常常简称"境"。"境"字的本意是"边疆"——"土"之"竟"——我们如今说"境内""境外",即是用它的本意。"境"的这个本义与"界"的含义约略相同——"界"是分界、界限——土之竟,自然就到了它的"界"。不过"境"还有一个引申义——地域或区域——当然是那边疆所围成的地域或区域。此义上的"境",与后来形成的合成词"境界"的含义相同。于是我们得到"境界/境"的第一层面含义:一个有边界的区域,区域内的一切事物所构成的一个整体(场景)及其氛围。此意义上的"境界/境",是一个具象的有空间结构的实存(现实存在)。大约自唐朝始,佛家(尤其禅宗)常称心中幻现的场景为"境界/境",诗家亦称诗中呈现的场景为"境界/境",于是有"境界/境"的一个引申义:呈现于心中或作品中的场景(形象或画面)及其氛围。此意义上的"境界/境"亦是具象的,亦有其空间结构,但不是实存,而是虚存。另外,"境界/境"还有一个比喻义,喻指人的精神/心灵状态。我们说一个人的"心境"如何(好或坏),一个人的"精神/思想境界"如何(高或低),即是用其比喻义。这种用法亦起于佛家,后来宋明理学家也常用此义，称人的不同修为层次或阶段为不同的境界①。古代汉语中，上述"境界/境"的三种含义——实存义、虚存义、比喻义是并存的。

诗学方面，以"境"论诗始于唐代。王昌龄《诗格》分诗中之境为三：物境（描写自然风光之诗），情境（叙事抒情之诗），意境（写心中之意之诗，与禅极有关系）。"意境"后来成为诗学中的一个重要概念，不过其含义与王昌龄《诗格》所谓的"意境"已大为不同——凡诗家所营造而表现于诗者，皆称"意境"。诗学中"境界"一词的应用，似自宋人始②，略晚于"意境"，使用似亦不如"意境"普遍。明清以降，以"意境"或"境界"谈诗者渐多③。清末民初，"意境""境界"已经是诗论中的习语了，常州派大词家陈廷焯（1853—1892）的《白雨斋词话》即以"意境"作为评词的核心术语，而与王国维（1877—1927）约略同时的梁启超（1873—1929）论诗著述中也常见"意境"一词，亦偶见"境界"一词。④

要之，以"境界"论诗（词），其来已久，并非王国维的创举。不过前人诗论中用"境界"一词，只是拈取而用，并无对此概念的分析与论说，更无以此概念建构一个批评系统的意图。用"境界"论诗（词），并对此概念加以分析与论说，而且有意识地以此概念为核心，建构起一个批评系统，是王国维的独特之处。王国维在"境界论"上，有其特殊贡献，因而也有其特殊地位。

（二）"意境"与"境界"

"意境"与"境界"，在诗学文献中是两存的，未见有人深究二者含义和使用上的差别。近人亦多以为二者为同义词：有人用"意境"，有人用"境界"，纯属习惯问题；同一人此时此处用"意境"，彼时彼处又用"境界"，亦纯属偶然。然而，倘若我们把眼光放宽，不仅局限在诗学的领域，则"境界"与"意境"之间的一个差异就会显现出来——"境界"一词不仅见于诗学文献，亦常见于佛学和理学文

---

① 参见刘任萍《境界论及其称谓的来源》，范宁《关于境界说》。两文收录于姚柯夫编《〈人间词话〉及评论汇编》，书目文献出版社1983年版，第101—107、366—368页。
② 参见佛雏：《王国维诗学研究》，北京大学出版社1987年版，第154页。
③ 佛雏：《王国维诗学研究》，北京大学出版社1987年版，第156—157页。
④ 一般以为王国维之用"意境/境界"论诗，是受梁启超的影响，近年罗钢研究王国维与常州词派的关系，提出一新说，认为直接启发王国维以"意境/境界"论诗的，很可能是陈廷焯，而不是梁启超，因为"在王国维之前，唯一一位把'意境'作为评的核心术语的清代词家正是陈廷焯，而陈廷焯的《白雨斋词话》又恰恰是王国维十分熟悉的一部著作"。（罗钢：《意境说是德国美学的中国变体》，《南京大学学报》（哲学·人文科学·社会科学）2011年第5期）

献，即"境界"不仅是一个诗学范畴，还是一个哲学范畴，它比"意境"多一层哲学的意味。近代的新儒家如冯友兰、唐君毅等人，为彰显中国哲学的特质，提出了所谓"境界论"哲学，以区别于西方的知识论哲学。于是"境界"作为哲学范畴的地位进一步突出了。因此之故，冯友兰虽然认为"意境"与"境界"的含义并无不同，但是在论及《人间词话》时还是忍不住要给二者的使用范围作出划分。冯友兰说，"境界"主要是个哲学范畴，"意境"主要是个诗学范畴，谈论诗词还是用"意境"一词为好。[①]

　　然而王国维取作《人间词话》核心概念的，偏偏是"境界"，而非"意境"。更为重要的是，王国维有意识地选择了"境界"作为其文学批评理论的核心概念。

　　在"意境""境界"这两个概念的使用上，王国维有过徘徊。他最初也是按照冯友兰所提到的那个使用范围的划分，在哲学语境中使用"境界"一词，而在艺术批评语境中使用"意境"一词。前者的使用集中在他译述西方哲学（包括心理学、美学）的文字中，取"境界"的比喻义（心灵、精神、思想状态）。后者的使用见于其《论哲学家与美术家之天职》《人间词乙稿序》。特别是在《人间词乙稿序》中，王国维给出一个以"意境"为核心概念的诗词理论系统。这个理论系统的要义即是稍后《人间词话》的理论系统的要义，只不过在《人间词话》里，"意境"换成了"境界"——他将此前译述西方哲学时使用的"境界"一词移用于文学批评，作为其艺术批评的核心概念。

　　为什么会有这样的变化？王国维自己没有说明。不过我们可以结合王国维当时的思想作一个大胆的推测——他或许借此向艺术或他的艺术理论加入一个哲学维度。

　　"意境"略同于虚存义上的"境界"，而并不具"境界"所具有的比喻义。《人间词话》中的"境界"概念，是结合了其虚存义和比喻义的。以"境界"替换"意境"，自然就把哲学的维度引进了艺术。换句话说，王国维选择"境界"作为《人间词话》的核心概念，是看中了"境界"兼具哲学的维度。艺术与哲学的关系，是王国维一直思考的问题。在王国维看来，艺术和哲学都以真理（宇宙人生的真相）为目标——哲学家通过思考揭示真理，艺术家以符号表出真理。真理性是

[①] 冯友兰：《中国哲学史新编（下）》，人民出版社 1999 年版，第 547 页。

艺术所内含的哲学维度。王国维认为，好的艺术作品，须是哲学的、宇宙的。①

这推测的一个佐证，是《宋元戏曲史》中的"意境"概念的再次使用。《宋元戏曲史》论"元剧之文章"说：

> 然元剧最佳之处，不在其思想、结构，而在其文章。其文章之妙，亦一言以蔽之，曰：有意境而已矣。何以谓之有意境？曰：写情则沁人心脾，写景则在人耳目，述事则如其口出是也。古诗词之佳者无不如是，元曲亦然。明以后，其思想、结构尽有胜于前人者，唯意境则为元人所独擅。

此处所谓"文章"，指向元剧的艺术性方面。王国维说元剧之佳在其文章，而文章之妙，在于有"意境"。从他所举的"有意境"的三个方面——"写情则沁人心脾""写景则在人耳目""述事则如其口出"——并联系《人间词话》的相关论说来看，"有意境"其实就是他所谓"不隔"的艺术效果，此即文辞之美的最高境界。可见王国维这里的"意境"概念，指向作品的艺术性方面——文章——而与作品的思想性无关。

元剧的"思想性"，王国维有时称之为"人格"。他在《文学小言》中批评道：

> 元人杂剧，辞则美矣，然不知描写人格为何事。②

结合《文学小言》及稍后的《屈子文学之精神》来看，王国维认为第一流作家需兼具天才和人格——天才指向一个人的艺术天分，在作品的方面则是其"文章/意境"；人格指向一个人的精神修养，在作品的方面则是其思想性。以这样的标准看，"辞则美矣，然不知描写人格为何事"的元剧，自然算不上第一流的文学。于此我们可以知道，在王国维的话语系统中，仅仅联系于文章/文辞的"意境"概念似不足以表达文学的最高品质和最高追求，因为它不能涵盖文学的人格或思想性方面的要求。

然而"境界"概念所兼具的哲学维度恰可以弥补这一不足——哲学维度无

① 张郁乎：《春归合早：诗与哲学之间的王国维》，北京大学出版社2013年版，第161—182页。
② 王国维：《文学小言》之"十四"，《王国维全集》第14卷，浙江教育出版社2009年版，第96页。

疑可以收摄"人格"或文学作品的"思想性"。从"意境"到"境界",内含着王国维艺术观念的一个重要拓展。这一拓展,类似于康德从美到崇高的发展。康德借助"崇高"概念重新建立起艺术与道德的联系,王国维借助"境界"概念为艺术纳入了人格或思想性的维度。如果王国维心里存着"意境"与"境界"的这一分际,则他只能说元剧有"意境",而不能说元剧有"境界"。

从《宋元戏曲史》"意境"概念的这种使用,还可以反观《人间词话》中"意境"概念的使用。

《人间词话》的核心概念是"境界",唯独论姜夔时用了一次"意境":

> 古今词人格调之高,无如白石,惜不于意境上用力,故觉无言外之味,弦外之响,终不能与于第一流之作者。(四十三)

这是"意境"在《人间词话》的唯一一次出场。这唯一一次出场颇令人疑惑:何以论姜夔用"意境"而不用"境界"? 答案或许就在王国维设定的"意境"与"文章/文辞"的关系上。从《人间词话》来看,王国维对姜夔的批评集中在其"文章/文辞"的方面——"隔"。此处批评姜夔不在"意境"上用力,亦是如此——不在"意境"上用力,是说他不追求文辞的"不隔"。即是说,《人间词话》中的"意境"概念,也是设定在"文章/文辞"的方面,与《宋元戏曲史》中的使用,恰相一致。

如果在王国维那里,"意境"与"境界"并非如一般人所认为的那样含义相同,那么古代诗论里"意境"与"境界"是否如一般人所认为的那样含义相同? 古人是随意地或取此或取彼,还是因不同的语境而或取此或取彼——两者之间,古人在心里是否有一个难以言传的微妙分际呢? 若这个问题得不到有效的解决,则延续至今的关于王国维境界论的许多论争,终究是一笔糊涂账。①

(三)王国维的"境界"理论与传统文化及西方文化之关系

王国维的文学批评是立于古今与中西两个交叉点上的。讨论这问题之前,

---

① 周振甫 1962 年发表的《〈人间词话〉初探》首先留意到王国维著述中意境、境界两个概念的使用问题。20 世纪 80 年代开始有专文讨论王国维著述中这两个概念的区别与联系。这些讨论互有短长,一个共同的问题是都没有能够全面而准确地厘清王国维著述中此两个概念的使用情况,至今还有不少人误以为"王国维用'境界'比较早,后来逐渐改用'意境'"。

我们须了解两个基本的事实。第一，王国维在 30 岁之前，有数年的时间沉浸在西方哲学/美学的研究中，他最先即是在译介西方哲学/美学的文章中使用意境、境界这两个术语的。西方哲学/美学的研习，对他的文学思想有深刻的影响，即他的文学思想带有浓厚的西方近代文化精神，而绝无传统的酸腐气息。这在他后期的文学批评如《文学小言》《人间词话》中亦有明显的痕迹。第二，30 岁之后的数年间，王国维又曾沉浸在词的创作与研究中，《人间词话》的撰写，即是以他的创造和阅读经验为基础的——这里所说的阅读经验，指他对历代词作和词学批评的广泛阅读①。这两个基本的事实，引发我们去思考：他的境界理论有没有传统诗学的影响？其间的联系如何？有没有西方美学的影响？其间的联系又如何？

王国维境界论与传统诗学的关系，似乎是不言而喻的事。首先，"境界/境"本是传统诗学中的一个概念，而清代以来使用益见频繁。其次，王氏关于"境界"的一些进一步说明，与传统诗学有明显的交集或继承关系，如境界论中的情、景关系，原是传统诗学的一个话题；有我之境、无我之境的区分，不唯基于传统诗歌的事实，其理论概括的源头亦可以追溯至严羽在《沧浪诗话》中将诗境大略区分为"优游不迫"与"沉著痛快"两种；宋人提出的"状难言之景如在目前，含不尽之意见于言外"，与王氏境界论所指向的第一流作品，亦颇有相合之处。大致而言，近人读《人间词话》，一方面惊讶于其思想见解之新，而同时亦不觉得其与传统诗学脱节或不相容；许多人孜孜不倦，从不同的方面去探讨王氏境界论与传统诗学的关联——包括其与前人相关学说的异与同——即是基于这种直觉。王国维中年而后放弃西方哲学的研究而转向传统学术并成为国学大师，也加重了人们的这种直觉——不少人把《红楼梦评论》到《人间词话》及其中的境界论，看作王国维走出叔本华乃至整个西方美学而回归传统诗学的标志。实际的情形是否果真如此呢？

20 世纪 40 年代，缪钺（1905—1995）读了叔本华的著作，认为王国维的两部文学批评名著《红楼梦评论》《人间词话》的立论根据多出于叔本华之书。他写了一篇《王静安与叔本华》（1943），不仅具体分析了王氏《红楼梦评论》与叔本华哲学的联系，还提出王氏《人间词话》中的见解"似亦相当受叔本华哲学之潜

---

① 之所以特别提出他在词作和词学上的创作阅读经验，是因为有人嘲讽他撰写《人间词话》时不过三十来岁，还没有很好的传统文化基础，仿佛他的《人间词话》是闭门造车的结果。

发"。他举了一个例子：

  (叔本华)《意志与表象之世界》第三卷中论及艺术……以为人之观物，如能内忘其生活之欲，而为一纯粹观察之主体，外忘物之一切关系，而领略其永恒，物我为一，如镜照形，此即臻于艺术之境界，此种观察，非天才不能。《人间词话》曰："自然中之物，互相关系，互相限制，然其写之于文学及美术中也，必遗其关系限制之处。"又曰："无我之境，以物观物，故不知何者为我，何者为物。"皆与叔氏之说有贯通之处。①

  缪钺此处所引的叔本华关于艺术的议论，王国维早年在《叔本华及其教育学说》曾有详细的介绍，缪钺就此而论《人间词话》中类似的说法受叔本华哲学的启发，自然是可信的；说王国维有关"无我之境"的论述与叔氏之说"有贯通之处"，亦无不可。

  缪钺在王国维受叔本华影响的问题上，态度其实十分谨慎。他认为王国维是学术上的奇才，"其胸中如具灵光，各种学术，经此灵光所照，即生异彩"，如在文学批评的方面，"(王氏)粗习西文，略窥西籍，而评论文学，已多新见，摆脱传统之束缚，能言时人之所不能言"。所以他不承认王国维对于叔本华乃至西方学说只是简单的接受的关系，但是他认为西方文化对王国维确有"攻错之益"——他说："凡学术思想之能开新境扬光辉者，多赖他山攻错之益。"②所谓"他山攻错"，当然是中西文化的相互砥砺与激荡。

  尽管缪钺的意见并不是针对王国维的境界论而发，但是他将叔本华的影响引入《人间词话》的研究，却对后来的境界论研究产生了重大的影响。盖自此而后凡研究王国维境界论的人，都不能回避其中的西方美学影响，而诸多分歧也随之而生。周振甫《〈人间词话〉初探》(1962)首次将缪钺的看法推向极致，从多个方面论证"(王国维)境界说本于叔本华的唯心主义美学观点"③；后来佛雏《王国维诗学研究》(1987)将叔本华《作为意志和表象的世界》与王国维《人间词话》作了对比式的阅读，不仅认定"王氏的诗词'境界'跟叔氏的艺术'理念'，是平行

---

① 缪钺：《王静安与叔本华》，《诗词散论》，开明书店 1948 年版，第 72 页。
② 缪钺：《王静安与叔本华》，《诗词散论》，开明书店 1948 年版，第 80—81 页。
③ 周振甫：《〈人间词话〉初探》，《文汇报》1962 年 8 月 15 日。此文收录于《〈人间词话〉及评论汇编》(书目文献出版社 1983 年版)。

的美学范畴"，而且为《人间词话》里的几乎每一个观点都在《作为意志和表象的世界》里找到了根源①。大略而言，20 世纪的八九十年代研究王国维境界论者，一般都会说到叔本华美学的影响。但是也就在这时期，另一种声音开始出现，并在 21 世纪的头十年里蔚然成一新潮流。陈鸿祥较早注意到席勒对王国维的影响，他在 20 世纪 80 年代的《王国维与文学》(1988)一书中说：

> 若仅以"西方影响"而言，《人间词话》中与"境界"之"真"相关的属于文学方面的观点，诸如"写境"与"造境"，"主观之诗人"与"客观之诗人"，"理想"与"写实"，决不能归"本"于叔本华，而实出于席勒。②

这个批评直接针对周振甫"境界说本于叔本华的美学观点"之说。进入 21 世纪，罗钢对王国维所受席勒影响作了更为细致的探讨，提出了王国维由叔本华转向席勒的问题。不仅如此，他还超出叔本华、席勒的范围而将王国维的境界论与整个德国美学传统联系起来③。他认为：

> 王国维的"意境"说在中国诗学传统中的确称得上是"截断众流"，因为它基本上是以一种与整个中国诗歌传统异质的西方美学为基础建构起来的……王国维寄植在"意境"中的这一束西方美学观念，其实都来自一种西方美学传统——德国美学传统。④

因此：

> 王国维的"境界说"不是如许多学者所言；是从"兴趣说""神韵说""一

---

① 佛雏：《王国维诗学研究》，北京大学出版社 1987 年版。对于佛雏的这个文献对勘式的研究得失，可参见夏中义：《〈王国维诗学研究〉之研究》，《文艺理论研究》1995 年第 2 期。
② 陈鸿祥：《王国维与文学》，陕西人民出版社 1988 年版，第 187 页。
③ 参见罗钢：《七宝楼台，拆碎不成片断——王国维"有我之境、无我之境"说探源》，《中国现代文学研究丛刊》2006 年第 2 期；《意境说是德国美学的中国变体》，《南京大学学报》(哲学·人文科学·社会科学)2011 年第 5 期。
④ 罗钢：《意境说是德国美学的中国变体》，《南京大学学报》(哲学·人文科学·社会科学)2011 年第 5 期。按："这一束西方美学观念"指：一、以叔本华的直观说为核心的认识论美学；二、席勒关于自然与理想诗的区分；三、康德的自然天才理论；四、席勒-谷鲁斯的游戏论。

线下来的",而是以叔本华为代表的西方近代美学的嫡系后裔。[1]

这一番关于王国维境界说的议论,也确实有截断众流之意。他的过人之处,在于他的反思能力,以及他把王国维的境界理论与更为广泛的西方近代美学传统联系起来。他的果敢勇猛之处是将王国维的境界论与西方美学作单线的联系,而斩断其与传统诗学的关系。这与老一辈学者有很大不同。前辈学者,无论佛雏还是陈鸿祥,虽然重视王国维境界论所受西方美学的影响,却也并不否认其与传统诗学的联系,而毋宁把西方美学作为其理论的来源之一而不是唯一的来源。

罗钢一系列的王国维研究,是近十年来此方面最有影响的研究之一。他的批判的锋芒显而易见,在这批判的锋芒的背后,另有两个强烈的反思意识:其一,反思20世纪80年代以来的境界论研究,进而反思王国维境界论与传统诗学的关系;其二,反思20世纪从王国维到朱光潜、宗白华嫁接中西美学(诗学),援西释中的中国近代美学建构方式。

我们从第一个反思说起。20世纪的后70年,王国维的《人间词话》及其中的境界论可以说是誉满士林,既有人称它是中国传统美学的最后一个高峰,又有人称它是中国近代美学的开山。这里隐藏着一个问题:中国近代美学与传统美学究竟什么关系? 如果中国近代美学是或可以是传统与西方的结合,则上述对《人间词话》/境界论的称许可以两立。如果中国传统与西方美学无法嫁接,则中国近代美学与传统根本是两个东西,上述对《人间词话》/境界论的称许必有一错。境界论中的西方美学因素无可否认,《人间词话》之为中国近代美学的开山之作,亦几乎没有异议。但是对于《人间词话》及境界理论与传统诗学的关系,"境界"概念是否是传统诗学的核心,则向来有不同的意见。我们知道清代词学自中叶以来一直有其传承系统,此传承系统在清末民初的代表是朱祖谋(1857—1931)、况周颐(1859—1926)。王国维自开户牖,论词旨向与朱、况系统格格不入,其所以如此者即是因为王国维的词论吸收了西方近代美学的思想。新文化阵营的人自胡适始对《人间词话》推崇备至,而朱、况一线的人则对《人间词话》多有批评,不过那批评的声音似乎被崇拜者的欢呼声完全淹没了。进入

---

[1] 罗钢:《本与末——王国维"境界说"与古代中国诗学传统关系的再思考》,《文史哲》2009年第1期。

21世纪后,出现了反思五四新文化(反传统)的思潮,结合着新的国学热,以及冷静下来的热情,那曾经的批评的声音重新被发现,人们也开始反思这一场继续了几十年的近乎狂欢的"境界/意境"热。反思首先来自古典诗学研究的内部。20世纪80年代以来的20年间,传统诗学文献的整理与研究取得长足的进展,随着研究的细化和深入,肖驰逐渐认识到:一,意境论的时限只涵盖唐代诗学,宋元明清诗学的重点都很难纳入境界/意境说的范围;二,古代诗学中的许多重要学说都无法用境界/意境说来概括。因此,如果把境界/意境当作传统诗学的一贯的核心,只会把传统诗学狭隘化。肖驰的这些想法表现在其《抒情传统与中国思想——王夫之诗学发微》(2003)、《佛法与诗境》(2005)两部著作中。稍后蒋寅发表《原始与会通:"意境"概念的古与今——兼论王国维对"意境"的曲解》(2007),大意是说:王国维的诗学基本与传统诗学没什么关系,他是将源于西洋诗学的新观念植入了传统名词中,或者说顺手拿几个耳熟能详的本土名词来表达他受西学启迪形成的艺术观念;王国维的境界说,与清代前辈诗论家所使用的意境、境界概念没有什么相通之处,他之使用境界/意境概念,是对传统的意境、境界概念的误读和曲解①。肖、蒋的一个共同的判断是:我们现在挂在嘴边的发端于王国维的意境概念,与20世纪以前古人使用的意境概念没有什么关系。罗钢的研究即启发、筑基于肖驰、蒋寅的这个判断——他说,对于正在凯歌行进的意境说而言,这两位学者提出的挑战无疑是具有颠覆性的。②

　　肖、蒋的反思固然有价值,他们击中了狂热的境界/意境论研究的要害,也揭示出境界/意境概念史本身的许多问题。但是他们的颠覆性的判断是否成立,尚需要细致的检验。这依赖于两个更基本的问题:一,传统诗学是否有其一贯的不变的内涵与外延,在传统诗学内是否有一贯的哪怕是约定俗成的境界/意境概念的使用方法? 二,如果这个传统的诗学概念是历史地发展着的,那么

① 蒋寅:《原始与会通:"意境"概念的古与今——兼论王国维对"意境"的曲解》,《北京大学学报》(哲学社会科学版)2007年第3期。蒋文认为在王国维那里"境界"与"意境"的含义没有区别。
② 参见罗钢《境界说是德国美学的中国变体》。按:罗钢在此文中回顾了肖驰、蒋寅的工作,此处所述肖驰的观点即依据罗文。又,据蒋寅《原始与会通》,王一川《通向中国现代性诗学》(2001)已有此论。王一川说:"意境与其说是属于中国古典美学的,不如说是专属于中国现代美学的。它在中国古代还不过是一般词汇,只是到了现代才获得了基本概念的意义,把意境看作古典美学概念,是错以现代人视点去衡量古代人,把意境对于现代人的特殊美学价值错误地安置到古代人身上……只是从王国维开始,意境才获得真正的现代性生命;他借助德国古典美学慧眼重新发现意境在中国文化中的积极意义。"《北京师范大学学报》(人文社会科学版)2001年第3期。

王国维的境界/意境是否可以纳入这个发展的序列？换句话说，我们不能由王国维境界/意境概念的内涵与前人不同，或其使用境界/意境概念与前人不同而简单地断定其与传统没有关系。若这两个问题不能得到认真的检讨，则正在凯歌行进着的颠覆也时刻有被颠覆的危险。

另一个反思涉及对五四新文化运动的意义重估，有一个更为宏大的思想背景。在新一轮国学热中，人们开始反思五四时期对传统文化的激烈批判，以及胡适所倡导的整理国故。在追求原汁原味的传统文化的人眼里，不仅五四新文化运动对传统文化的激烈否定是错误的，即使胡适倡导的整理国故也是不对的，因为整理国故派（针对国粹派）提倡用西方的学术规范研究传统文化，破坏了传统文化的原质——援西释中，抓不住传统文化的真精神。王国维是受过西方近代文化精神浸润的人，他用科学的方法研究国学，当然属于整理国故派，《人间词话》亦不例外。罗钢显然把这样的反思用到王国维的境界论上了，不仅如此，他还考察了朱光潜、宗白华的关于境界/意境的论述，得出结论说：

> 意境说的理论家们其目的原本是在西方文化的冲击下重建民族美学和诗学的主体性，然而结果是完全丧失了自身的主体性；他们的初衷是与民族的诗学传统认同，结果是与一种西方美学传统认同；他们力图克服近代以来中国所遭遇的思想危机，结果却是更深地陷入这种危机。①

果真如此，则从王国维到朱光潜、宗白华，整个建设中国近代美学的努力都是错了方向，白费力气。他们的错误都是援用西方近代美学的思想和方法来研究中国的传统艺术。

这样的反思固然有价值，它提醒我们"把意境说看作中西美学的融合，而且进一步用意象等西方的诗学范畴来阐释和重构中国古代诗学"有"造成对传统诗学的某些最重要的精神和价值的遮蔽和压抑"②的风险。不过与风险共存的

---

① 罗钢：《境界说是德国美学的中国变体》，《南京大学学报》（哲学·人文科学·社会科学）2011 年第5 期。
② 罗钢：《"把中国的还给中国"——"隔与不隔"与"赋、比、兴"的一种对位阅读》，《文艺理论研究》2013第 2 期。

还有新的生机，即这种阐释与重构也能够唤醒传统诗学中隐伏、沉睡，甚或被压抑的某些重要的精神和价值。况且，要求一种原汁原味的传统诗学——"把中国的还给中国"——这要求是否合理呢？也许这根本就是个伪命题。

这牵涉到两种截然不同的文化心态，两种截然不同的看待中西文化的态度。

一种文化传统总是历史地形成的，即是说它是在发展中形成的，而且处在不断的形成与发展中。一个概念也总是有其历史的，即是说一个概念的内涵是随着历史而变化的。境界概念亦是如此——没有一个含义不变的亘古亘今的境界概念。王国维在新的历史条件，新的文化背景下，通过吸收西方文化，为境界概念注入新的内容——也是新的血液，新的生命——从而丰富了境界概念的内涵，这是他的贡献，也是他的文化责任。在王国维自己，这种吸纳与融合并不构成问题，因为他在文化上持开放的态度，认为学问无所谓古今中西，而只有是非对错。所以他根本无意固守一个中国传统文化的立场，当然也无意固守一种中国传统的学说或理论，这与"中学为体"派和"国粹"派是完全不同的。他标举"境界"，绝非是为了整理和发扬传统，而是为了提出和建立自己的文学批评理论。所以他不必固守"境界"的传统用法/习惯用法，对境界理论的展开也不必固守传统的路径。

这种开放的文化态度，体现出一种科学的精神。此科学的精神有两个要点：一，无预设的立场，而由观察和实验入手；二，超越特殊性而追求普遍性。受这种科学精神影响的人，在面对中西文化时，会不自觉地观其会通，求其同。他们并不认为真理有东西民族之别，而认为不同文化乃是同一原理的"殊相"，求其同，即是求其理。有此普遍性的信仰，朱光潜遂可以理直气壮地用西人的美学理论分析中国的艺术现象，或者用中国的艺术经验去印证、检验西人的美学理论，而不觉其有何不妥——只要他认为那个理论是合理的，姓西姓东有什么关系！但是这种普遍性的信仰，在后来强调文化的民族性的思潮中受到了愈来愈严峻的挑战。比如冯友兰在20世纪30年代就提出，自然科学没有民族性，我们不能说中国化学或英国化学，但是哲学有民族性，所以我们可以说中国哲学或英国哲学①。哲学如此，文学艺术亦如此。受此种民族精神影响的人，在面

---

① 陈来：《中国哲学的近代化与民族化——从冯友兰的哲学观念说起》，《学术月刊》2002年第1期。

对中西文化时,会有意识地辨其异。观其同与辨其异,本该是互为补充的。然而在激烈怀疑、批评传统文化的心情下,往往把西方的思想误认为普遍性而加以推崇;在浓厚的怀旧与热爱传统文化的心情下,又往往把特殊性作为遮羞布,自欺欺人。两方面的缺陷,都需要警惕。20 世纪 90 年代以来出现的对五四新文化运动的反思,固然可以看作对前者的纠偏,但同时兴起,至今不衰,而且有愈演愈烈趋势的国学热,似乎在把民族性的思潮推向一个极端,却是我们不得不警惕的。

民族性的思潮同样体现在近十年来对王国维境界论的颠覆性的研究中。这种研究把中西文化对立起来,把主体和他者挂在嘴边,仿佛一沾西学便是他者化,就不是真正的传统,就失掉了中国文化的自我主体性。但是文化的民族主体性,本身隐藏着将中学、西学相区分相对立这一文化视角的陷阱。这陷阱是近一二十年挖成的,而且是与新引进的后殖民理论、拒他者化理论,以及新一轮国学热联系在一起的。在王国维、朱光潜、宗白华,还没有这个问题。他们那两代人的文化理想是超越了古今中西的争论的——诚如梁启超所说,将来的新的文化,必定是化合了中西文化之长的文化。那眼光和胸襟实在要比时下拥抱传统文化而高喊中国文化主体性的人要高出许多。盖两种文化相遇时,融汇互释是必然的。若有人乘此风云际会,左右采撷而成一家之言,正是其度越前人之处,亦正是文化向前发展的驱动。其间或有凿枘,此其小疵,那化合的方向却是不错的。

小　结

对于王国维及其美 理论,加以神化而顶礼膜拜固然不对。完全否定其功绩与价值,将他的观点与西方美学的观点一一配对,仿佛他是完全没有创造的文化贩子,也不是正途。更为可取的态度是,还原世纪初的学术语境,看到王国维向西方美学学习,同时整理反思中国美学思想遗产的积极意义和历史贡献,从而形成对他的客观而公正的评价。

在近代中国,王国维是第一个深刻认识到美学的重要性,并大力提倡美学的人。在王国维的笔下,叔本华、康德等西方美学家的思想,以及优美、壮美、悲剧等现代西方美学的重要概念，首次得到系统而深入的介绍。美学作为一门专门的学问在近代中国得以成立，王国维功不可没。在美学研究的方法上，王国维由一开始的照搬西方美学，以中国文艺作品解释、印证西方美学，到后来努力融汇中西美学的传统、自出机杼，表现出越来越强的学术创新意识。以境界说为例，境界说借用西方美学的思想、观念，来诠释中国诗学中固有的概念"境界"，赋予其丰富的含义。一方面，境界说标志着王国维至少在形式上摆脱了西方美学的拘限，开始围绕中国诗学与中国艺术来展开论述。另一方面，境界说又是对中国古典美学思想的超越，通过境界说，王国维试图总结并超越自"兴趣"说、"神韵"说以来的中国古典诗学，为中国美学开辟出一条新的路径。在中国美学学科建立之初，王国维便为现代中国美学树立了开拓创新的品格。尤其值得肯定的是，王国维的美学研究具有突出的问题意识与现实感，不论引介西方美学还是提出自己的美学学说，王国维的最终目的都是以之阐释、批评中国本土的文艺实践，促进中国文学艺术甚至中国社会向着他心目中更理想的方向去发展。正是这种突出的问题意识与现实感，赋予了王国维美学研究以生命力，使得他提出的美学主张，不管是悲剧论、艺术独立论还是境界说，都产生了深远的影响。

第三章

梁启超美学思想

20 世纪中国美学史上，梁启超是一个非常特殊的人物。梁启超并无明确的美学学科的意识，他既没有像王国维那样，就"优美""壮美""悲剧""喜剧"等美学核心概念进行系统论述，也没有像蔡元培那样就美学的学科发展作规划、设计，他只是针对文学艺术的性质、功用、创造、接受等问题提出了一些有影响的看法。梁启超诸多关于文艺的论著中，能称得上专门美学论著的并不太多。但是尽管如此，梁启超在中国现代美学史上仍应占有重要的一席之地，这一方面是由于他的美学思想的广泛传播与影响，一方面是由于他的美学思想与王国维、蔡元培等人的美学思想之间构成了事实上的对话关系。可以说，少了梁启超，20 世纪中国美学史便是不完整的。

第一节 民族文学的倡导

（一）文学救国论

一般认为，梁启超的美学思想，代表了中国现代美学中功利主义的一派。一种广泛流传的观点认为，梁启超所开创的功利主义美学传统，与王国维开创的超功利主义美学，是 20 世纪中国美学的两条主流。梁启超被看作功利主义美学的代表人物，主要是由于他早期的美学思想。梁启超早期美学思想最为人所知的一点，是强调文艺与现实政治的关联，主张文学尤其是小说为民族、国家的富强崛起而服务，文学应承担挽救民族国家危亡的责任，这一观点被后来文学史家概括为"文学救国论"。① 文学救国论在梁启超早期关于诗歌、小说、散文的论述中均有体现。

诗歌方面，梁启超最有名的主张是"诗界革命"。"诗界革命"的宗旨，是为诗歌开辟"新理想""新意境"。《饮冰室诗话》表彰"能熔铸新理想以入旧风格"的诗人。所谓"新理想"，即爱国、民主、科学等思想。诗人应将爱国、民主、科学等思想融入诗歌作品，以教育国民，推动社会进步。他称赞丁惠康"卓荦有远志，忧国如瘏，而诗尤以神味胜"，称赞清宗室寿富"其天性厚，其学博，其识拔，爱国之心，盎晬于面"。称赞蒋观云诗歌中的民主思想："倏忽宙运变，兹理有乘除。昔者尚专制，今兹道犹醲。昔隆礼与法，今画自由陇。孟晋足竞存，墨守丧其车。"他尤其推崇黄公度为以旧风格含新意境之表率，称赞公度诗"文章巨蟹横行日，世界群龙见首时"精彩，"余甚爱之"，《以莲菊花杂供一瓶作歌》"半取佛理，又参以西人植物学、化学、生物学诸说，实足为诗界开一新壁垒"。②

小说方面，文学救国论体现得最典型、最充分。在发表于 1898 年的《译印政治小说序》中，梁启超盛赞小说在欧洲各国政治变革中起到的巨大作用："在昔欧洲各国变政之始，其魁儒硕学、仁人志士，往往以其身之所经历，及其胸之

① 参考夏晓虹：《觉世与传世——梁启超的文学道路》，中华书局 2006 年版，第 38 页。
② 《饮冰室诗话》第二十、四十、四十六则，人民文学出版社 1959 年版，第 15、31、35 页。

所怀，一寄之于小说……往往每一书出，而全国之议论为之一变。"①之后，发表于《新小说》创刊号的著名文章《论小说与群治之关系》，以夸张的口吻强调小说之于国家政治的重要性：

> 欲新一国之民，不可不先新一国之小说。故欲新道德，必新小说；欲新宗教，必新小说；欲新政治，必新小说；欲新风俗，必新小说；欲新学艺，必新小说；乃至欲新人心、欲新人格，必新小说。何以故，小说有不可思议之力支配人道故。②

小说有益于国家、民族，所凭借的方法是：以通俗的、容易为人接受的方式，启发、培育国民的政治思想、政治觉悟。《中国之唯一文学报〈新小说〉》（1902）："本报宗旨，专在借小说家言，以发起国民政治思想，激励其爱国精神"。③《〈新小说〉第一号》："盖今日提倡小说之目的，务以振国民精神，开国民智识，非前此诲盗诲淫诸作可比。"④《新中国未来记·绪言》："兹编之作，专欲发表区区政见，以就正于爱国达识之君子……其有不喜政谈者乎，则以兹覆瓿焉可也。"⑤小说关乎国家兴亡，小说家应自觉以小说启发教育国民，是梁启超的基本主张。

文学救国论通常被认为与梁启超所接受的西方传教士与日本政治小说的影响有关⑥，同时又常常被与中国古代文论相联系。有一种观点认为，梁启超所倡导的文学救国论、小说救国论是中国传统的"文以载道""文章经国"论的变种。梁启超所代表的近代知识分子强调文学与民族国家富强之间的关系，是传统文学观念仍然统治近代文学界的结果。近代知识分子从"文以载道"的传统观念出发，在新的社会条件下审视文学，发现古人"以文治国""文章经国"理论遗漏了小说、戏曲等通俗文学，实在是一大遗憾，于是提倡以小说改良群治、拯救国家。小说救国论、文学救国论与文以载道论并无本质差异，都是一种功利

---

① 梁启超：《译印政治小说序》，《清议报》第一册，清议报社 1898 年版。
② 梁启超：《论小说与群治之关系》，《新小说》第一号，横滨新小说社 1902 年版。
③ 梁启超：《中国之唯一文学报〈新小说〉》，《新民丛报》1902 年第 14 号。
④ 梁启超：《〈新小说〉第一号》，《新民丛报》1902 年第 20 号。
⑤ 梁启超：《新中国未来记》，《新小说》第一号，横滨新小说社 1902 年版。
⑥ 参考夏晓虹：《觉世与传世——梁启超的文学道路》，中华书局 2006 年版，第 192—223 页。

主义的文学观念。① 该如何看待这种观点呢？

文以载道论也好，文学救国论也好，笼统地说，都是强调文学的社会政治功能，这一点没有问题。但仅仅认识到这一点还不够，还需要进而提出以下两点辨析。第一，同样是强调文学的社会政治功能，梁启超的小说救国、文学救国与"文以载道"二者在具体内涵上有很大差异，不能简单等同。第二，强调文学的社会政治功能的同时，梁启超并未忽略文学的特殊性与独立性，文学具有政治教化作用，但这种政治教化作用是以文学特有的方式来实现的。

先说第一点。文学救国论不能简单等同于文以载道论，一个重要原因是，梁启超笔下的"国"或"国家"不是传统意义上的国家，而是现代意义上的民族国家。所谓民族国家，即建立在民族基础上的国家。民族国家是近代的产物，民族国家观念的出现，与19、20世纪之交西方民族主义思潮的引入有关。在发表于1901年的《国家思想变迁异同论》中，梁启超率先向人们介绍了"民族主义"以及与民族主义密切相关的"民族国家"概念。梁启超认为，18世纪以来的欧美世界，是一个"民族主义"的世界，"民族主义"发展到极致，就是"民族帝国主义"，后者是前者发展的一个新阶段。"民族主义"的最重要一点，是主张在民族的基础上建立国家，以国家来保障民族全体成员的利益，"盖民族主义者，谓国家恃人民而存立者也"，"国家者，由人民之合意结契约而成立者也。故人民当有无限之权，而政府不可不顺从民意，是即民族主义之原动力也"。根据民族主义原则建立的国家，"其在于本国也，人之独立；其在于世界也，国之独立"。文章的最后，梁启超鼓吹"民族主义"是"世界最光明正大公平之主义"，民族国家是世界最合理的国家，"凡国而未经过民族主义之阶级者，不得谓之为国"。② 稍后，在《论中国学术思想变迁之大势》《论民族竞争之大势》(1902)、《新民说》(1902)、《大政治家伯伦知理之学说》(1903)中，梁启超继续其民族主义的宣传，强调在民族基础上建立国家的必要性与合理性。

民族国家与传统国家的区别何在呢？ 为什么说民族国家一定会取代传统的国家形态？ 在发表于《清议报》的《积弱溯源论》中，梁启超系统指摘中国传统国家观念的三大"谬误"：一曰"不知国家与天下之差别"，"国也者，以平等而

① 袁进：《近代文学的突围》，上海人民出版社2001年版，第320、323页。
② 梁启超：《国家思想变迁异同论》，《清议报》第九十四、九十五册，清议报社1901年版。

成"，"必对于他国，然后知爱吾国"，中国数千年来独处于一"小天下"中，"视吾国之外，无他国焉"；二曰"不知国家与朝廷之界限"，"以国家与朝廷混为一谈"，甚且"以国家为朝廷所有物"，而不知国家是"全国人之公产"，朝廷只是"一姓之私业"，"有国家而后有朝廷，国家能变置朝廷，朝廷不能吐纳国家"；三曰"不知国家与国民之关系"，以国家为一姓之产业，以国民为君相之奴隶，而不知"国也者积民而成"，国民才是"国家之主人"，君相只是代国民治理国家之"公奴仆"。①中国人对于国家缺乏正确的理解，是国势衰颓的重要原因。

民族国家可以从多个维度去理解——国家与世界、国家与政府、国家与国民等等——但最重要的维度是国家与国民。民族国家的基础是千千万万的国民，而不是少数的官员或君相。《新民说·叙论》中梁启超这样写道：

> 国也者，积民而成。国之有民，犹身之有四肢、五脏、筋脉、血轮也。未有四肢已断，五脏已瘵，筋脉已伤，血轮已涸，而身犹能存者。则亦未有其民愚陋、怯弱、涣散、混浊，而国犹能立者。故欲其身之长生久视，则摄生之术不可不明。欲其国之安富尊荣，则新民之道不可不讲。②

只有造就万千合格的国民，国家的未来才有希望。对梁启超来说，"文学兴国"的第一步，是以文学启发教育国民，培育国民的爱国精神与公民素质，这一层意思显然不是传统的"文以载道"论、"文章经国"论所能涵盖的。"文以载道"论、"文章经国"论的背后，是封建等级观念与皇朝意识，文学须维护君臣、父子、夫妻间固有的神圣秩序，而小说救国论、文学救国论的背后是现代民族、民主意识，即每一个国民作为国家的主人翁、国家的一分子应对国家尽自己的责任和义务，二者之间具有根本的不同。因此，与其指责梁启超重弹"文以载道"的老调，不如说他为"文以载道"注入了崭新的时代精神，使之变成了一个现代美学命题。

第二点，在强调文学的社会政治功能的同时，梁启超实际并未忽略文学作为审美艺术区别于一般政论文字的特殊性与独立性。同样是宣传、教化，文学

---

① 梁启超：《中国近十年史论·积弱溯源论》，《清议报》第七十七、七十八册，清议报社1901年版。
② 梁启超：《新民说·叙论》，《新民丛报》1902年第1号。

的宣传、教化功能是以自己特有的方式实现的。《译印政治小说序》：

> 凡人之情，莫不惮庄严而喜谐谑，故听古乐，则惟恐卧，听郑卫之音，则靡靡而忘倦焉。此实有生之大例，虽圣人无可如何者也。善为教者，则因人之情而利导之，故或出之以滑稽，或托之于寓言。孟子有好货好色之喻，屈平有美人芳草之辞，寓讽谏于诙谐，发忠爱于馨艳，其移人之深，视庄言危论，往往有过，殆未可以劝百讽一而轻薄之也。

"谐谑""寓言""馨艳"等等，可以理解为小说的形象性，小说要用生动的语言、有趣的故事与人物来打动人，而不是用枯燥的理论来说服人。

有一个有意思的现象，不论是"诗界革命"还是"小说界革命"，梁启超都主张"旧风格"与"新意境"的统一。《饮冰室诗话》称赞黄遵宪诗歌能"以旧风格含新意境"，谭嗣同诗歌"独辟新界而渊含古声"，《〈新小说〉第一号》则提出"新小说"的理想是"处处皆有寄托"，能促进中国文明进步，"至其风格笔调，却又与《水浒》《红楼》不相上下"。以旧风格含新意境，并非是说风格不重要，而恰恰是出于对风格的重视。梁启超认为，中国文学仅仅在思想主旨以及社会功能方面不如西方文学，若论风格之典雅、形式之优美，中国文学却远远胜过西方文学。以小说论，中国小说需要向西方小说学习和借鉴的，仅仅是小说的主旨与思想方面，至于叙事的技巧、人物的塑造，中国小说已经足够发达，无需向外人学习，"以旧风格含新意境"恰恰能达到最好的审美效果。在由日文转译焦士威尔奴（凡尔纳）的《十五小豪杰》时，梁启超选择了使用中国传统的章回体，原因是他认为章回体对中国读者来说更有趣，同时也适合于报刊连载的需要："森田译本共分十五回，此编因登录报中，每次一回，故割裂回数，约倍原译。然按之中国说部体制，觉割裂停逗处，似更优于原文也。"[1]事实上，在小说叙事技巧、情节铺叙以及人物塑造方面，梁启超是下了很多功夫的。

不论在诗歌还是小说方面，梁启超都试图达到教化与审美、内容与形式的统一。当然，这种统一某种程度上只是空想，无论如何，二者都会有冲突。《新中国未来记》在《新小说》上连载两回后，黄遵宪致信梁启超："《新中国未来记》

---

[1] 《十五小豪杰》第一回批语，《新民丛报》1902 年第 2 号。

表明政见，与我同者十之六七，他日再细评之与公往复。此卷所短者，小说中之神采（必以透切为佳）之趣味耳（必以曲折为佳）……仆意小说所以难作者，非举今日社会中所有情态——饱尝烂熟，出于纸上，而又将方言诱语——驱遣，无不如意，未足以称绝妙之文。"①《新中国未来记》政论精彩，但文学趣味欠佳，对此梁启超自己也有体认。《〈新小说〉第一号》："小说之作，以感人为主，若用著书演说窠臼，则虽有精理名言，使人厌厌欲睡，曾何足贵？故新小说之意境，与旧小说之体裁，往往不能相融，其难二也。"但是不管怎样，说梁启超片面注重小说的政治教化功能，而遗忘其审美属性是不全面的。

由此，我们可以领悟一个事实：美学上的功利主义与超功利主义只是相对而言的，并不能绝对化。梁启超的早期美学思想是功利主义的，但也有注重文学的审美特质的一面。同样，王国维、蔡元培的美学思想可以认为是超功利主义的，但也绝非为艺术而艺术。王国维一方面标举艺术的独立价值，主张艺术"可爱玩而不可利用"，另一方面，也试图用艺术与审美来慰藉国民灵魂，塑造国民的健康人格。《去毒篇》主张以美育代鸦片，对民众进行灵魂慰藉，《孔子之美育主义》《论教育之宗旨》强调美育"一面使人之感情发达，以达完美之域，一面又为德育与智育之手段"，便是明证。有学者提出，王国维、蔡元培的美学思想是一种"中国化了的'审美⇌功利'主义"②，这一说法是有一定道理的。无论是王国维、蔡元培还是梁启超，都试图在国民精神启蒙与艺术的独立价值之间寻求一种平衡，只不过他们各自找到的平衡点不同而已。

（二）民族文学概念的提出

治近代文学史者，往往只关注梁启超的文学观念与文学活动（如创办《新小说》），而很少有人注意到在文学批评概念术语的创造方面，梁启超也是一位影响深远、值得纪念的人物。下面，以两个概念术语作为例子来说明。

第一个概念是"中国小说"。乍看上去，这个概念非常自然，没有任何问题，我们不假任何反思地使用它，好像这个概念一直就存在在那儿似的。很少有人想到，这个概念其实是梁启超等近代知识分子的创造，有着一个相当晚近的起

---

① 黄遵宪：《与饮冰室主人书》，丁文江、赵丰田主编《梁启超年谱长编》，上海人民出版社 2009 年版，第198 页。
② 陈文忠：《美学领域中的中国学人》，安徽教育出版社 2001 年版，第 11 页。

源。的确，"中国"源远流长，"小说"也古已有之，但是这两个词语在古代却从来没有被连缀起来使用过。古人论小说，有"唐人小说""宋人小说""志怪小说""传奇小说""讲史小说"等种种名目，但就是没有"中国小说"。"中国小说"的揭橥，要一直等到19世纪末20世纪初。1898年11月，梁启超发表《译印政治小说序》，提出"中土小说"概念，认为与泰西小说相比较，"中土小说"形式陈旧，思想腐朽："中土小说，虽列之于九流，然自《虞初》以来，佳制盖鲜，述英雄则规画《水浒》，道男女则步武《红楼》，宗其大较，不出海盗海淫两端"。嗣后在发表于《新民丛报》的《中国唯一之文学报〈新小说〉》（1902）中，他又提出"中国小说界革命"的口号，宣称《新小说》杂志的目标是为"中国说部"开辟一个新境界。很有可能，这是"中国小说"这一词语在汉语世界中的首次出现。其后短短数年之内，这一词语迅速流传："中国小说欲选其贯彻始终，绝无懈笔者，殆不可多得"[1]，"中国小说每一书中所列之人，所叙之事，其种类必甚多"，"中国小说卷帙必繁重"，"中国小说起局必平正"[2]，"中国小说起于宋朝"[3]，形形色色的关于"中国小说"的论述，使得这个词迅速成为现代汉语中的一个常用词语。

和"中国小说"相类似的另一个概念是"中国文学"。表面看来，这个概念和"中国小说"一样自然，也是一个古已有之的东西，其实不然。首先，"文学"一词古今意义大相径庭。现代意义上的"文学"与英文中的"literature"相对应，是19世纪末经由日本而引入的一个西方概念，而古汉语中的"文学"其意义更偏重于知识学问方面，与"文学"相比，古人笔下的"文"或者"文章"倒是更接近我们今日的"文学"概念，但是也不完全相同。其次，即便不考虑"文学"一词的古今差异，同时将"文""文章"与"文学"完全混同，"中国文学"的概念在古代还是无法成立，因为"文"也好，"文章"也好，"文学"也好，在古代几乎就没有用"中国"一词修饰过。19世纪末20世纪初的时候，事情发生了变化，有两个新的现象出现。一是"文学"的意义发生变化，"文学"一词逐渐与西方的"literature"相对应，并且开始取代"文"及"文章"，成为想象虚构性文字作品的统称。二是"文学"一词，开始与"中国"并列使用，"中国文学"的概念开始形成。这两个变化都

---

[1]《小说丛话》中曼殊语，《新小说》第八号，横滨新小说社1903年版。
[2]《小说丛话》中侠人语，《新小说》第十三号，上海广智书局1905年版。
[3]《小说丛话》中定一语，《新小说》第十五号，上海广智书局1905年版。

与梁启超有关。1902年《新民丛报》第四号上连载的《饮冰室诗话》中，梁启超认为"中国事事落他人后，惟文学似差可颉颃西域"，然后举黄遵宪作品为例，感叹"有诗如此，中国文学界足以豪矣"。这段话如果不是"中国文学"一词第一次出现于汉语世界的话，最起码也是比较早的一次。稍后在《新民丛报》第六号发表的《〈十五小豪杰〉译后语》中，梁启超再次使用了"中国文学"这一概念："语言、文字分离，为中国文学最不便之一端，而文界革命非易言也。"又《饮冰室诗话》第七十七则："顷读杂志《江苏》，屡陈中国文学改良之义，其第七号已谱出军歌、学校歌数阕，读之拍案叫绝，此中国文学复兴之先河也。"梁启超之外，刘师培、黄人、林传甲等人也相继使用了"中国文学"概念，但相比较的话，梁启超对这个概念的使用更早，也更集中。

"中国文学""中国小说"等概念在近代的确立，与梁启超等近代知识分子所受的西方及日本文化的影响有关系。在近代西方及日本文化语境中，"中国文学""中国小说""中国诗歌"等概念早就已经确立。以"中国文学"为例，1880年，俄国人瓦西里耶夫便写出了《中国文学史纲要》。1901年，英国人翟里斯写出了第一部英文的《中国文学史》。1880年代，日本东京大学便开设了"汉文学史"课程。1882至1912年间，日本总共问世了20余种《中国文学史》。① 很有可能，梁启超是从日文报刊、书籍中看到了"中国文学"，然后直接借用到自己的文章中。但是，对于这个概念来说这还不够。一个新生的概念被创造出来或引入进来了，但这个概念要真正确立、得到大家的普遍接受，还需要某种文化的土壤。对于"中国文学"这个概念来说，这个土壤便是现代民族国家观念的确立。

"中国"在今天意味着世界上众多国家中的一个国家，但是在古代这个词的意思却是"中央之国"。历史上曾经有一些时期，中国在军事上、政治上曾经受周边游牧部族的压迫，但是在文化上中国人一向有一种强烈的自我中心主义，认为自己是整个文明世界的中心，从某种程度上也可以说是世界的全部，"中国以外，无所谓世界"，"中国即世界，世界即中国，一而二二而一者也"。② 这种"居天下之正中"的自我中心主义和世界主义，导致了"中国小说"

---

① 参考段江丽：《明治年间日本学人所撰"中国文学史"述论》，《中国文化研究》2014年第4期。
② 杨度：《金铁主义说》，《中国新报》第一号，东京中国新报社1907年版。

乃至"中国文学"（假如我们承认古代也有"文学"的话）概念不可能在古代产生。古代"中国"人相信自己在人类文明高级形态方面所取得的一切成就——不论是政治制度、礼乐仪节还是诗赋文章——都独一无二，冠绝天下。"中国"人的一切创造，不论是诗赋、文章还是不登大雅之堂的小说，都是全天下独一无二的，是唯一的，这种唯一性使得人们在提到它们时直呼其名——"诗""文""小说"——就可以了，根本不必在它们之前加上"中国"来进行修饰或限定。对于古人来说，"中国小说""中国诗歌""中国文章"的提法既不必要，也不合理。不必要，是因为"小说"或"诗歌""文章"本来就是"中国"的独创，"诗歌""小说""文章"而"中国"，是一种不必要的同义反复。不合理，是因为古人并不认为他们所创造的"诗歌""小说""文章"仅属于"中国"，相反，他们认为它们属于全"天下"。

近代以来新兴的民族国家观念改变了"中国"人关于自身的意识：在新的"地球""全球"视野中，"中国"人发现"中国"不是居天地之正中的中央王朝，不是世界唯一的国家，而是世界众多彼此对等、相互竞争的"万国"中的一国。这一变化，使得中国人对自己的文明成就所抱有的普遍性信念面临着危机。如果说在过去"中国"因为"处天下之正中"，是世界文明的核心，因此"中国"人所创造的诗赋文章小说也就等同于"天下之文"，具有"放诸四海而准"①的普遍性的话，那么在新的民族国家视野中，这种独一无二性与普遍性便变得十分可疑：既然"中国"并非世界之中心，而只不过是"地球万国"中的一国，并且这"万国"中的相当一部分国，其诗文成就并不亚于我——"西人文体，何乃甚类我史迁也"②，"拜轮足以贯灵均、太白，师梨足以合义山、长吉"③——那么"中国"人所创造的诗赋文章小说又有什么理由继续被人们视为世间唯一普遍之物而径直呼以"诗赋""文章""小说"呢？更理性的观念，似乎是在"诗赋""文章""小说"的前面加"中国"一词以修饰限定之，也就是说，将"中国"人所创造的诗赋文章小说，仅仅看作是"中国"一国的诗赋文章小说。于是，"中国诗歌""中国小说"乃至"中国文学"等一系列的概念诞生了。"中国小说""中国文学"概念的产生，与现代民族国家观念的确立，有着至为直接而又深刻的

① 宋濂：《文原》，《宋文宪公全集》卷二十六，四部备要集部八十二，中华书局1989年版，第316页。
② 林纾：《斐州烟水愁城录·序》，商务印书馆1905年版。
③ 苏曼殊：《与高天梅书》，《苏曼殊全集》第3卷，大达图书供应社1935年版，第17页。

联系。

与"中国小说""中国文学"概念同时诞生的,是一种新的文化所有权观念。当中国古代的文人们从一种天下/世界的观念出发,将自己的作品看作世间唯一普遍之"文"的时候,他们当然也在暗示这种"文"是属于普天下所有人的共同财富。但是这种质朴的文学共产主义,在晚清特定的时代文化氛围中,变得不合时宜:既然"中国"的诗歌、小说、文章并非世间唯一普遍之物,而只是"中国"一国所产,那么它也就不可能继续无等差地属于全天下;更合乎逻辑的做法,是将"中国小说""中国文学"看作"中国"这一特定民族国家的私有财产。"中国小说""中国文学"也许是属于全世界的,但是在属于全世界之前,它首先属于创造它的那个民族"中国"。关于"中国小说",晚清流行着两种看似截然相反的态度:一种为"中国小说"的落后状况感到痛心疾首,认为与西方小说相较,"中国小说"无论是内容还是形式都陈腐至极,无可救药;一种则认为"中国小说"有自己的优势和特点,并不像有的人想象得那样不堪,"吾祖国政治法律虽多不如人,至于文学与理想,吾雅不欲以彼族加吾华胄也"①,"吾祖国之文学,在五洲万国中,真可以自豪也"②。而不论是痛心疾首还是扬眉吐气,背后其实都有一种共同的心理:"中国小说""中国文学"是"中国"这一特定民族国家的重要文化资产,"中国小说""中国文学"的数量与质量,直接体现"中国"的国家形象和国际地位。

（三）文学与"国民之魂"

现代人从现代民族国家观念出发,对古代文化遗产进行重组、分割,构造出"中国文学""中国小说"等一系列以民族国家命名的概念,这就是"中国文学""中国小说"等概念的由来,但是问题还远不止于此。现代民族主义在形塑"中国文学""中国小说"的同时,还附带生产出一套相关的理论话语,这套话语认为"中国文学""中国小说"与"中国"之间,存在着某种深刻的内在联系,具体说来就是:作为"中国人"创造的精神财富,"中国文学"特别是"中国小说",能够表现

---

① 《小说丛话》中曼殊语,《新小说》第十一号,横滨新小说社 1904 年版。
② 《小说丛话》中侠人语,《新小说》第十三号,上海广智书局 1905 年版。

中国国民的"国民精神"或者中国民族的"民族精神"。① 这样一套话语的较早的提出者，同样是梁启超。《译印政治小说序》的结尾，称赞完小说在欧洲、日本各国起到的重要作用后，梁启超提出了这样一个观点：

> 英名士某曰：小说为国民之魂。岂不然哉！岂不然哉！②

所谓"国民之魂"，也就是国民精神或民族精神。梁启超认为，正如一个人必需同时具备形体和精神两方面的因素才能成为一个人一样，一个国家、民族也必然同时具备形体、精神两方面的因素，"国家自有其精神，自有其形体，与人无异"，"民族者，有同一之言语风俗，有同一之精神性质，其公同心渐因以发达，是固建国之阶梯也"③。每个民族都有自己独特的民族精神，这种精神使其区别于其他民族，比如日本人的民族精神是武士道："日本人之恒言，有所谓日本魂者，有所谓武士道者。又曰日本魂者何？武士道是也。日本之所以能立国维新，果以是也。"

中国人作为一群国民或一个民族具有哪些精神方面的特征呢？梁启超在《中国积弱溯源论》中概括了中国国民的六大恶习："一曰奴性"，"二曰愚昧"，"三曰为我"，"四曰好伪"，"五曰怯懦"，"六曰无动"。④ 后来在《论中国国民之品格》中，他用更精练的方式，概括了"我国民之品格"中他认为最致命的几个缺点："一爱国心之薄弱"，"一独立性之柔脆"，"一公共心之缺乏"，"一自治力之欠阙"。⑤ 除了负面的缺陷以外，中国人作为一群/个国民/民族，是不是也有一些正面的、值得肯定的品格或精神呢？对此，梁启超并不否认，在《新民说》中他这样写道："我同胞能数千年立国于亚洲大陆，必其所具特质，有宏大高尚完美，厘

---

① "国民"与"民族"这两个词的关系，在近代是一个很复杂的问题。有些时候，近代知识分子也对这两个词进行区分，如汪精卫在《民族的国民》中指出，"民族者，人种学上之用语也"，"同气类之继续的人类团体也"，"国民云者，法学上之用语也"，"构成国家之分子也"。但在大多数情况下，这两个词其实是一个词，都对应于英文中的"nation"，在近代启蒙知识分子的笔下，经常可以见到对这两个词的不加区分的互换使用。如梁启超有时说"今日世界之竞争国民竞争也"，换一个场合又大谈当今世界"民族竞争之大势"，而在同一篇文章如《新民说》中，也一会儿说"我国民"，一会儿说"我民族"。相应地，"国民性""国民精神""民族精神"这几个词也可以大概通用。
② 任公：《译印政治小说序》，《清议报》第一册，清议报社 1898 年版。
③ 梁启超：《政治学大家伯伦知理之学说》，《新民丛报》1903 年第 38、39 号合本。
④ 梁启超：《中国近十年史论·积弱溯源论》，《清议报》第七十八、七十九、八十册，清议报社 1901 年版。
⑤ 梁启超：《论中国国民之品格》，《新民丛报》1903 年第 27 号。

然异于群族者,吾人所当保存之而勿失坠也。"①不过,与这些"宏大高尚"的正面品格相比较,梁启超更喜欢强调中国人品性中"萎靡腐败劣下"的部分,因为他认为正是这些部分,构成了中国今日积弱不振的根源。

而所有这些关于中国国民恶劣"品格"、腐败"精神"的话语,最后都落实到对于"中国文学"的批评上来,因为在以民族主义之眼观照文学的近代知识分子看来,"文章者,国民精神之所寄也"②,文学表现国民精神,同时反过来又强化国民精神,通过文学的批判与改造,可以实现国民精神的批判与改造。在《饮冰室诗话》第五十四则中,梁启超指责中国诗歌向来风格柔靡,缺乏蓬勃向上、发扬蹈厉的"出军歌",此种缺点与中国人柔弱萎靡的国民性互为表里:

> 中国人无尚武精神,其原因甚多,而音乐靡曼亦其一端,此近世识者所同道也……吾中国向无军歌,其有一二,若杜工部之前后出塞,盖不多见。然于发扬蹈厉之气尤缺。此非徒祖国文学之欠点,抑亦国运升沉所关也。往见黄公度出军歌四章,读之狂喜。③

稍后,《饮冰室诗话》第七十七则又这样写道:"去年闻学生某君入东京音乐学校,专研究音学,余喜无量。盖欲改造国民之品质,则诗歌音乐为精神教育之一要件。"言下之意,仍以诗歌、文学为国民精神重要载体,以诗歌、文学改良为国民精神改良的重要途径。

梁启超将文学视为国民精神载体的做法,在近代产生了巨大的影响。在他之后,很多人都致力于文学的国民性批判,试图在中国文学尤其是中国小说中寻找中国人的国民劣根性。《浙江潮·发刊词》:"小说者,国民之影而亦其母也。"④《新世界小说社报发刊辞》:"夫为中国数千年之恶俗,而又最牢不可破者,则为鬼神。而鬼神之中,则又有神仙、鬼狐、道佛、妖魅之分。小说家于此,描写鬼神之情状,不啻描写吾民心理之情状。"⑤海天独啸子:"我国说部多名家,绮丽

① 梁启超:《新民说》,《新民丛报》1902 年第 1 号。
② 周作人:《论文章之意义暨其使命因及中国近时论文之失》,《河南》第 5 期,东京河南杂志发行所 1908 年版。
③ 梁启超:《饮冰室诗话》,《新民丛报》1903 第 26 号。
④ 《浙江潮发刊词》,《浙江潮》第 1 期,日本东京浙江同乡会 1903 年版。
⑤ 佚名:《新世界小说社报发刊词》,《新世界小说社报》第 1 期,新世界小说社 1906 年版。

缠绵，盛矣，观止矣。然作者好道风流，说鬼神……故其风俗，人人皆以名士自命，人人皆以风雅自命。妇人女子，慕名女美人故事，莫不有模效之心焉。至其崇信鬼神之风潮，几于脑光印烙，牢不可破。"①佚名《中国小说大家施耐庵传》："中国小说，亦夥颐哉！大致不外二种，曰儿女，曰英雄，而英雄小说辄不敌儿女小说之盛，此亦社会文弱之一证。"②在激进的启蒙知识分子看来，中国小说是中国人"国民性""民族精神"的一面镜子，举凡愚昧、迷信、懦弱、自私、虚伪等中国国民的劣根性，都可以在中国小说中找到其表现。

　　梁启超们所批判的中国人的"国民性""民族精神"是否真实？这个问题很难回答。不过有一点可以肯定，不管民族精神是否真实，认为一个民族的文学表现这个民族的精神，这是一个现代命题，不是古来就有。古代中国人并不认为文学——在古人那里是"诗赋""文章"——能够表征一个民族的"民族性""民族精神"或别的什么东西。中国人很早就认识到"文章"的时代差异——"时运交移，质文代变"，"歌谣文理，与世推移"，"枢中所动，环流无倦"③；也认识到"文章"的地域差异——"江左宫商发越，贵于清绮，河朔词义贞刚，重乎气质"④；但是总的说来，古代中国人相信"文章"是一项普遍的、放之四海而皆准的事业。虽然存在种种细微的差异，但是不同时代、不同地域的文学从根本上是相同的，"蔚映十代，词采九变"，但不论怎么变，都离不开自己的本来面目，"终古虽远，旷焉如面"⑤。对古代中国人来说，文学承载与表现的不是某一特定民族的"品格"或"精神"，而是具有更普遍意义的"道"。《文心雕龙·原道》："玄圣创典，素王述训，莫不原道心以敷章，研神理而设教"，"道沿圣以垂文，圣因文而明道"。

　　近代以来中西之间的交往在实际改变"中国"在制度、器物层面的面貌的同时，也在心理层面不断塑造中国人关于自身的想象与认知。在与西方国家及亚洲近邻日本之间无休止的战争、和约、割地、勘界工作中，中国人意识到中国不是一个漫无边际的中央之国，而是与他国对等的具有明确疆界的国家；生活在"中国"这块土地上的人们，不论怎样四分五裂，彼此之间争斗不休，都是一个休戚与共的共同体，这一共同体的想象因中西之间愈演愈烈的经济、军事冲突而

①　海天独啸子：《空中飞艇·弁言》，商务印书馆光绪三十一年(1903)九月再版本，第2页。
②　《中国小说大家施耐庵传》，《新世界小说社报》第8期，新世界小说社1907年版。
③　刘勰：《文心雕龙·时序》，黄叔琳注《增订文心雕龙校注》，中华书局2012年版，第545、548页。
④　李延寿：《北史·文苑传》，中华书局1974年版，第2781页。
⑤　刘勰：《文心雕龙·时序》，黄叔琳注《增订文心雕龙校注》，中华书局2012年版，第548页。

变得越来越强烈。在这样一种情况下，中国人"发现"自己是一个统一的"民族"，"发现"作为一个统一的民族，自己和其他民族一样，有着独特的区别于其他民族的共同特征，即"国民性""民族精神"或"国民品格"。而与"民族""民族性""国民性"概念的创生同步，文学尤其是小说开始被看作特定民族的精神产品，被认为表现特定民族的民族性或国民性。

"民族性""国民性"与文学的关联，在西方同样是一个近代的事件。古希腊、古罗马人谈论文学——史诗、悲剧、喜剧的时候，也不认为它们是特定民族精神的载体，相反它们被视为更普遍的人类精神的载体。亚里士多德《诗学》："诗艺的产生似乎有两个原因，都与人的天性有关。首先，从孩提时候起人就有模仿的本能……其次，每个人都能从模仿的成果中得到快感。"①人，人的天性，而非民族性，是亚里士多德解释文学的基本出发点。亚里士多德之后的希腊化时代、罗马时代，一直延伸到基督教的中世纪，文学一直被视为人类普遍精神的产品，对于文学的种族的、地域的差异的关注，并不占据文学批评的核心。17、18 世纪以来伴随近代民族观念的确立以及民族国家的兴起，各种各样的关于"民族性""民族精神"的话语开始出现。经赫尔德、费希特、谢林等人的阐发，"民族精神"（Volksgeist）在欧洲成为一个人们耳熟能详的概念。随之而来的，是"民族""民族精神"概念进入文学与艺术批评并在其中占据重要位置，文学界和美学界逐渐形成这样一种普遍共识：每一个文明开化的民族都必然拥有其独特的民族文学，这一独特的民族文学以本民族个别的天才为代表，表现本民族独特的民族性或民族精神。歌德在不止一个场合强调，伟大艺术作品的特质"不是专属于某些个别人物，而是属于并且流行于那整个时代和整个民族的"②。黑格尔主张艺术的使命在于"替一个民族的精神找到适合的艺术表现"③，"一切民族都要求艺术中使他们喜悦的东西能够表现出他们自己"④。丹纳在他著名的种族、环境、时代三要素说中，将艺术定义为"整个民族的出品"，主张艺术"与民族的生活相连，生根在民族性里面"⑤。丹纳之后，文学与民族精神之间的关系成为文学批评中最为老生常谈的一个话题。19 世纪中后期英国文学史写作

---

① ［古希腊］亚里士多德：《诗学》，陈中梅译注，商务印书馆 2005 年版，第 47 页。
② ［德］歌德：《歌德谈话录》，爱克曼辑录，朱光潜译，人民文学出版社 2003 年版，第 139 页。
③ ［德］黑格尔：《美学》第 2 卷，商务印书馆 1997 年版，第 375 页。
④ ［德］黑格尔：《美学》第 1 卷，商务印书馆 1997 年版，第 348 页。
⑤ ［法］丹纳：《艺术哲学》，傅雷译，人民文学出版社 1983 年版，第 147 页。

热潮中问世的文学史,几乎每一本的作者都宣称文学是"民族的传记",文学史写作的目标是描述"英国人精神的故事"或"英国民族灵魂的道德节奏的律动"①。文学与"民族精神"的关系如此频繁地被强调,以至于人们经常忘记它只是一个近代以来的话题。

第二节　文艺心理学的探寻

梁启超早期文艺思想的一个重要方面,是文艺心理学的思索与探究。《论小说与群治之关系》(1902)被认为是"小说界革命"的纲领性的文件,这篇文章的内容大致有三个方面:第一,小说对于人类的不可思议的支配力;第二,中国旧小说的缺点及危害;第三,小说界革命的刻不容缓。从篇幅上看,第一部分占了全篇的三分之二,而这一部分的论证方法,完全是文艺心理学的,具体来说,是从读者心理接受的角度,来论证小说文体的重要性。

文章的开头,梁启超提出了一个问题:为什么人类对于小说的嗜好要超过对于其他书籍的嗜好? 他列举了两种可能的答案,一是小说"浅而易解",二是小说"乐而多趣",认为这两种答案都不能令人完全满意。然后,他给出了自己的答案:小说之所以为人喜闻乐见,是因为它满足了人类两种心理需求。第一种心理需求是超越现实的世界,进入未知的无限世界:

> 凡人之性,常非能以现境界而自满足者也。而此蠢蠢躯壳,其所能触能受之境界,又顽狭短局而至有限也。故常欲于其直接以触以受之外,而间接有所触有所受,所谓身外之身、世界外之世界也。此等识想,不独利根众生有之,即钝根众生亦有焉。而导其根器,使日趋于钝,日趋于利者,其力量无大于小说。小说者,常导人游于他境界,而变换其常触常受之空气者也。此其一。

---

① [美]勒内·韦勒克、奥斯汀·沃伦:《文学理论》,刘象愚、邢培明、陈圣生、李哲明译,江苏教育出版社2005年版,第302、303页。

第二种需求，是对于外在现实世界及人的内在精神世界的认识与表达：

> 人之恒情，于其所怀抱之想象，所经阅之境界，往往有行之不知，习矣
> 不察者。无论为哀、为乐、为怨、为怒、为恋、为骇、为忧、为惭，常若知其然
> 而不知其所以然。欲摹写其情状，而心不能自喻，口不能自宣，笔不能自
> 传。有人焉，和盘托出，彻底而发露之，则拍案叫绝曰："善哉善哉！如是如
> 是！"所谓"夫子言之，于我心有戚戚焉"。感人之深，莫此为甚。此其二。①

梁启超认为，满足人类的这两种需求，是一切文学之真谛，一切文学要想打动读
者，都需在这两方面下工夫，而小说和一般文体相比，尤其具有自己得天独厚的
优势，所以"小说为文学之最上乘"。另外，梁启超还提出，由这两种需求的不
同，还产生出理想派小说与写实派小说的不同：侧重于满足人类对于理想世界
的向往的，称为理想派小说；侧重于满足人类对于现实世界的认识表达需要的，
称为写实派小说。小说种类虽多，但没有超出这两派范围之外者。

　　借由对读者阅读心理的分析，梁启超实际论述了小说乃至文学的两种基本
能力：第一，虚构，对于未知世界的探索与想象；第二，写实，对于现实世界（这里
的现实世界也包括人的心理世界）的敏锐发现与表达。梁启超的论述是完全
出于个人的独创呢，还是有所本？从现有的材料来看，应该是有所本。这里
提供一份材料作为参考。1883—1884 年，日本文部省委托中江兆民翻译了法国
维隆（E. Veron）的《美学》。这部书最后出版时定名为《维氏美学》，分上、下部，
其中下部又分为七篇，第七篇为《诗学》。《诗学》篇的开头，讨论了一个有趣的
问题：诗歌是人类情感的表达，诗人受到外界环境的触发，产生一种情感，然后
将这种情感传达出来，这就是诗，人人都有情感，但并不是人人都能成为诗人，
原因何在呢？维隆分析，一个重要原因是诗人的观察力与感受力比一般人要
强，同样的事物诗人的观察更敏锐，由此产生的感慨更深：

> 诗人之观物也，与庸人观物之情异。故其观物之点，亦自与庸人异。
> 其所以异者，则诗人之观物，其所见有大于庸人之处，此诗人感慨之所以亦

---

① 梁启超：《论小说与群治之关系》，《新小说》第一号，横滨新小说社 1902 年版。

大也。譬之犹物理学家，以显微镜视物，物之大小，初非有异，而自吾之目见之，则物之形，皆从而大。诗人之观物也亦然。

不仅如此，诗人还能以合适的技巧，将自己的感慨表达出来，使人人都能知晓：

> 大凡吾人之于物也，其物虽美，若吾人见之而不以为美，则终不觉其美。诗人之于诗也亦然。彼虽具有若何之感慨，而不能使人知之，则人终无由知其感慨为如何者。是故欲为诗人者，既观于物而有感动之性，尤不可无所以自写此感动之性，而使人知之之技能也。[1]

将这两段话与梁启超关于小说的第二种能力即写实能力的论述相比较，会发现非常相似。梁启超关于小说写实能力的论述，实际共两层意思：第一，一般人看不到的、体会不到的，"行之不知，习矣不察"现象，小说能予以发现并捕捉；第二，一般人看到、体会到，但由于表达能力的限制，"口不能自宣，笔不能自传"的现象或心理，诗人能"和盘托出，彻底而发露之"。这两层意思，分别对应维隆关于诗人的两层论述：第一层意思，对应维隆的"诗人之观物也，与庸人观物之情异"；第二层意思，对应维隆的"诗人者，既观于物而有感动之性，尤不可无所以自写此感动之性，而使人知之之技能"。梁启超是否读过《维氏美学》呢？现在还不能肯定，但有两条线索值得一提。1898 年，康有为主编的《日本书目志》由上海大同译书局出版，该书将编者购求的日本书籍分类编纂为十五门，其中"美术门"的第一本书便是维隆著、中江兆民译的《维氏美学》。1905 年，《新民丛报》上刊载了蒋观云译的《维朗氏诗学论》，这篇文章实际就是《维氏美学》下卷第七篇《诗学》，是蒋观云从中江兆民的日文译本转译而来的。《日本书目志》由康有为"钦定"、梁启超协助编纂，《新民丛报》是梁启超主编，蒋观云又是梁启超的好朋友，种种迹象表明，梁启超读过《维氏美学》并受其启发的可能性是非常大的。

论述完小说写实与虚构两方面的能力之后，《论小说与群治之关系》接下来论述了小说对于读者的巨大精神感染力：

---

[1] 这里采用的，是蒋观云《维朗氏诗学论》中的译文，见《新民丛报》1905 年第 22 号。

　　抑小说之支配人道也，复有四种力：

　　一曰熏。熏也者，如入云烟中而为其所烘，如近墨朱处而为其所染，《楞伽经》所谓"迷智为识，转识成智"者，皆恃此力。人之读一小说也，不知不觉之间，而眼识为之迷漾，而脑筋为之摇飏，而神经为之营注；今日变一二焉，明日变一二焉；刹那刹那，相断相续；久之而此小说之境界，遂入其灵台而据之，成为一特别之原质之种子……

　　二曰浸。熏以空间言，故其力之大小，存其界之广狭；浸以时间言，故其力之大小，存其界之长短。浸也者，入而与之俱化者也。人之读一小说也，往往既终卷后数日或数旬而终不能释然。读《红楼》竟者，必有余恋有余悲，读《水浒》竟者，必有余快有余怒，何也？浸之力使然也。等是佳作也，而其卷帙愈繁事实愈多者，则其浸人也亦愈甚。如酒焉，作十日饮，则作百日醉。我佛从菩提树下起，便说偌大一部《华严》，正以此也。

　　三曰刺。刺也者，刺激之义也。熏、浸之力利用渐，刺之力利用顿。熏浸之力，在使感受者不觉；刺之力，在使感受者骤觉。刺也者，能使人于一刹那顷，忽起异感而不能自制者也。我本蔼然和也，乃读林冲雪天三限，武松飞云浦厄，何以忽然发指？我本愉然乐也，乃读晴雯出大观园，黛玉死潇湘馆，何以忽然泪流？我本肃然庄也，乃读实甫之《琴心》《酬简》，东塘之《眠香》《访翠》，何以忽然情动？若是者，皆所谓刺激也。大抵脑筋愈敏之人，则其受刺激力也愈速且剧，而要之必以其书所含刺激力之大小为比例。禅宗之一棒一喝，皆利用此刺激力以度人者也……

　　四曰提。前三者之力，自外而灌之使入；提之力，自内而脱之使出，实佛法之最上乘也。凡读小说者，必常若自化其身焉，入于书中，而为其书之主人翁。读《野叟曝言》者，必自拟文素臣。读《石头记》者，必自拟贾宝玉。读《花月痕》者，必自拟韩荷生若韦痴珠。读"梁山泊"者，必自拟黑旋风若花和尚。虽读者自辩其无是心焉，吾不信也……然则吾书中主人翁而华盛顿，则读者将化身为华盛顿，主人翁而拿破仑，则读者将化身为拿破仑，主人翁而释迦、孔子，则读者将化身为释迦、孔子，有断然也。度世之不二法门，岂有过此？[1]

---

[1] 梁启超：《论小说与群治之关系》，《新小说》第一号，横滨新小说社 1902 年版。

小说具有惊人的感染教化能力,这一点古人早就发现。冯梦龙认为小说能使"怯者勇,淫者贞,薄者敦,顽钝者汗下",但这种感染力到底是怎样发生作用的,冯梦龙并没有明言。梁启超的贡献在于,从心理学的角度,用熏、浸、刺、提四个概念将小说对于读者的精神感染力具体而微地展示了出来。熏、浸、刺、提是读者阅读小说时发生的四种心理作用,这四种作用以今天通用的术语解释分别是熏陶、浸染、刺激、提升。从梁启超的论述看,熏、浸、刺、提涉及的人类心理活动的层次是不同的:熏、浸主要涉及人的情感("脑筋为之摇飏""读《红楼》竟者,必有余恋有余悲",可为证),提主要涉及人的想象力("读《野叟曝言》"者,必自拟文素臣""读《石头记》者,必自拟贾宝玉",可为证),刺则涉及人的非理性的欲望、冲动("忽然发指""忽然泪流""忽然情动",可为证)。不仅如此,熏、浸、刺、提发生作用的机制也不同:熏、浸是逐渐的陶冶,刺是突然的刺激,熏、浸、刺是由外而内,提是由内而外。熏、浸、刺、提层次分明、含义丰富,构成一个严密配合的整体。熏、浸、刺、提"四力"说的提出,表明梁启超对现代心理学的知识有较多掌握,且能灵活运用。而在《论小说与群治之关系》一文中,梁启超也的确提到了心理学:"人类之普通性,嗜他文终不如其嗜小说,此殆心理学自然之作用,非人力之所得而易也。"毫无疑问,心理学构成了《论小说与群治之关系》的重要写作资源。

心理学之外,佛学也是《论小说与群治之关系》的重要资源。在对熏、浸、刺、提进行说明解释时,梁启超使用了大量的佛教术语、典故,如"转识成智""菩提说法""棒喝""顿渐",等等。但这还不是最重要的。最重要的一点是,在梁启超看来,佛学的基本方法本来就是心理学的,佛学与心理学有相通之处。1922年6月,梁启超做了一场名为《佛教心理学浅测》的讲演。在这次讲演中,梁启超提出一个观点,认为佛学的研究方法完全是心理学的,"研究佛学应该从经典中所说的心理学入手","研究心理学,应该以佛教教理为重要研究品"。梁启超认为,佛教的基本方法,是对一般人妄执为实体的人、我诸相,进行层层的心理分析,最后证明它们不过是"意识相续集起的统一状态",并非真实。他举佛教常说的"五蕴"为例,佛教认为"五蕴皆空""五蕴皆苦",五蕴实际上是五种心理的表象,用现代术语来表述的话,色蕴相当于事物之形状、性质、颜色,受蕴相当于人的感觉,想蕴相当于记忆,行蕴相当于作意及行为,识蕴相当于意识。在学佛者看来,五蕴都是人的心理活动的结果,不能离开人的心理而独立存在,一样是无常不实。五蕴如此，其他概念亦然。梁启超说："所谓五蕴，所谓十二因缘，所谓十二处、十八界，所谓八识，哪一门子不是心理学？又如四圣谛、八正道等种种法门所说修养功夫，也不外根据心理学上正当见解，把意识结习层层剥落。"佛学的最大特点，是针对人的心理进行严密分析，"大抵佛家对于心理分析，异常努力，愈析愈精……他们的分析是极科学的，若就心理构造机能那方面说，他们所研究自然比不上西洋人，若论内省的观察之深刻，论理上施设之精密，恐怕现代西洋心理学大家还要让几步哩"①。梁启超具有深湛的佛学修养，万木草堂时代，早已熟读佛教诸重要经典。乙未（1895）、丙申（1896）年间，又与谭嗣同、夏曾佑在京师日夕讲论佛法。以他在佛学方面的深厚修养，再加上西方现代心理学的知识，提出熏、浸、刺、提"四力"来对小说阅读经验进行精密的心理学分析，并不是一件令人吃惊的事情。

熏、浸、刺、提说强调审美过程中审美主体与审美客体的融合、统一，与西方现代心理美学、特别是立普斯的移情说及谷鲁斯的内模仿说有相通之处。1897年，立普斯在《空间美学和几何学·视觉的错觉》中提出移情说，认为人在审美欣赏中会将主体内在的情感、情绪投射到对象身上，和对象发生情感的共鸣。谷鲁斯则在《动物的游戏》（1898）、《人类的游戏》（1901）中提出内模仿说，主张艺术是一种模仿性的游戏，在艺术欣赏中，欣赏主体不仅将内在情感移入客体身上，而且会悄悄模仿对象的形状与运动。梁启超强调小说读者在阅读过程中全身心投入，"入而与之俱化""自化其身入于书中"，与立普斯的移情说有异曲同工之妙。梁启超分析"提"的作用，指出小说读者在阅读中常化身为小说中主人公，与谷鲁斯的内模仿说也非常相似。梁启超有没有可能直接读过立普斯或谷鲁斯的著作，并受到其启发呢？至少就立普斯来讲，这个可能性是存在的。19 世纪末 20 世纪初，森鸥外等人致力于德国心理美学的介绍，将立普斯等人的著作翻译为日文，产生了较大影响，梁启超当时在日本，极有可能看到这些译作。这方面的具体情况，还有待于深入考证。

找到梁启超与立普斯、谷鲁斯的直接联系之前，暂且先指出他们的区别。首先，就梁启超与立普斯来说，区别主要有两点。第一，立普斯的主要论述对象是空间艺术、几何形体，梁启超论述的对象则为文学、小说。立普斯移情学说强

---

① 梁启超：《佛教心理学浅测》，《饮冰室合集·专集之六十八》，中华书局 1936 年版，第 40、50、51 页。

调审美主体的内在情感向无生命的审美对象的移注,本来无生命的客体在主体情感的灌注下仿佛有了生命,而梁启超"四力"说中,审美客体不一定是无生命的,也可能是有生命的人。第二,立普斯否认审美经验中的观念联想作用,移情过程可能涉及对过去经验的某种朦胧的联想,但这种联想只是在下意识中发生作用,审美主体意识不到这种联想,"过去经验无疑地在我们心里不涉及意识地发挥作用,它们在我们心里发挥作用,并不是作为个别孤立的东西……而是像一般规律一样,作为共同性或整体发挥作用。"而梁启超主张"读《野叟曝言》者,必自拟文素臣。读《石头记》者,必自拟贾宝玉",并未否定有意识的观念联想作用的存在。其次,就梁启超与谷鲁斯来说,区别至少有一个:谷鲁斯主张内模仿是在身心两个层面同时进行的活动,内模仿的过程中伴随轻微的筋肉动作、器官感觉,梁启超也强调审美主体对客体的内在的模仿("自拟"),但并未明言这种模仿是否伴随筋肉动作与器官感觉。

《论小说与群治之关系》中的审美心理学分析,在梁启超早期美学与文论思想中占有特殊地位。在《译印政治小说序》《中国唯一之文学报〈新小说〉》等文章中,梁启超给人的印象是一个庸俗的功利论者,要利用小说对读者进行生硬的政治灌输。《论小说与群治之关系》的发表,向人们彰示了梁启超文艺思想中的另一面,它告诉人们:小说可以教育、改变读者,但这种改变不是通过枯燥的说理、劝诫,而是通过潜移默化的审美熏陶;小说、文学能带给读者的,不仅有知识的教益,更有情感、想象、欲望的综合的刺激与满足。

第三节　文学进化观念

20 世纪初中国文学的一大现象,是"进化"观念在文学批评、文学研究中的运用。文学可以并且应当"进化",是现代文学理论与批评的一个基本理论预设。文学进化观念出现与形成,其背景是 19、20 世纪之交西方进化论思想在中国的传播。"社会改良之声与文学进步之论,双方并进"[①],进化论广泛传播,影响人们的社会历史观念的同时,也开始进入文学领域,影响人们在文学方面的

---

① 管达如:《说小说》,《小说月报》1913 年第 3 卷第 11 号。

思考。

梁启超是较早将进化观念运用于文学的人之一。1902年3月，梁启超《饮冰室诗话》开始在《新民丛报》上连载。《饮冰室诗话》中，文学进化的意识便已初步显露。《诗话》第八则：

> 中国结习，薄今爱古，无论学问文章事业，皆以古人为不可几及，余生平最恶闻此言。窃谓自今以往，其进步之远轶前代，固不待著龟，即并世人物，亦何遽让于古所云哉！①

接下来，梁启超举黄遵宪为例，认为黄遵宪的长诗《咏锡兰岛卧佛》，是否能比肩荷马、莎士比亚、弥尔顿不知，"若在中国，吾敢谓有诗以来所未有也"。他还极力称赞黄遵宪的《出军歌》，"精神之雄壮活泼沉浑深远不必论，即文藻亦二千年所未有也"。另外，他认为陈三立诗"不用新异之语，而境界自与时流异，醲深俊微，吾谓于唐宋人集中，罕见伦比"。诸如此类的论述，显然已经包含了文学进化的意识，只不过"进化"一词未明确拈出而已。

1902年11月，梁启超创办《新小说》。在《新小说》创刊号上，梁启超发表《论小说与群治之关系》，鼓吹"小说为文学之最上乘"。稍后，《新民丛报》发表的《〈新小说〉第一号》一文，再次重申了这一观点："小说为文学之最上乘，近世学于域外者，多能言之。"小说为文学最上乘的说法，实际已经包含了文学进化的观念：从文学发展的历史来讲，小说是后起的文体，后起的文体却代表了文学的最上乘，显然文学发展是向上、进化的过程。

1903年8月，梁启超在《新小说》上开辟《小说丛话》专栏，刊发关于小说的丛谈文章。《小说丛话》第一期的打头一段，便是梁启超本人撰写的论文学进化的文字，这段文字明确拈出了"进化"概念：

> 文学之进化有一大关键，即由古语之文学，变为俗语之文学是也。各国文学史之开展，靡不循此轨道。中国先秦之文，殆皆用俗语，观《公羊传》《楚辞》《墨子》《庄子》，其间各国方言错出者不少，可为左（佐）证……自宋

---

① 梁启超：《饮冰室诗话》，《新民丛报》1902年第9号。

以后,实为祖国文学之大进化,何以故? 俗语文学大发达故。宋后俗语文学有两大派,其一则儒家、禅家之语录,其二则小说也。小说者,绝非以古语之文体而能工者也。本朝以来,考据学盛,俗语文体,生一顿挫,第一派又中绝矣。①

这段话中,梁启超提出了两个影响深远的观点。第一,俗语文体取代古语文体,是文学进化的必然趋势,俗语文学是中国文学的正宗。第二,俗语文学在中国古代的两个高峰,一个是儒家与佛家的语录,一个是白话小说。这两个观点,在当时均具有振聋发聩的轰动效应,当时即有很多人响应,后来倡导俗语文学、白话文学者,如胡适、郑振铎等,也都一再重复过这两个观点。② 梁启超的第一个观点,俗语文学为文学正宗,涉及对于文言、白话的价值判断问题,现在看仍有争论。第二个观点,以语录与白话小说为俗语文学两大收获,现在已得到学术界公认。特别是将禅宗语录视为俗语文学先驱的观点,显示出梁启超高人一等的学术判断力。1920 年,在《翻译文学与佛典》时,梁启超再次讨论了这个问题。梁启超认为,禅宗语录开中国文艺之新体,而追根溯源,语录体的产生又来自佛典的翻译:"自禅宗语录兴,宋儒效焉,实为中国文学界一大革命,然此殆可谓为翻译文学之直接产物也。"③佛典翻译的一个重要副产品,是一种新的书面文体的出现,这种文体既非文言,也非简单的民间白话,而是同时吸收了民间白话与印度梵语优长的一种新的文体。这一观点到现在仍为治古代语言、文学史者重视。

语言、文体的进化之外,在《小说丛话》中,梁启超还讨论了文学的形式、体裁的进化问题。梁启超指出,中国人向来主文学退化之说,认为三代以后之文学一代不如一代,如果从文学的风格来论的话的确是这样的,但如果以体裁论的话则大谬不然。以文学的形式、体裁而论,三代以后的文学是不断进化的:

凡一切事物,其程度愈低级者则愈简单,愈高等者则愈复杂,此公例也。故我之诗界,滥觞于三百篇,限以四言,其体裁为最简单。渐进为五

---

① 《小说丛话》中饮冰语,《新小说》第七号,横滨新小说社 1903 年版。
② 比如,胡适在《历史的文学观念论》一文中,几乎原样重复了梁启超《小说丛话》中的观点。
③ 梁启超:《翻译文学与佛典》,《饮冰室合集·专集之五十九》,中华书局 1936 年版,第 29 页。

言，渐进为七言，稍复杂矣。渐进为长短句，愈复杂矣。长短句而有一定之腔，一定之谱，若宋人之词者，则愈复杂矣。由宋词而更进为元曲，其复杂乃达于极点。

梁启超认为，和之前的各种诗体相比较，戏曲的优胜之处至少有四：一、唱歌与科白相间，互相补助；二、一出戏中，可同时抒发十数人乃至数十人之情感；三、篇幅可长可短；四、格律不严，"稍解音律者可任意缀合诸调，别为新调"。戏曲具《诗经》《楚辞》所不具备之优长，为中国韵文之巨擘，"虽使屈宋苏李生今日，亦应有前贤畏后生之感"①。

仔细剖析梁启超的文学进化论，可以寻绎出这样几个基本要点：

第一，文学是发展变化的；

第二，文学的发展变化是由低级到高级不断进化的过程，后来的文学会胜过之前的文学；

第三，文学进化的一个重要方面是语言的进化，俗语文学取代古文文学是必然的、合理的趋势。

关于第一点，文学（文章）随时代而变迁，一代有一代之文学，这一点其实古人早就提出过。袁宏道曾说："世道既变，文亦因之，今之不必摹古者也，亦势也。"②李贽《童心说》："诗何必古选，文何必先秦。降而为六朝，变而为近体；又变而为传奇，变而为院本，为杂剧，为《西厢曲》，为《水浒传》，为今之举子业，皆古今至文，不可得而时势先后论也。"③袁宏道《序小修诗》："文准秦汉矣，秦汉人曷尝字字学六经欤？诗准盛唐矣，盛唐人曷尝字字学汉魏欤？秦汉而学六经，岂复有秦汉之文？盛唐而学汉魏，岂复有盛唐之诗？"④强调文学的发展变化，并非现代人的专利。但古代形形色色的文学变化论，与现代文学进化论之间，仍有一个相当大的距离，这个距离就是梁启超强调的第二点——文学发展变化是不断进化的、进步的，后胜于前的。现代文学进化论的最重要一点，是赋予文学发展变化以价值论的色彩，即认为文学的发展变化是朝向一个理想的方向的，

① 梁启超：《小说丛话》，《新小说》第七号，横滨新小说社 1903 年版。
② 袁宏道：《与江进之》，《袁中郎全集·尺牍》，世界书局 1935 年版，第 37 页。
③ 李贽：《童心说》，《焚书》卷三，中华书局 1975 年版，第 99 页。
④ 袁宏道：《序小修诗》，《袁中郎全集·尺牍》，世界书局 1935 年版，第 6 页。

是一种不断的向上运动,现在的文学一定优于过去,将来的文学一定胜过现在。而古人的变化论则虽然也强调文学(在古人那里是"文章")的发展变化,却拒绝对这种发展变化给予某种目的论的解释及价值论的判断,文学(文章)的确不断发生着变化,但是这种变化并不指向任何特定的方向,也不包含任何伦理价值的意味。在传统的文学变化论看来,不同时代的作品"代有升降,而法不相沿,各极其变,各穷其趣,所以可贵,原不可以优劣论也!"①自古至今的文章处于无规律、无目的的永恒变动之中,既不趋向于越来越坏,也不趋向于越来越好。

关于第三点,文学进化的关键是语言的进化,白话、俗语文体取代古文文体是历史的必然,这一点也是现代人的创见,古人并不如此看。认定俗语较文言更优越、更进步,依据何在呢? 在《小说丛话》中,梁启超只给出了一个极简略的答案——俗语文体有利普及,"苟欲思想之普及,则此体非徒小说家当采用而已。凡百文章,莫不有然"。而差不多同时期发表的另一篇文章《新民说·论进步》中,梁启超对于文言、俗语的优劣进行了详细的比较。他认为,言文一致的俗语相较于言文分离的白话,其优越性主要有二:第一,有利于新思想的表达与传播,"社会变迁日繁,其新现象、新名词必日出,或从积累而得,或从交换而来。故数千年前一乡一国之文字,必不能举数千年后万流汇沓、群族纷挐时代之名物、意境而尽载之、尽描之,此无可如何者也。言文合,则文增而言与之俱增。一新名物、新意境出,而即有一新文字以应之。新新相引,而日进焉";第二,有利于教育的普及,"言文合,则但能通今文者,已可得普通之知识","言文分,则非多读古书、通古义,不足以语于学问","故泰西、日本,妇孺可以操笔札,车夫可以读新闻,而吾中国或有就学十年,而冬烘之头脑如故也"。②

梁启超认定言文一致是语言发展的必然趋势,与明治时期日本思想界的影响有关。明治时期日本启蒙学者在思考日本与西方国家文明差距时发现,西方国家语言文字一致,而日本则是语言、文字相分离,他们认为,这是日本落后的重要病根。以福泽谕吉、中江兆民等为首的一批学者,主张向西方学习,改革日本的文字,具体的措施是限用汉字,扩大假名的使用范围,最终实现言文一致。文字改革论者认为,相比汉文文体,言文一致的俗语文体具有很多优势,其中最

---

① 袁宏道:《序小修诗》,《袁中郎全集·尺牍》,世界书局 1935 年版,第 6 页。
② 梁启超:《新民说·论进步》,《新民丛报》1902 年第 10 号。

重要者有两点：第一，有利于现代新思想、新事物的精确表达；第二，有利于教育的普及，"使广大民众获得文明的新思想"。到梁启超倡导"俗语文体"时，言文一致运动在日本已经取得很大成绩，"言文一致体"在日本文界的地位已经确立。梁启超关于言文一致必要性的论述，基本没有超出明治时期日本学者的论述范围。很大程度上，梁启超的文字变革理论是对明治时期日本文字改革论的直接复制。①

后胜于前，俗语胜于文言，是梁启超早期文学进化观念的两个基本理论支点。有意思的是，20 年后，梁启超几乎完全否定了这两点。在《研究文化史的几个重要问题》(1923)一文中，梁启超提出了一个问题："历史是进化的吗？"梁启超说，他对于历史进化的观念，向来深信不疑，但现在却生了疑问，觉得有必要把历史进化的内涵重新规定一回：历史现象可以确认为进化者有二，"一、人类平等及人类一体的观念，的确一天比一天认得真切"，"二、世界各部分人类心能所开拓出来的'文化共业'，永远不会失掉，所以我们积储的遗产，的确一天比一天扩大"，除这两点之外，人类历史的其他方面很难说是进化的，倒更像是"一治一乱"的。他特别以思想史与文学史为例，指出进化论后胜于今的荒谬：

> 说孟子、荀卿一定比孔子进化，董仲舒、郑康成一定比孟、荀进化，朱熹、陆九渊一定比董、郑进化，顾炎武、戴震一定比朱、陆进化，无论如何，恐说不去。说陶潜比屈原进化，杜甫比陶潜进化，但丁比荷马进化，索士比亚比但丁进化，摆伦比索士比亚进化，说黑格尔比康德进化，倭铿、柏格森、罗素比黑格尔进化，这些话都从那里说起？②

在《情圣杜甫》(1922)中，他以古典文学为不可超越的典范：

> 新事物固然可爱，老古董也不可轻轻抹杀。内中艺术的古董，尤为有特殊价值。因为艺术是情感的表现，情感是不受进化法则支配的，不能说

---

① 关于这一点，参考夏晓虹《觉世与传世——梁启超的文学道路》，中华书局 2006 年版，第 225—237 页。
② 梁启超：《研究文化史的几个重要问题》，《饮冰室合集·文集之四十》，中华书局 1936 年版，第 5 页。文中提到的倭铿(R. C. Eucken, 1846—1926)，又译奥伊肯，是一战前后影响较大的德国哲学家。

现代人的情感一定比古人优美，所以不能说现代人的艺术一定比古人进步。①

1927 年，在《晚清两大家诗抄题辞》中，梁启超又质疑了白话必胜文言的观点。他说，现在一帮"新进青年"，主张白话为唯一新文学，极端排斥文言，此种偏激之论与顽固冬烘先生并无差异。文学的根本是实质而非形式，是情感思想而非语言，以诗歌论，"若真有好意境好资料，用白话也做得出好诗，用文言也做得出好诗"。他分析白话的缺点：第一，"凡文以词约义丰为美妙，总算得一个原则，拿白话和文言比较，无论在文在诗，白话总比文言冗长三分之一"；第二，文贵含蓄，白话容易浅露寡味；第三，词藻贫乏，高深、微妙的思想难以传达；第四，枝词太多，动辄伤气，文章很难有好的"音节"。白话、文言各有优劣，梁启超的主张是去除门户之见，"采绝对自由主义"，除了用艰深古字、砌陈腐典故应排斥外，"只要是朴实说理，恳切写情，无论白话、文言，都可尊尚"，"甚至一篇里头，白话、文言，错杂并用，只要调和得好，也不失为名文，这是我对于文学上一般的意见"。②

至此，梁启超早年关于文学进化的几个基本观点，已经被他自己否定殆尽，只剩下"文学是要常常变化更新的"一点还没有否定。这种否定，一方面让人感叹梁启超"不惜以今日之我，难昔日之我"的勇气，一方面也启发人们对 20 世纪初以来"进化"观念在文学领域的运用进行反思。文学领域是否能运用"进化"的概念？ 如果能的话，该怎样理解、界定进化，文学进化与生物学意义上的、社会学意义上的进化有何区别？ 这些问题，都需要深长的反思。

第四节　情感论与趣味论

梁启超晚年，文论与美学方面较重要的学说是情感论与趣味论。情感论与趣味论的提出时间相连，内涵相近，可以放在一起讨论。

---

① 梁启超：《情圣杜甫》，《饮冰室合集·文集之三十八》，中华书局 1936 年版，第 37 页。
② 梁启超：《晚清两大家诗抄题辞》，《饮冰室合集·文集之四十三》，中华书局 1936 年版，第 73—78 页。

（一）情感论与趣味论的提出

1922 年至 1923 年，在关于中国古代诗歌的几篇专论（这几篇专论实际都是在演讲稿基础上整理的）中，梁启超提出了情感论。情感论的核心，是强调情感在艺术中的地位、作用。在《中国韵文里头所表现的情感》（1922）中梁启超称，天下最神圣的莫过于情感，"用理解来引导人，顶多能叫人知道那件事应该做，那件事怎样做法，用情感来激发人，却好像磁力吸铁一般"，对人产生巨大的作用，所以情感可以说是人类一切动作的原动力。情感很重要，但情感并不都是善的、美的，所以古来的宗教家、教育家都注意情感的陶养，都把情感教育放在第一位，情感教育的利器就是艺术：

> 情感教育最大的利器，就是艺术。音乐、美术、文学这三件法宝，把"情感秘密"的钥匙都掌住了。艺术的权威，是把那霎时间便过去的情感，捉住他令他随时可以再现……艺术家认清楚自己的地位，就该知道：最要紧的功夫，是要修养自己的情感，极力往高洁纯挚的方面，向上提携，向里体验，自己腔子里那一团优美的情感养足了，再用美妙的技术把他表现出来，这才不辱没了艺术的价值。[①]

艺术的使命是表达优美高尚的情感，对于艺术家来讲，情感的陶养很重要，表情的技巧同样重要。《中国韵文里头所表现的情感》接下来的部分，是对中国古代诗歌表情方法的总结，共列举并分析了"奔迸的表情法""回荡的表情法""含蓄蕴藉的表情法""浪漫派的表情法""写实派的表情法"共五种表情法，每种表情法的下面又分为若干亚种。

艺术的使命，在于以恰当的方式表达情感，这是梁启超情感论的核心观点。稍后的《情圣杜甫》（1922）、《屈原研究》（1922）、《陶渊明》（1923）中，都贯彻了这一观点。《情圣杜甫》称杜甫之所以伟大，一方面是因为"他的情感的内容，是极丰富的，极真实的，极深刻的"，一方面是因为"他表情的方法又极熟练，能鞭辟

---

① 梁启超：《中国韵文里头所表现的情感》，《饮冰室合集·文集之三十七》，中华书局 1936 年版，第 71、72 页。

到最深处,能将他全部完全反映不走样子,能像电气一般一振一荡的打到别人的心弦上"①。《屈原研究》认为屈原是"一位有洁癖的人为情而死","屈原脑中,含有两种矛盾元素,一种是极高寒的理想,一种是极热烈的感情","屈原是情感的化身,他对于社会的同情心,常常到沸度,看见众生苦痛,便和身受一般"。②《陶渊明》认为陶渊明整个人格中有三点应特别注意,"第一须知他是一位极热烈极有豪气的人","第二须知他是一位缠绵悱恻最多情的人","第三须知他是一位极严正、道德责任心极重的人"。

与情感论相联系,在 1921 至 1922 年的一组讲演稿中,梁启超又集中阐发了以"趣味"为核心的艺术论与人生论,其中重要者有《"知不可而为"主义与"为而不有"主义》(1921)、《趣味教育与教育趣味》(1922)、《教育与政治》(1922)、《美术与生活》(1922)、《学问之趣味》(1922)、《敬业与乐业》(1922)、《教育家的自家园地》(1922),等等。需要注意的一点是,在这组文章中,梁启超有时用"趣味",有时用"兴味",总起来看用"趣味"多些,但实际上二者并无分别。比如,在《敬业与乐业》中梁启超说"我生平最受用的有两句话,一是责任心,二是趣味",而《"知不可而为"主义与"为而不有"主义》则说"我自己的人生观是拿两样事情做基础,一责任心,二兴味"。

梁启超对趣味极其重视,他强调趣味是人生活的原动力,是人类幸福的根源。《学问之趣味》:"我以为:凡人必常常生活于趣味之中,生活才有价值。若哭丧着脸捱过几十年,那么生命便成沙漠,要来何用?"③《美术与生活》:"问人类生活于什么? 我便一点不迟疑答道:生活于趣味。这句话虽然不敢说把生活全内容包举无遗,最少也算把生活根芽道出。"④《趣味教育与教育趣味》:"总而言之,趣味是活动的源泉,趣味干竭,活动便跟着停止。好像机器房里没有燃料,发不出蒸汽来……人类若到把趣味丧失掉的时候,老实说,便是生活得不耐烦,那人虽然勉强留在世间,也不过行尸走肉。倘若全个社会如此,那社会便是瘘病的社会,早已被医生宣告死刑。"⑤

趣味如此重要,到底何为趣味呢? 认真研读梁启超关于趣味的文章,会发

① 梁启超:《情圣杜甫》,《饮冰室合集·文集之三十八》,中华书局 1936 年版,第 38 页。
② 梁启超:《屈原研究》,《饮冰室合集·文集之三十九》,中华书局 1936 年版,第 55、65 页。
③ 梁启超:《学问之趣味》,《饮冰室合集·文集之三十九》,中华书局 1936 年版,第 15 页。
④ 梁启超:《美术与生活》,《饮冰室合集·文集之三十九》,中华书局 1936 年版,第 22 页。
⑤ 梁启超:《趣味教育与教育趣味》,《饮冰室合集·文集之三十八》,中华书局 1936 年版,第 13 页。

现他笔下的"趣味"至少有两层内涵。第一，兴趣、爱好。《趣味教育与教育趣味》："趣味的性质，不见得都是好的，譬如好嫖好赌，何尝不是趣味"，"人生在幼年青年期，趣味是最浓的，成天价乱碰乱进，若不引他到高等趣味的路上，他们便非流入下等趣味不可"。① 第二，人生的乐趣、快乐，以及与乐趣、快乐相伴的一种欣欣向荣、生机勃勃的人生状态。《趣味教育与教育趣味》：

> 趣味的反面，是干瘪，是萧索。晋朝有位殷仲文，晚年常郁郁不乐，指着院子里头的大槐树叹气，说道："此树婆娑，生意尽矣。"一棵新栽的树，欣欣向荣，何等可爱！到老了之后，表面上虽然很婆娑，骨子里生意已尽，算是这一期的生活完结了。殷仲文这两句话，是用很好的文学技能，表出那种颓唐落寞的情绪。②

趣味的反面是干瘪、萧索、郁郁不乐、颓唐落寞，其正面含义当然是饱满、热情、兴高采烈、生机勃勃。

梁启超认为，真正的趣味应满足两个条件。第一，须以趣味始以趣味终：

> 怎么样才算趣味，不能不下一个注脚。我说：凡一件事做下去不会生出和趣味相反的结果的，这件事便可以为趣味的主体。赌钱趣味吗，输了怎么样？吃酒趣味吗，病了怎么样？做官趣味吗，没有官做的时候怎么样？……诸如此类，虽然在短时间内像有趣味，结果会闹到俗语所说的"没趣一齐来"，所以我们不能承认他是趣味。凡趣味的性质，总要以趣味始以趣味终。③

第二，超功利，"无所为而为"。《学问之趣味》：

> 趣味主义最重要的条件是"无所为而为"。凡有所为而为的事，都是以别一件事为目的而以这件事为手段……有所为虽然有时也可以为引起趣味的一种方便，但到趣味真发生时，必定要和"所为者"脱离关系。你问我

①② 梁启超：《趣味教育与教育趣味》，《饮冰室合集·文集之三十八》，中华书局 1936 年版，第 13 页。
③ 梁启超：《学问之趣味》，《饮冰室合集·文集之三十九》，中华书局 1936 年版，第 15 页。

"为什么做学问"？我便答道："不为什么。"再问，我便答道："为学问而学问。"或者答道："为我的趣味。"①

深入分析的话，会发现这两个条件其实是一个条件：做官、赌钱等等趣味的"主体"会弄到"没趣"，根本的原因是这些事情被赋予了其自身之外的其他目的，这些目的达不到时便产生烦恼，而真正的趣味应该是无目的的、"无所为而为"的。所以，综合起来，可以对梁启超的"趣味"以及"趣味主义"给出这样的定义：所谓趣味，即一种超功利的人生乐趣、快乐；所谓趣味主义，即一种超功利的、无所为而为的乐观人生态度。

趣味是超功利的人生乐趣，有哪些人生活动可以产生趣味呢？梁启超列举了四项："能为趣味之主体者，莫如下列的几项：一、劳作；二、游戏；三、艺术；四、学问。"在《美术与生活》一文中，他专门论述了艺术中的美术（专指绘画与雕塑）与趣味的关系。梁启超说，人生趣味之源泉有三种：第一，"对境之赏会与复现"，一个人无论操何职业，总有机会与自然之美相接触，倘若把自然之美印在头脑中使其不时复现，便可领略某种趣味；第二，"心态之抽出与印契"，遇到快乐的事告诉别人，可以增加自己的快乐，遇见痛苦的事向别人倾诉，可以减少自己的痛苦；第三，"他界之冥构与蓦进"，对于现在环境不满，是人类普通心理，若能超越此现实世界进入理想世界，那便有无穷的快乐。美术的作用在于诱发、刺激人的器官，使人人都能充分享受这三种趣味。美术中有描写自然的一派，有刻画心态的一派，有凭理想构造的一派，这三派分别对应人的三种趣味。艺术的价值，在于趣味的刺激与养成：

> 要而论之，审美本能，是我们人人都有的。但感觉器官不常用或不会用，久而久之麻木了。一个人麻木，那人便成了没趣的人；一民族麻木，那民族便成了没趣的民族。美术的功用，在把这种麻木状态恢复过来，令没趣变为有趣。②

---

① 梁启超：《学问之趣味》，《饮冰室合集·文集之三十九》，中华书局1936年版，第16页。
② 梁启超：《美术与生活》，《饮冰室合集·文集之三十九》，中华书局1936年版，第24页。

细心的读者会发现,梁启超这里所列的艺术所能激发的三种"趣味",与 1902 年的论文《论小说与群治之关系》所列的小说的"两种德"非常相似:"对境之赏会与复现""心态之抽出与印契",对应于小说将现实人生"和盘托出,彻底而发露之"的功能,"他界之冥构与蓦进"对应于小说"常导人游于他境界"的功能。可见,他是比照小说的功能来论述美术的功能的,在他心目中文学与美术两种艺术是有根本的相通之处的。

(二)情感、趣味的关系

情感论与趣味论几乎同时提出,这两种学说之间是一种什么关系? 有学者认为,梁启超笔下的"情感"与"趣味"并无差别[①],相应地趣味论与情感论也没有太大差异。该如何看待这个问题呢?

梁启超关于情感与趣味的有些表述,的确是雷同的。比如,在《中国韵文里头所表现的情感》中他说"情感是人类一切动作的原动力",而一年后在《趣味教育与教育趣味》中他又强调"趣味是生活的原动力,趣味丧掉,生活便成了无意义",情感与趣味似乎是一回事。《翻译文学与佛典》有一节专论佛教导致的"文学的情趣之发展",《国学入门书要目及其读法》有一节论证"好文学是涵养情趣的工具","情"与"趣"被合成了一个词,似乎也证明这两个概念是重合的。但是,若对梁启超的相关论述作全面梳理与比较的话,会发现这两个概念还是有一些差异。

首先,这两个概念的层次不同。情感的地位更为基础,情感是趣味的前提,趣味是情感的结果。《晚清两大家诗钞题辞》:"文学的本质和作用,最主要的就是'趣味'。趣味这件东西,是由内发的情感和外受的环境交媾发生出来。"[②]《孔子》(1920)提出一个观点,认为凡理智发达的人,头脑总是冷静的,往往对于世事,作一种冷酷无情的待遇,而且这一类人"生活都会单调性,凡事缺乏趣味"。孔子却不然,他是个最富于同情心的人,孔子的一往情深,一方面表现为他对民生多艰的悲悯,一方面表现为他"常常玩领自然之美,从这里头,得着人生的趣味"。理智发达的人缺乏趣味,情感发达的人常常领略人生的趣味。显然,趣味

---

① 徐林祥:《中国美学初步》,广东人民出版社 2001 年版,第 524 页。
② 梁启超:《晚清两大家诗钞题辞》,《饮冰室合集·文集之四十三》,中华书局 1936 年版,第 70 页。

与情感是两个互相关联但又不能混同的概念：情感是趣味的基础，有情感方能体会趣味，无情感则不能体验趣味。

其次，两个概念应用的范围广狭不同。"情感"多应用于具体的艺术流派、作家作品的分析，比如《中国韵文里头所表现的情感》《情圣杜甫》《屈原研究》等等，而"趣味"则多用于抽象地讨论艺术的一般性质、功能时，如《美术与生活》《美术与科学》等。另外，"趣味"不光应用于艺术，还应用于学术、劳动、教育乃至整个人生。在《学问之趣味》《敬业与乐业》《趣味教育与教育趣味》《"知不可而为"主义与"为而不有"主义》中我们看到，"趣味"不仅是艺术的本质，更是人生的本质，是一种审美化的人生态度。

综上，情感论是一种较为单纯的文学理论、美学理论，而趣味论则不仅是一种美学理论，更是一种人生哲学。情感论强调艺术的情感本质，趣味论强调艺术乃至人生的趣味本质，人生应"无所为而为""为而不有"，二者的应用范围及具体内涵都有所区别。

（三）情感论与趣味论的美学史意义

情感论与趣味论的内涵不尽相同，但有一点是相同的，它们都表达了梁启超对自己早年功利主义艺术观的一种修正。情感论强调文艺的情感特质，强调以情动人，显然是对功利主义的一种反转。因为在梁启超的情感论中，情感本来就是理智、理解的对立面，文学表现情感，隐含了对于文学的说理、教化功能的否定。趣味论强调人生应"无所为而为"，艺术的本质是趣味，艺术也应该是"无所为而为"的，是超越现实功利之外的。《"知不可而为"主义与"为而不有"主义》以孔子的"知不可而为"与老子的"为而不有"来解释趣味，最后的结论是：

> "知不可而为"主义与"为而不有"主义都是要把人类无聊的计较一扫而空，喜欢做便做，不必瞻前顾后。所以归并起来，可以说这两种主义就是"无所为而为"主义，也可以说是生活的艺术化，把人类计较利害的观念，变为艺术的、情感的。[①]

[①] 梁启超：《"知不可而为"主义与"为而不有"主义》，《饮冰室合集·文集之三十七》，中华书局 1936 年版，第 68 页。

这里，梁启超明确将"艺术的、情感的"，与人类计较利害的观念对立起来，显然，艺术、情感意味着超功利、无利害。

这种修正与梁启超晚年告别政治后的学院生活有关系。从 1915 年始，梁启超逐渐告别政治，专注于学术研究。他开始反思自己早年将学术依附于政治的缺失，认为清末"新学家"所以失败，有一总根源，"曰不以学问为目的而以为手段"①。他开始提倡为学问而学问。《为学与做人》："我只是为学问而学问，为劳动而劳动，并不拿学问劳动等等做手段来达到目的。"这种做学问的态度影响到他关于文学艺术的看法，于是，情感论与趣味论被提出。早就有学者指出，梁启超早、晚期文学思想的差异与其晚年身份变化具有密切的关系：早年，梁启超是一名改良派政治家，专从政治的角度考虑问题，其文学思想自然带有强烈的功利色彩，强调文学的政治教育功能；晚年，梁启超的身份是从事中国古代历史文化研究的学者，当他作为一名学者研究中国古代文学遗产时，自然不再追求文学的现实功利，而注目于文学的永久价值，强调文学的感情净化与趣味陶养作用。②

但另一方面，趣味论与情感论是否可以理解为一种唯美主义，理解为"为艺术而艺术"呢？同样也不能。

晚年梁启超并非埋首书斋不问世事的学者。对梁启超来说，从事学术事业，并非简单的"为学问而学问"，长远的目标仍是振兴民族文化。《欧游心影录》（1918）号召青年人以致用的态度，研究本国传统文化："我希望我们可爱的青年，第一步，要人人存一个尊重爱护本国文化的诚意；第二步，要用那西洋人研究学问的方法去研究他，得他的真相；第三步，把自己的文化综合起来，还拿别人的补助他，叫他起一种化合作用，成了一个新文化系统；第四步，把这新系统往外扩充，叫人类全体都得着他好处。"③《颜李学派与现代教育思潮》同样主张学以致用："老子说的'为而不有'，我们也认为是学者最高的品格。但是把效率的观念完全打破，是否可能？况且凡学问总是要应用到社会的，学问本身可以不计效率，应用时候是否应不计效率？"④在梁启超看来，研究学问，固然应该

---

① 梁启超：《清代学术概论》，朱维铮校，上海世纪出版集团 2005 年版，第 82 页。
② 夏晓虹：《觉世与传世——梁启超的文学道路》，中华书局 2006 年版，第 35—38 页。
③ 梁启超：《欧游心影录》，《饮冰室合集·文集之二十三》，中华书局 1936 年版，第 37 页。
④ 梁启超：《颜李学派与现代教育思潮》，《饮冰室合集·文集之四十一》，中华书局 1936 年版，第 18 页。

为学问而学问，但这不等于说学问就没有现实的功用，如果学术对于现实人生完全没有意义的话，那就没有必要耗费精力去研究。

同样，强调趣味与感情，也不是要把艺术变成独立王国，根本目标仍是现实人生。提倡"趣味"，是为了让人生丰富有趣，不堕入枯寂。1927 年 8 月，梁启超在写给孩子的信中说："思成所学太专门了，我愿意你趁毕业后一两年，分出点光阴多学些常识，尤其是文学或人文科学中之某部门，稍为多用点工夫。我怕你因所学太专门之故，把生活也弄成近于单调，太单调的生活，容易厌倦，厌倦即为苦恼，乃至堕落之根源。"他告诫思成，"专门科学之外，还要选一两样关于自己娱乐的学问，如音乐、文学、美术等"，个人生活丰富有趣了，才能更好地服务社会。《敬业与乐业》："我生平最受用的有两句话，一是责任心，二是趣味。我自己常常力求这两句话之实现与调和。"《'知不可而为'主义与'为而不有'主义》："责任心强迫把大担子放在肩上是很苦的，兴味是很有趣的。二者在表面上恰恰相反，但我常把他调和起来。"同样，提倡"情感"，也有现实的目的——利用艺术对国民进行情感教育，使国民人格上更健全。《中国韵文里头表现的情感》一开头便强调情感的重要性，指出情感与理智二者应并重，古往今来教育家都重视情感教育，而艺术正是情感教育的利器。《国学入门书要目及其读法》提出"好文学是涵养情趣的工具"，"做一个民族的分子，总须对于本民族的好文学十分领略。能熟读成诵，才在我们的下意识里头，得着根柢，不知不觉会发酵"。艺术的情感教育功能，不仅可以使人成为情、理均衡发展的合格的人，而且可以使人成为对民族文化具有基本情感认同的合格的中国人。

《情圣杜甫》中有这样一段话：

> 我们应该为做诗而做诗呀，抑或应该为人生问题中某项目的而做诗？这两种主张，各有极强的理由，我们不能作极端的左右袒，也不愿作极端的左右袒。依我所见：人生目的不是单调的，美也不是单调的。为爱美而爱美，也可以说为的是人生目的，因为爱美本来是人生目的的一部分。[1]

由这段话我们可知，晚年梁启超的艺术观并非"为艺术而艺术"，而是艺术与人

---

[1] 梁启超：《情圣杜甫》，《饮冰室合集·文集之三十八》，中华书局 1936 年版，第 49、50 页。

生的统一：艺术服务于人生，人生艺术化。梁启超早年与晚年的文艺美学思想看似矛盾断裂，实则具有内在的一致性：在艺术的审美特性与现实使命之间寻求平衡。早年，梁启超注重文学的政治教化功能，但并未忽略文学作为审美艺术的特殊性与独立性；晚年，梁启超强调文学、审美的独立价值，但并未忘却其对于现实人生的意义，只不过由注重文学艺术的直接社会效益，变为了侧重其间接作用。

正如有学者指出的，终其一生，梁启超都不能算是一个唯美的美学家，不管是前期强调艺术的社会功能，还是后期突出艺术的人生价值，求是与致用的统一是梁启超不变的出发点。[①]

（四）"趣味"与"情感"的来源

情感论与趣味论从何而来？梁启超提出这两种学说时，依据了哪些思想资源？这个问题学术界过去研究得不够。

先说趣味论。趣味论首先能想到的来源，是梁启超本人的人生态度。如前所述，"趣味主义"的实质，是一种"无所为而为"的乐观主义人生态度。这样一种乐观人生态度，正是梁启超本人一贯秉持、坚持的。《学问之趣味》："我是个主张趣味主义的人，倘若用化学化分'梁启超'这件东西，把里头所含一种原素名叫'趣味'的抽出来，只怕所剩下仅有个零了。"[②]《趣味教育与教育趣味》："假如有人问我：'你信仰的甚么主义？'我便答道：'我信仰的是趣味主义。'有人问我：'你的人生观拿什么做根柢？'我便答道：'拿趣味做根柢。'我生平对于自己所做的事，总是做得津津有味，而且兴会淋漓，什么悲观咧，厌世咧，这种字面，我所用的字典里头，可以说完全没有。我所做的事，常常失败——严格的可以说没有一件不失败——然而我总是一面失败一面做，因为我不但在成功里头感觉趣味，就在失败里头也感觉趣味。"[③]

——以上两段话，并非梁启超为了宣传"趣味主义"而刻意地自我吹嘘，而的确是他的夫子自道。以超脱的胸怀去做事，不计成败，兴会淋漓，是梁启超一贯的人生态度。早在青年时期，梁启超就在康有为的指点下，努力树立一种超

① 金雅：《梁启超美学思想研究》，商务印书馆 2005 年版，第 241 页。
② 梁启超：《学问之趣味》，《饮冰室合集·文集之三十九》，中华书局 1936 年版，第 15 页。
③ 梁启超：《趣味教育与教育趣味》，《饮冰室合集·文集之三十八》，中华书局 1936 年版，第 12 页。

功利的人生态度。1896 年，梁启超致康有为的书信中这样写道：

> 视一切事，无所谓成，无所谓败，此事弟子亦知之。然同学人才太少，未能布广长舌也。如此则于成败之间，不能无芥蒂焉矣。
>
> 某昔在馆亦曾发此论，谓吾党志士皆须入山数年，方可出世。而君勉诸人大笑之……不知我辈宗旨乃传教也，非为政也；乃救地球及无量世界众生也，非救一国也。一国之亡于我何与焉。①

传道、维新、变法，只是志士仁人尽自己做人义务，至于成败利钝，非所逆睹，也不必逆睹。青年时期的梁启超认识到了这一点，但并未能完全做到。1899 年，经历戊戌变法失败，仓皇逃亡日本后，梁启超彻底参透成败。在《自由书·成败》中他写道："凡任天下大事者，不可不先破成败之见……必知天下之事，无所谓成，无所谓败，参透此理而笃信之，则庶几矣。"天下事无所谓成，因为"进化之理，无有穷也"，"今之所谓文明大业者，自他日观之，或笑为野蛮，不值一钱矣，然则所谓成者果何在乎？"天下事无所谓败，因为"天下之理，不外因果。不造因则断不能结果，既造因则无有不结果"，"败于此者或成于彼，败于今者或成于后，败于我者或成于人"②梁启超认为，仁人志士只有看破成败，才能做到"无希冀心，无恐怖心"，无希冀心，无恐怖心，然后能"尽吾职分之所当为"，独往独来，心无挂碍。稍后，在《十九世纪之欧洲与二十世纪之中国》中他充满感情地这样写道：

> 吾中国动机，今始发轫，此后反动，其必四次五次乃至六七八九十次而未有已……吾意今世纪之中国，其波澜傲诡，五光十色，必更有壮奇于前世纪之欧洲者。哲者请拭目以观壮剧，勇者请挺身以登舞台。③

将波谲云诡、凶险万分的政治运动看成一出波澜壮阔的历史剧，将自己想象为

---

① 梁启超：《与康有为书》，丁文江、赵丰田主编《梁启超年谱长编》，上海人民出版社 2009 年版，第 39 页。
② 梁启超：《自由书·成败》，《饮冰室合集·专集之二》，中华书局 1936 年版，第 1、2 页。
③ 梁启超：《自由书·十九世纪之欧洲与二十世纪之中国》，《饮冰室合集·专集之二》，中华书局 1936 年版，第 59 页。

历史剧的演员,没有一种"趣味主义"的超脱态度是做不到的。梁启超一生都秉持了这样一种超脱,不论从事何种事业,都努力做到但求耕耘,不问收获。早年从事政治宣传、组织时如此,晚年从事学术研究同样如此。可以说,正是在梁启超本人人生态度的基础上,趣味论才最终得以提出。

梁启超为什么能秉持"趣味主义"的人生观呢? 一方面,与他乐观、豁达的天性有关。另一方面,又与他从小所受的儒家、道家的影响有关。在《"知不可而为"主义与"为而不有"主义》中,梁启超用"知不可而为"与"为而不有"来解释"趣味主义"。"知不可而为"为儒家思想,"为而不有"为道家思想。梁启超解释,"知不可而为"主义之所以发生,是因为成功与失败不过是相对的名词,进一步讲可以说宇宙间的事绝对没有成功,只有失败。孔子看破这一层道理,所以干脆不做成败之打算,自己捆绑自己,只是顺自己理想做去。"知不可而为"主义是绝对自由的生活,也是有趣味的生活,因为抱这种主义的人,"他们用的字典里,从没有成功二字,那末,还有什么可惑可忧可惧呢,所以他们常把精神放在安乐的地方"。"知不可而为"主义者是趣味主义者,"为而不有"主义者亦复如是。所谓"为而不有",即为劳动而劳动,为工作而工作,不为利益而劳动、工作。"为而不有"主义者不以所有观念作标准,不因为所有观念始劳动,于是得无限的精神愉快。梁启超认为,人生之所以是可赞美的、可讴歌的、有趣的,原因便在于孔子所说的"知其不可而为之"与老子所说的"为而不有"。显然,儒家、道家思想构成了"趣味主义"的重要思想资源。

另一方面,在说明"知不可而为"与"为而不有"时,梁启超又时常杂以佛家言。他认为道家的"为而不有"相当于佛家所说的"无我、我所"。他分析儒家对成功不抱必然之期,是因为"人在无边的'宇'中,只是微尘,不断的'宙'中,只是断片","在无量数年中,无量数人,所做的无量数事,个个都是不可,个个都是失败"。"无量""无边""微尘"等等,是佛经中经常出现的概念。《金刚经》上说:"一切众生之类……我皆令入无余涅槃而灭度之。如是灭度无量、无数、无边众生,实无众生得灭度者。何以故? 须菩提,若菩萨有我相、人相、众生相、寿者相,即非菩萨。"又说:"须菩提,若善男子、善女人以三千大千世界碎为微尘,于意云何? 是微尘众宁为多不? ……佛说微尘众,即非微尘众,是名微尘众。"①佛

---

① 《金刚波若波罗蜜经》,《碛砂大藏经》第 15 册,线装书局 2005 年影印版,第 191、198 页。

教使用这些概念,目的是开导人认识世界的相对性,破除人我之见,执着之苦,得大自在。但在大乘佛教,这种破除并非是要人远离世间,寻求自我个人的解脱,因为在大乘佛教看来,"所谓法即非法","所谓庄严佛土即非庄严佛土"。大乘佛教寻求的是出世与入世的统一,仅有出世没有入世,是自了汉,仅有入世没有出世,又与世间逐利之徒无别。出世的目的,从某种程度上说是为了更好地入世:因为意识到世界的广大无边、佛法的广大无边,所以普渡众生时不抱必然成功之望,更加自由;因为破除了人我之见,"无我、我所",所以做事情时更能勇猛精进,不计较自我得失。这种境界与儒家"知不可而为"主义、道家"为而不有"主义是相通的,与梁启超关于趣味与社会责任相统一的观点也是相通的。梁启超说,责任心很苦,趣味很轻松,二者须统一、调和,因为有了趣味的调和、帮助,责任的履行才不再那么苦,这正是出世法与入世法的统一。梁启超对佛教有精深理解,他常常肯定、赞扬大乘佛教出世与入世相统一的精神:"像我们的禅宗,真可以算得应用的佛教,世间的佛教,的确是要印度以外才能发生,的确是表现中国人特质,叫出世法和现世法并行不悖。"①说大乘佛教以出世情怀做入世事业的精神,构成了梁启超趣味论的重要理论基础,当不为过。

就趣味论的基本观点、理论内核而言,它的来源非常复杂,儒、释、道三家都有。但就"趣味"这一概念术语本身来说,其具体的来源又是什么呢? 学术界目前似乎还没有人探究过。下面,从中国古代典籍以及梁启超所处时代的文献资料中,寻找一些线索。

中国古代典籍中,"趣味"早就已经存在。北京大学开发的《四库全书》全文检索系统中,输入"趣味"二字,共可检索出 177 条文献,203 个匹配。在浩如烟海的四库文献中,这个数量不算多,但也不算太少。从四库检索的结果以及四库之外的其他文献中"趣味"的使用情况看,古人笔下的"趣味",有两种基本意思,或两种基本使用方法。第一,意味、意义,尤其是文艺作品的意味、意义。宋叶适《水心集》卷二九《跋刘克逊诗》:"怪伟伏平易之中,趣味在言语之外。"谢尧臣《于湖集》序》:"柳子厚专下刻深工夫,黄山谷、陈后山专寓深远趣味。"第二,乐趣、快乐。《水经注》卷三四《江水二》:"清荣峻茂,良多趣味。"《文忠集》卷一百五十二《与薛少卿书》:"自还田舍已百余日,庶可稍成伦理,粗免劳心,始觉渐

---

① 梁启超:《欧游心影录》,《饮冰室合集·专集之二十三》,中华书局 1936 年版,第 37 页。

有闲中趣味。"

　　值得注意的是，"趣味"在宋代理学家的著作中出现的频次颇高。《朱子全书》中有多处提及"趣味"，卷十七《答严时亨》："浴沂风雩，人人可为，而未必能得其乐者，正以穷达利害得以累其心，而不知其趣味耳。"朱熹学生陈淳的著作中，"趣味"更是多次出现。《北溪大全集》卷十五《似学之辨》："徒知取青紫伐侩之美，而不知潜心大业趣味无穷之可嗜。"卷二六《答陈伯澡三》："都了得圣贤严密精微之旨，须至于再、至于三而浃洽之，方见得趣味源源而出。"卷二九《答林司户三》："孜孜真积力久，便知趣味无穷，而不能以自止矣。"朱熹与陈淳笔下的"趣味"，指的是人潜心问道时所体会到的超功利的快乐，与梁启超笔下的"趣味"意思是非常接近的。所不同的是，他们的"趣味"主要是就学问道德来说的，而梁启超的"趣味"使用得更宽泛些，任何正当的事业只要专注去做的话都有"趣味"。梁启超有没有可能从古代典籍特别是宋明理学著作中借用"趣味"概念呢？非常有可能。在《学问之趣味》与《教育家的自家园地》中，梁启超鼓励学者要孜孜不倦、学而不厌，因为"趣味这样东西，总是愈引愈深，最怕是尝不着甜头，尝着了一定不能自已"，"趣味总是慢慢的来，越引越多"，诸如此类的表述与前引陈淳关于趣味"源源而出""不能以自止"的表述非常相似，也许就是受了陈淳的影响也未可知。

　　但是正如前面指出的，梁启超的"趣味"除了指乐趣、快乐外，还指兴趣、爱好、嗜好。甚至可以说，"趣味"的含义首先是兴趣、爱好，然后由兴趣、爱好引申为人生的乐趣、快乐。而在中国古典典籍中，"趣味"却很少被如此使用，至少在《四库》中很难找到这样的例子。宋代张方平《题代祠部书院》中有"上第西归即弃官，此子趣味亦堪怜"句，陈淳《卓氏二子名字说》谈到自己与卓廷瑞"襟怀输写，趣味投合，有金兰之契"，这两例中的"趣味"固然可以理解为兴趣、爱好，但理解为性情、人生志向的话似乎更恰当些。那么，梁启超作为兴趣、爱好来使用的"趣味"概念到底来自何处呢？这里提出一个假说：梁启超用"趣味"来指称人的兴趣、爱好，很可能是受到了近代由日本及西方引入的教育学知识的影响；梁启超整个的"趣味"概念，都受到了近代教育学的影响。

　　1921至1922年间，梁启超集中阐述趣味论的文章共有八篇，其中从篇名上与教育直接相关的就有三篇，分别是《趣味教育与教育趣味》《教育家的自家园地》《教育与政治》，可见教育问题在梁启超趣味论建构中的重要性。在《趣味教

育与教育趣味》一文中,梁启超首先强调趣味对人生的重要性,趣味是生命活力的源泉,然后交代了"趣味教育"主张的由来:

> "趣味教育"这个名词,并不是我所创造,近代欧美教育界早已通行了。但他们还是拿趣味当手段。我想进一步,拿趣味当目的……我们主张趣味教育的人,是要趁儿童或青年趣味正浓而方向未决定的时候,给他们一种可以终身受用的趣味。这种教育办得圆满,能够令全社会整个永久是有趣的。①

梁启超认为,教育家无论多大能力,总不能把某种学问直接灌输给学生,只能令学生产生某种学问的趣味,或者学生对于某种学问原有趣味,教育家把他加深加厚,"教育事业,从积极的方面说,全在唤起趣味;从消极的方面说,要十分注意不可以摧残趣味。"教育的目的是趣味,教育者应注意唤起并培养受教育者的趣味,这正是现代教育学的基本观点。

19、20 世纪之交,教育兴国成为知识界普遍共识,兴办各种官办、民办新式学校的运动如火如荼,与此相应,教育学也成为一门显学。据统计,1900—1915年间,共有 60 余种教育学教科书、教育学概论出版,这些教科书、概论多由日文翻译而来。② 1900—1920 年间,共有 100 余种专门教育杂志问世。③ 综合性杂志、报纸中教育学方面的文章、译著也比比皆是。20 世纪初留日学生办的刊物,如《浙江潮》《江苏》《游学译编》等,皆开辟有教育学专栏。梁启超本人主编过的刊物,如《新民丛报》《大中华》等,也发表过教育学的相关文章。

立花铣三郎著、王国维译的《教育学》,被认为是近代中国第一部专门的教育学译著,这部著作中多次提到"趣味"或"兴味"。该书第二章"智育"第一节"智育总论"的开头,提出人类精神生活可分感情、智识、意志三部分,三者中感情为根本,感情是人类"应外界之刺激,精神所现最初之形",而连接感情与智

---

① 梁启超:《趣味教育与教育趣味》,《饮冰室合集·文集之三十八》,中华书局 1936 年版,第 13—14 页。
② 陈志萍:《1914—2000 年的"教育概论"教科书——回顾与反思》,华南师范大学 2005 年硕士论文。
③ 田正平、商丽浩:《中国教育期刊的现代化特征》,《高等教育研究》2003 年第 1 期。

识、意志的则为"兴味"：

> 自此感情而对事物之兴味而生，而此兴味向两面进步，即一面向客观的，一面向主观的也。前者欲知使我感兴味之对境之事物有如何之性，即进于思想（智识）之方；后者欲使感兴味之我活动进于意志之方。故心育可分为智识之教育与实行意志之教育，即智育与德育也。①

接下来，该章专门就智育展开论述，指出智育应立足于心理学，依据人类"精神发达之次第"来展开。作者认为，就心理学而论，人类智识活动有三"境界"（这里的境界应作阶段解），第一境界为直觉，第二境界为观念，第三境界为思索，关于直觉作者给出了这样的解释：

> 案吾人之精神觉醒之次第，其最初由外界直接之刺激，即先自外界之刺激，而吾人之心始生兴味。既生兴味，则其外物非单一之外物，而加以心者，即被精神的者也。此之动作，名曰直觉。换言之，直觉者，吾人之精神受外界之作用第一境界也。②

这段话中，作者强调直觉中不可或缺的一个因素是兴味，由于兴味的作用，人所感知的外物不再是单一的外物，而是蒙上了人的精神的色彩。再往下，第二节"智育各论"中，作者对直觉进行进一步的分析，将直觉分为三个阶段：智力的感情、留意、直觉。所谓智力的感情，作者解释说即兴味，兴味因人而异：

> 兴味之多少，与吾人之主观适应事物之力之程度为比例，勿论也。又自人之性质如何、精神发达之度之如何，兴味不同。譬如于甲为有兴味之事物，而乙对之或漫无兴味。又如小儿听和平单调之音乐而喜，大人则喜乱调。③

---

① ［日］立花铣三郎：《教育学》，王国维译，《王国维全集》第 16 卷，浙江教育出版社 2009 年版，第 348 页。
② ［日］立花铣三郎：《教育学》，王国维译，《王国维全集》第 16 卷，浙江教育出版社 2009 年版，第 349 页。
③ ［日］立花铣三郎：《教育学》，王国维译，《王国维全集》第 16 卷，浙江教育出版社 2009 年版，第 351 页。

作者认为，兴味为直觉的基础，直觉为智力的基础，教育者应充分利用兴味。一方面，应选择受教育者感兴味的事物，另一方面又应对受教育者既有的兴味进行引导，比如"自教育者处理之如何，小儿无兴味之事物，亦可使有兴味……不感兴味之事物，亦感兴味而容易入之"。

　　报纸杂志上发表、连载的教育学文章中，也有许多提到了"趣味"或"兴味"。《教育杂志》刊发的《儿童读书之心理》一文提出儿童心理与成人不同，对于儿童读书的趣味，不应妄加限制，而应因势利导，"儿童读其嗜读之书，视指定之书，较有兴味，已验之屡矣"，儿童所读之书"以言日常生活之事，又富有趣味者为佳……惟大思想则不必灌注于儿童之脑，以与儿童年力脑力均不相应也"，又"动物丛书，实为儿童教育所不可缺者，使为亲者亦读之，常有此种兴味蕴于胸中，则可使其格外亲密"。另外，该文还论述男女两性在阅读趣味方面的差异："男女读书趣味之不同，在幼童时代初无分别，至二十左右其差异之点渐见。女子自十三至十九所读书，大抵相似，未见有何特别者。女子又喜读师友称道之书。男子之选择书籍，则有独立性与个人性。女子于人人共知之书，虽无甚趣味，亦必读之。男子则否，喜读僻书，且有以能读人所不知之书为高者，停刊之书及禁书尤其所好，往往闭户而窃读之……又男子最喜读历史、科学书、游记等，女子则喜读诗及小说，其历史兴味，则多为个人的、传记的。男子喜冒险谈，女子喜感情的事情……高等女学生之趣味，多为人道的、教育的、一般的；男学生之趣味，则为实际的、职业的、特殊的。"①同一杂志第二年第一期刊发的《初入学学生之教授管理》一文，建议初等年级之教师在教学中须"好为学生伴侣"，"随机应变"，另外还须"常作有兴味之言语及游戏，常作愉快之状态"，"教授时无论何种枯寂科目，须运用得宜，使学生兴致勃发"。②其他报纸杂志刊发的教育学论著中，也有关于"趣味"或"兴味"的。比如，《江苏》第九、十期合刊上发表的《教育学之补助学科》指出，心理学将人的心理分为知的作用、情的作用两部分，"情之作用关精神现象之苦乐，人无不喜乐境，厌苦境，而儿童为尤甚，故主教育者当顺其情而导之，使入于快乐之途以鼓其兴味"。③

　　梁启超本人主编的刊物上发表的教育学论著，也多有关于"趣味"及"兴味"

① 佚名：《儿童读书之心理》，《教育杂志》1909年第12期。
② 庄俞：《初入学学生之教授管理》，《教育杂志》1910年第1期。
③ 佚名：《教育学之补助学科》，《江苏》1905年第9、10期合刊。

者。《新民丛报》1905 年连载的《教育学剖解图说》一文，以图表的形式介绍现代教育学的知识谱系，其中多次提到了"兴味""趣味"。该文第一章"总说"之"教育之目的"一节，提到教育的实质的目的于"个人的方面"在于使受教育者"得生活高尚之趣味，即宗教上、学问上、审美上种种方面均可得高尚之趣味"。第三章"教授"之"兴味"专节，集中展示了"兴味"的意义及种类。关于"兴味"的意义，该文解释为："如某事有趣味之感触，即益加热中而追求之，此精神之状态之谓也。"关于"兴味"的种类，该文分为"直接的兴味"与"间接的兴味"两类。所谓直接的兴味，即受教育者"于事物之内容，即有所感触之趣味，将为永久持续之状态也"。所谓间接的兴味，即受教育者于课堂讲授过程中"观方便巧妙之准备，有一时感触之兴味者也"。另外，该文还将"直接的兴味"进一步细分为"知的兴味"与"情的兴味"，并对每种兴味都做了详细解释及举例说明。

毫不夸张地说，"趣味"在近代教育学论著中已经成为一种陈词滥调。《教育杂志》1910 年第 2 期发表的《趣味教育之弊》一文这样写道："方今盛倡趣味教育矣，毋论何种教科，皆当挟有趣味，盖已成为一般之风尚。"[1] 如此多的关于"趣味"的论著，梁启超不可能不知。而从概念术语使用习惯、概念的基本内涵及具体论证上看，梁启超关于"趣味"的论述也与这些论著多有吻合。比如，近代教育学论著中"趣味"与"兴味"两个词往往混用，这点在梁启超著作中得到了体现。比如，近代教育学论著中"趣味"兼有兴趣爱好与乐趣快乐两种意思，梁启超笔下的"趣味"同样兼具这两种含义。又比如，近代教育学论著中"趣味"往往与"情感"相关联，"情感"被认为是"趣味"的基础（比如前引《教育学之补助学科》提到"主教育者当顺其情而导之，使入于快乐之途以鼓其兴味"），这点在梁启超论著中也得到了体现。更为关键的一点是，在所使用的具体的论据、资料上，梁启超的论述与近代教育学论述也有一些惊人的重合。这里举一个例子，梁启超《教育与政治》(1922)一文提到英国人注重趣味教育，"采半游戏、半实习的方法，令学生随着趣味的发展，不知不觉便养成政治上良好习惯"。他举英国学校注重体育竞赛为例，认为英国学校鼓励学生参与体育竞赛，并不专为锻炼学生身体，而是含有公民教育的意味在里面：

---

① 佚名：《趣味教育之弊》，《教育杂志》1910 年第 2 期。

英国人之如此注意体育,我们确信他的目的不单在操练身体,实在从这里头教人学得团体生活中对抗和协同的原则。所以英国人对于政治活动感觉极浓厚的趣味,他们竞争选举乃至在国会议场里奋斗,简直和赛球无异。这是教人学团体生活的最妙法门,我们应该采用他。①

这段论述与《教育杂志》发表的《英国之教育观》一文内容高度相似。《英国之教育观》提到英国人酷爱运动,上至贵族,下至平民,皆热衷运动,学校学生尤其积极参与运动,运动、竞技对英国人来讲不仅是身体的锻炼,更是国民教育的一种手段:

(运动)能养其忍耐之力,抑制其自负之心及神经过敏之弊,敦廉耻重友谊,见义勇为,无惮冒险,此铸造良性质之益也。运动之时,非争区区之胜负,全体相竞,浑然无我,但较技艺之优劣,不论境地之贫富,平时阶级至此泯焉,此社会交际之益也。且英人所为之事,无不成功者,由于共同一致也。英人奖励运动,为国民、为国家之前途,非为一人一家计也。

这段论述与前面引的梁启超的论述基本意思完全一致,而该文中也多处提到了"趣味""兴味",强调英国竞技体育的趣味教育性质:"英人所以无人不运动者,非义务也,以有兴味也","英人富有体力,运动之时,有凌驾他人之性质,故无不兴会飚举","英人竞马,兴趣尤高烈","孙唐为有名之体育家,并擅音乐,举止活泼,为兴趣最高之人"。② 梁启超是否读过《英国之教育观》一文呢? 很有可能。退一步说,即便他没读过这篇文章,他也一定读过与这篇文章类似的关于英国学校体育竞赛的文章,否则《教育与政治》这篇文章是写不出来的。

种种迹象表明,"趣味"论与近代教育学论著之间存在着密切的联系。梁启超"趣味"概念即便不是完全来自近代教育学的话,至少也部分地来自近代教育学。梁启超将近代教育学中的"趣味"概念,与他个人的人生体验、学术积累以及艺术思考相结合,提出了系统的"趣味"理论。在近代教育学论著中,"趣味"

---

① 梁启超:《教育与政治》,《饮冰室合集·文集之三十八》,中华书局1936年版,第77页。
② 佚名:《英国之教育观》,《教育杂志》1909年第12、13期。

157

本来就带有超功利、不计利害的意味，梁启超保留了这一点，同时又将这一概念的使用范围大大扩大——不光教育的目的是趣味，整个人生的目的都是趣味，做任何事都应该讲究趣味。另外，梁启超在趣味与审美间建立起根本的联系，所谓趣味即人生的艺术化、审美化，人生应该艺术化，反过来艺术要服务于人生。经过这样的改造后，"趣味"已经由一个教育学的概念，变成了一个哲学与美学的概念。

"趣味"的来源如上所述，下面说"情感"。梁启超情感论的来源，学术界讨论较多的有两点。第一点，梁启超本人的个性。梁启超是情感极其丰富的人，这一点他自己并不讳言。《"知不可而为"主义与"为而不有"主义》："我是感情最富的人，我对于我的感情都不肯压抑，听其尽量发展。发展的结果常常得意外的调和。责任心和兴味都是偏于感情方面的多，偏于理智方面的很少。"《致孩子们》："你们须知你爹爹是最富于情感的人，对于你们的爱情，十二分热烈。"梁启超本人的个性，影响到他对情感的看法。第二，中国古代"尊情说"的影响，特别是明代汤显祖，清代龚自珍、戴震的影响。汤显祖、孔尚任是梁启超最推崇的戏剧家，汤显祖的《牡丹亭》以推崇情而著名；龚自珍对梁启超有重大影响，龚以"尊情""宥情"而著名。戴震是梁启超最看重的清代学者之一，梁启超将戴震哲学概括为"情感哲学"，认为"情欲主义"是戴震哲学的重要内容，等等[①]。凡此种种，都说明梁启超"情感"论与中国古代思想之间的关系。[②]

除了以上两个方面的因素之外，还应注意情感论提出的一个至关重要的背景——"新文化运动"以来科学主义的泛滥以及梁启超对科学主义的反思。"新文化运动"树立了科学的权威，这种权威甚至发展为科学至上主义：认为科学可以解决一切问题，包括人生观的、道德的问题。[③] 梁启超对于科学主义话语开始是较为认可的，后来逐渐有反思，关键性的转折发生在 1918—1919 欧洲游之后。梁启超欧游途中的一大感慨，是欧美人对科学主义的反思。梁启超认为，欧战之前欧洲人过于相信科学万能，认为人生一切问题都可以由科学来解决。科学万能论在经济、政治方面的表现是功利主义、富强崇拜，在哲学方面的表现

---

① 参考梁启超的《清代学术概论》(1918)及《戴东原哲学》(1923)。
② 关于梁启超情感论的古代来源，参考金雅《梁启超美学思想研究》，商务印书馆 2005 年版，第 127、128 页。
③ "科学与玄学之争"中，丁文江便持这种观点。

是庸俗唯物论与机械论。欧战后,科学万能论破产,表现在哲学、思想方面便是新派哲学的出现。梁启超着重提到了美国占晤士(詹姆斯)的人格唯心论、法国柏格森的人格创化论,认为这两派哲学的功绩在于强调人类精神与自由意志的作用,"把从前机械的唯物的人生观,拨开几重云雾"。在给弟弟梁仲策的书信中,梁启超提到了欧游期间与柏格森的会晤:"所见人最得意者有二,其一为新派哲学巨子柏格森⋯⋯吾与百里、振飞三人先一日分途预备谈话资料彻夜,其所著书,撷择要点以备请益⋯⋯及既见为长时间之问难,乃大得柏氏之褒叹,谓吾侪研究彼之哲学极深邃云。可愧也。"①梁启超是否真正理解了柏格森的哲学,是一个值得讨论的问题,但不管怎样,梁启超欧游接触到柏格森哲学,深受其影响并以其为资源来反思科学崇拜,是一个可以肯定的事实。

梁启超认为,科学万能主义的危害在于:它排除情感与意志,使人成为单纯理性的动物,使人的内在精神生活面临危机。《欧游心影录》:"要而言之,近代人因科学发达,生出工业革命,外部生活变迁急剧,内部生活随而动摇,这是很容易看得出的。""现在都会的生活和从前堡聚的村落的生活截然两途。聚了无数素不相识的人在一个市场或一个工厂内共同生活,除了物质的利害关系外,绝无感情之可言","依着科学家的新心理学,所谓人类心灵这件东西,就不过物质运动现象之一种,精神和物质的对待,就根本不成立⋯⋯他们把心理和精神看成一物,根据实验心理学硬说人类精神,也不过一种物质,一样受'必然法则'所支配。于是人类的自由意志,不得不否认了。意志既不能自由,还有什么善恶的责任?"梁启超尤其指出了科学万能论在文学上的表现:"科学的研究法,既已无论何种学问都广行应用,文学家自然也卷入这潮流,专用客观分析的方法来做基础。"科学主义的、自然主义的文学其最重要的信条是"即真即美",对人类行为进行机械的、纯理性的分析:"他们把社会当作一个理科试验室,把人类的动作行为,当作一瓶一瓶的药料,他们就拿它分析化合起来,那些名著,就是极翔实极明了的试验成绩报告。又像在解剖室中,将人类心理层层解剖,纯用极严格极冷静的客观分析,不含分毫主观的感情作用⋯⋯书中的事迹,不是什么惊天动地的大业,不是什么可歌可泣的奇情,却是眼面前日常生活的些子

---

① 梁启超:《与梁仲策书》,丁文江、赵丰田主编《梁启超年谱长编》,上海人民出版社 2009 年版,第 567 页。

断片。"①

科学是理性的,唯科学是尚,将导致人类精神生活的畸形。有鉴于此,梁启超反对对于科学、理性的独尊,而主张发挥情感与意志的作用。《评非宗教同盟》:"宗教这样东西,完全是情感的。情感这样东西,含有秘密性,想要用理性来解剖他,是不可能的",对于宗教徒来讲,"只有情感能变易情感,理性绝对的不能变易情感"。他这样来论述情感与理性的优劣及各自的必要性:"须知理性是一件事,情感又是一件事。理性只能叫人知道某件事该做、某件事该怎样做法,却不能叫人去做事;能叫人去做事的,只有情感。我们既承认世界事要人去做,就不能不对于情感这样东西十分尊重……一个人做按步就班的事,或是一件事已经做下去的时候,其间固然容得许多理性作用,若是发心着手做一件顶天立地的大事业,那时候,情感便是威德巍巍的一位皇帝,理性完全立在臣仆的地位。"②《人生观与科学》:"人生问题,有大部分是可以——而且必要用科学方法来解决的。却有一小部分——或者还是最重要的部分是超科学的……人类生活,固然离不了理智;但不能说理智包括尽人类生活的全内容。此外还有极重要一部分——或者可以说是生活的原动力,就是'情感'。"③

——正是在反思科学、张扬情感这样一个思想背景之下,梁启超提出了他的艺术表情理论。他认为,艺术是可贵的,可贵之处正在于它诉诸人的情感,因而可以制衡科学,消弭科学的过度发达给人类精神带来的伤害。《美术与科学》:"从表面看来,美术是情感的产物,科学是理性的产物。"《人生观与科学》:"情感表出来的方向很多,内中最少有两件的的确确带有神秘性的,就是'爱'和'美'。'科学帝国'的版图和威权无论扩大到什么程度,这位'爱先生'和那位'美先生'依然永远保持他们那种'上不臣天子,下不友诸侯'的身分。请你科学家把'美'来分析研究罢,什么线,什么光,什么韵,什么调……任凭你说得如何文理密察,可有一点儿搔着痒处吗?"在科学与理性的重压下,艺术成为梁启超心目中的最后的救赎,因为艺术是情感的而非理性的。

① 梁启超:《欧游心影录》,《饮冰室合集·专集之二十三》,中华书局 1936 年版,第 10—14 页。
② 梁启超:《评非宗教同盟》,《饮冰室合集·文集之三十八》,中华书局 1936 年版,第 21、22 页。
③ 梁启超:《人生观与科学》,《饮冰室合集·文集之四十》,中华书局 1936 年版,第 23、26 页。

小　结

　　梁启超一生的特点是"善变"，"数十年日在旁皇求索中"①，这一点使得对他的美学思想的研究也遇到了困难。梁启超美学思想有无内在的、一贯的系统？这一点学术界有争议。比较稳健的做法，是区分不同的时代，以时代为单位逐一研究，然后审慎比较。梁启超一生的美学思想，至少可以分为早、晚两个时期。早期，梁启超主要从现实政治运动的需要出发来思考艺术、文学，思考文学如何以自己特有的方式发挥政治作用。晚期，梁启超从艺术与一般意义上的人生的关系出发，强调艺术的情感与趣味属性，同时主张艺术致力于人生的优化与改良。早期，梁启超的美学思想可以看成是其政治活动的副产品。晚期，梁启超积极地、有意识地想要在文艺领域提出自己的一家之言。而不论是梁启超早期还是晚期的文艺思想，都浸透着强烈的现实关怀：早期，面对列强入侵、国家民族危在旦夕的局面，梁启超主张以文学启发教育国民，培育民族精神，建设强大的现代民族国家；晚期，面对五四后科学主义、功利主义盛行的时代风气，梁启超高扬艺术的情感性与无功利性，主张人生艺术化，希望艺术、审美为国人提供精神救赎。从美学史发展的脉络来看，梁启超早期美学思想构成后来"为人生的艺术""普罗艺术""文艺为工农兵服务"等美学主张的先导，而梁启超晚期美学思想则与朱光潜、宗白华的美学思想具有较明显的亲缘关系。

---

① 梁启超：《清代学术概论》，商务印书馆1947年版，第149页。

第四章

蔡元培美学和美育思想

梁启超的文艺美学思想，是将文艺视为民族国家救亡的必要工具，以功利性的视角来理解文艺中的审美现象与经验，这与清末民初知识分子以救亡图存为学术要旨的时代环境有关，也与梁启超作为政治家、革命家的多重身份有关。而在这一时期，年长梁启超五岁的教育家蔡元培，则从另一视角提出其独特的、带有功利性质的、实用主义的美学思想，并试图尽力将之付诸实践。

第一节　中西文化融合视野中的美学建构

作为世纪初中国美学的一位代表性人物,蔡元培对近现代中国美学的贡献是多方面的:他介绍美学在西方的发展历史,促进国人对美学的理解与接受;他翻译西方哲学、伦理学、美学著作,为中国美学学科的建立提供了广泛的学术文化资源;他身体力行研究美学的基本问题,深入讨论美感与美术等原理性问题;他在大学课堂上讲授《美学通论》,对美学的学科地位、研究对象、研究方法、发展趋势等问题进行了详细探讨,为美学的学科发展奠定了理论基础。可以说,王国维、梁启超引入了西方美学的若干代表性观点,提出了一些重要的美学命题,但他们并未从学科发展的角度,对中国美学的未来进行系统规划,而蔡元培则认真开展了这项工作。

在蔡元培的美学研究中,尤为突出的贡献是,他凭借自己深厚的中西美学素养,针对自己所熟悉的教育问题,提出了自成体系的、颇具实践意义的美育学说。尤其是在新文化运动发展到高峰的 1917 年前后,蔡元培提出其个性鲜明的"以美育代宗教"的主张,这成为蔡氏美学的标志性理论观点。在新旧文化交替、中西思想激烈碰撞的 20 世纪初,"以美育代宗教"主张的提出具有重要意义。"以美育代宗教"主张一方面与蔡元培对宗教与美术的一贯看法有关,另一方面也是对当时教育界现状的积极回应。"以美育代宗教"的主张试图用美育来取代宗教在教育中的作用,这成了蔡元培美学美育思想中最具实践性的一部分。因而,蔡元培的美学研究不是单纯书斋里的研究,而是将学术与教育、救国等理念有机联系在一起。这固然符合清末民初时期中华文化衰微,知识人不得不为国为民奋起而救亡的时代氛围;同时,这也与其担任中华民国临时政府教育总长、北京大学校长[1]等社会身份密切相关。

除去实践性特色以外,和近代其他一些美学家类似的是,蔡元培的学术研究也具有强烈的在中西学术间寻求折衷、调合的色彩。晚清时期的传统教育环境决定了他与王国维、梁启超一样,自小接受了深厚的旧学教育,而于人生半途

---

[1] 蔡元培教育总长任期自 1912 年 1 月至同年 7 月,北大校长任期自 1917 年至 1926 年。

中开始受到西学影响，逐渐将治学的注意力转向"新文化"①。

可以看到，蔡元培对于美、美感、美学、美术、美学史、艺术等基本概念的理解，往往都建立在西方哲学美学的基本框架之上。例如，在对西方美学观念的总体把握上，蔡元培将美学史上的各家各派学说区分为主观论与客观论两种趋向。也正是在这一思维框架下，蔡元培提出了自己的"主客观调和"的美学观。他认为："美学的主观与客观，是不能偏废的。在客观方面，必需具有可以引起美感的条件；在主观方面，又必需具有感受美的对象的能力。与求真的偏于客观，求善的偏于主观，不能一样。"②这就是说，蔡元培承认美感源于某种客观现实条件，但他认为在客观现实条件之上，一定要有获取美感的主体存在，方能完成审美活动。显然，这种从主客体二分的视角来考察美感起源的思维模式，沿袭自 17 世纪以来的欧洲认识论哲学传统。

在 1921 年秋所撰的《美学通论》中，他说：

> 一讲到美学的对象，似乎美高、悲剧、滑稽等等，美学上所用的静词，都是从外界送来，不是自然，就是艺术。但一加审核，就知道美学上所研究的情形，大部分是关于内界生活的，我们若从美学的观点，来观察一个陈设的花瓶，或名胜的风景，普通的民谣，或著名的乐章，常常要从我们的感触、情感、想象上去求他关联的条件。所以，美学的对象，是不能专属客观，而全然脱离主观的。③

由此可见，在蔡元培的美学观中，"内"与"外"的区分是明晰的。譬如自然、艺术即为"外界"，而人的感触、情感、想象则为"内界生活"，前者是客体范畴，后者为主体范畴。并且在这一理论框架内，蔡元培指出了美学对象的主客观双重属性。然而须知，在西方思想进入近代中国以前，中国知识人的艺术观、审美观

---

① 少年时代的蔡元培在其叔父蔡铭恩的指导下，阅读了《史记》《汉书》《困学纪闻》《文史通义》《说文通训定声》等传统典籍，成为一名旧学功底深厚的青年才俊。后参加科举，先后中举人、进士，并任翰林院编修，这些经历使其后半生在接受西学时，不免从中学的视角出发，对西学进行修改；甲午战后，蔡元培受到时局的影响与刺激，开始从传统的迷梦中摆脱出来，转而关注西方思想与维新政治，并于 1907年赴德国留学，这些经历使其在反思中国传统思想之时，获得了强大的批判反思资源。
② 蔡元培：《美学的趋向》，高平叔编《蔡元培全集》第 4 卷，中华书局 1984 年版，第 105 页。
③ 蔡元培：《美学的对象》，高平叔编《蔡元培全集》第 4 卷，中华书局 1984 年版，第 124 页。

从来不是如此的结构，而是天与人、心与物、形与神、理与气等概念组合。因此，正是在西方哲学的观念之下，蔡元培才发现了美感的"内界生活"的一面，从而发现了"主体"。

但是，如果将蔡元培简单地定义为西方美学思想的转介者，则可能忽略了他的另一面。实际上，处于中西思想交汇、社会激烈变革时期的蔡元培，和同时代的许多新派学者类似，他对于西方思想的大力引进，其意图并非是要以西学来简单地否定中学，而更多的是要将西学作为中学的"方法"，从中学之中叙述、开辟出民族文化更生、中华文明进步的新路，并将其"学以致用"的学术理想贯穿始终。

一方面，蔡元培美学思想的形成的确受到西方美学的启发，并主要接受了康德美学的影响，但这种接受并非全盘照搬，而是有所取舍和再创造。另一方面，蔡元培又从西方美学的观念出发，试图对儒家传统思想中蕴含的美学思想进行发掘与重塑，从而建构起自己的、具有近现代过渡时期特色的美学思想体系。

清末时期，蔡元培于德国留学期间接触到康德美学，并将其积极引入国内学界。蔡元培认为，美学虽起于鲍姆加登，但美学真正确立其学科上的地位，是始于康德的。正是自有康德的学说以来，"美"才具有了与"真""善"等相类的价值，于是，美学开始具有了与"论理学"（也即逻辑学）和伦理学同等的地位。在这一观念指导下，蔡元培美学体系的建构，也多以康德美学为基础。例如，在对"美育与人生"关系的阐发中，蔡元培认为，人有伟大而高尚的行为，这完全是发于感情的，而感情何以推动高尚行为的形成？则有赖于"陶养"。而美的对象，即为陶养的工具。那么，"美的对象，何以能陶养感情？因为他有两种特性：一是普遍；二是超脱。"[①]

这里所谓"一是普遍，二是超脱"的思想，都来自康德美学。在《美学讲稿》[②]（1921）中，蔡元培即有此表述："康德对于美的定义，第一是普遍性。盖美的作用，在能起快感；普通感官的快感，多由于质料的接触，故不免为差别的；而美的快感，专起于形式的观照，常认为普遍的。第二是超脱性，有一种快感，因利益

---

① 蔡元培：《美育与人生》，高平叔编《蔡元培全集》第6卷，中华书局1988年版，第157—158页。
② 1921年秋，蔡元培在北京大学主讲《美学》课程，形成讲稿。

而起；而美的快感，却毫无利益的关系。"①

不过，"普遍"与"超脱"固然来自对康德美学的挪用，却并非毫无保留地照搬。蔡元培在引用康德美学学说的过程中，经常有意过滤掉一部分内容，同时，也对征用过来的概念进行再加工。

民国初期，蔡元培在其《哲学大纲》（1915）的《价值论》一篇中如此介绍康德美学："康德立美感之界说，一曰超脱，谓全无利益之关系也。二曰普遍，谓人心所同然也；三曰有则，谓无鹄的之可指，而自有其赴之之作用也；四曰必然，谓人性所固有，而无待乎外烁也。"②而在1916年所作《康德美学述》（未完）中，蔡元培也在"优美之解剖"一节中，分别详述了"超逸""普遍""有则""必然"等四个方面的内涵。由此可见，蔡元培对康德美学基本要义的理解是全面的。

但到了新文化运动之后，蔡元培对康德美学的阐发则发生了微妙的变化。对于康德为美感所立的四种规定性，蔡元培只择其二详加阐发，也即只重美之"普遍"与"超脱"，而所谓"有则"与"必然"，则被有意无意地忽略乃至抹去了。这一变化，自然与蔡氏美学的实用主义倾向有关，但同时，这种选择也更易于将康德美学引向与中国传统文化精神的嫁接、对儒家美学思想的阐扬。在蔡元培看来，唯有"普遍"与"超脱"，既符合民国时期革命、救亡的需要，又能与儒家思想中的礼乐精神与人格理想相融合。因而可以看到，在对美的"普遍"与"超脱"特性的阐释中，蔡元培以挽救民众、重建社会伦理价值规范为目的，又多以孔孟之道、老庄之学为佐证，强化其观点的说服力。例如他论美之普遍性：

> 一瓢之水，一人饮了，他人就没得分润；容足之地，一人占了，他人就没得并立；这种物质上不相入的成例，是助长人我的区别、自私自利的计较的。转而观美的对象，就大不相同。凡味觉、臭觉、肤觉之含有质的关系者，均不以美论；而美感的发动，乃以摄影及音波辗转传达之视觉与听觉为限。所以纯然有"天下为公"之概；名山大川，人人得而游览；夕阳明月，人人得而赏玩；公园的造像，美术馆的图画，人人得而畅观。齐宣王称"独乐乐不若与人乐乐"，"与少乐乐不若与众乐乐"；陶渊明称"奇文共欣赏"；这

---

① 蔡元培：《美学讲稿》，高平叔编《蔡元培全集》第4卷，中华书局1984年版，第99页。
② 蔡元培：《哲学大纲》，高平叔编《蔡元培全集》第2卷，中华书局1984年版，第380页。

都是美的普遍性的证明。①

在《以美育代宗教说——在北京神州学会演说词》(1917)中,也有类似的表述:

> 盖以美为普遍性,决无人我差别之见能参入其中。食物之入我口者,不能兼果他人之腹;衣服之在我身者,不能兼供他人之温,以其非普遍性也。美则不然。即如北京左近之西山,我游之,人亦游之;我无损于人,人亦无损于我也。隔千里兮共明月,我与人均不得而私之。中央公园之花石,农事试验场之水木,人人得而赏之。埃及之金字塔,希腊之神祠,罗马之剧场,瞻望赏叹者若干人,且历若干年,而价值如故。各国之博物院,无不公开者,即私人收藏之珍品,亦时供同志之赏览。各地方之音乐会、演剧场,均以容多数人为快。所谓独乐乐不如与人乐乐,与寡乐乐不如与众乐乐,以齐宣王之惛,尚能承认之。美之普遍性可知矣。且美之批评,虽间亦因人而异,然不曰是于我为美,而曰是为美,是亦以普遍性为标准之一证也。②

在这些文章和演说词中,蔡元培先以"一瓢之水""容足之地"或"食物""衣服"为喻,说明人与人之间总会产生不可调和的利害相争。那么,互利共赢的社会规范将如何建立?"天下为公"的理想价值观将如何实现?蔡元培发现,名山大川、夕阳明月、公园的造像和美术馆的图画等等美物,恰恰是不能为某个人或某个群体所独占的。埃及之金字塔、希腊之神祠、罗马之剧场或博物馆、音乐会、演剧场,也都能突破时空的限制,为不同时代、不同地域的人所共赏,这便打破了"人我的成见"。而在蔡元培看来,这种美之普遍性的观念虽由康德直接点出,但在中国古典思想中却早已存在,因而蔡元培十分自然地以孟子的"独乐乐不若与人乐乐""与少乐乐不若与众乐乐",以及陶渊明的"奇文共欣赏"等经典学说作为佐证,使之与康德美学形成相互映照。这就是说,在蔡元培的潜意识

---

① 蔡元培:《美育与人生》,高平叔编《蔡元培全集》第6卷,中华书局1988年版,第158页。
② 蔡元培:《以美育代宗教说——在北京神州学会演说词》,高平叔编《蔡元培全集》第3卷,中华书局1984年版,第33页。

中,并未将康德美学置于独异的地位而予以特殊化,而康德对美的普遍性的论证,也并非发前人之所未有之论。康德美学之于蔡元培,乃是借以"再发现"中国古典美学精神的手段,其目的是实现中西美学观念的统合、汇流。

这种美学观念的融合,最终又以论证美育的必要性为旨归。因而他说:"既有普遍性以打破人我的成见,又有超脱性以透出利害的关系;所以当着重要关头,有'富贵不能淫,贫贱不能移,威武不能屈'的气概;甚且有'杀身以成仁'而不'求生以害仁'的勇敢;这种是完全不由于知识的计较,而由于感情的陶养,就是不源于智育,而源于美育。"①在这里,蔡元培将康德美学与孟子思想中的人格精神结合起来,并最终点出了"美育"的重要性。

在对"美育"概念的详细阐释中,蔡元培首先分析了中国古代的美育:

> 吾国古代教育,用礼、乐、射、御、书、数之六艺。乐为纯粹美育;书以记述,亦尚美观;射御在技术之熟练,而亦态度之娴雅;礼之本义在守规则,而其作用又在远鄙俗。盖自数以外,无不含有美育成分者。其后若汉魏之文苑、晋之清谈、南北朝以后之书画与雕刻、唐之诗、五代以后之词、元以后之小说与剧本,以及历代著名之建筑与各种美术工艺品,殆无不于非正式教育中行其美育之作用。②

从上述文字中可以发现,蔡元培认为"美育"并不是一个近代西方的概念。在中国古代教育、哲学、艺术、建筑、工艺品中,无不包含着美育的因素。除了"乐"是"纯粹美育"以外,其他如"书"是"尚美观"的,自然也涉及美育;"射"与"御"需要"态度之娴雅",这也牵涉到美的教养;"礼"有"远鄙俗"的作用,当然也是与美育相关的。"六艺"之中,唯有"数"与美育无关。

可以发现,蔡元培的"泛美育"观念,是将古今中西凡属文化艺术范畴的所有教养,都包纳在内的,并且他思考美育原理问题的对象,往往是中华古典艺术对象。而如此一来,蔡元培所试图建立的美育学说,也就必然是在中国传统思想的基础架构之上创生而来的,吸收了大量中学的养料。

---

① 蔡元培:《美育与人生》,高平叔编《蔡元培全集》第 6 卷,中华书局 1988 年版,第 158 页。
② 蔡元培:《美育》,高平叔编《蔡元培全集》第 5 卷,中华书局 1988 年版,第 508—509 页。

但紧接着,他也论及西洋的美育:

> 其在西洋,如希腊雅典之教育,以音乐与体操并重,而兼重文艺。音乐、文艺,纯粹美育。体操者,一方以健康为目的,一方实以使身体为美的形式之发展;希腊雕像,所以成空前绝后之美,即由于此。所以雅典之教育,虽谓不出乎美育之范围,可也。罗马人虽以从军为政见长,而亦输入希腊之美术与文学,助其普及。中古时代,基督教徒,虽务以清静矫俗;而峨特式之建筑,与其他音乐、雕塑、绘画之利用,未始不迎合美感。自文艺复兴以后,文艺、美术盛行。及十八世纪,经包姆加敦(Baumgarten,1714—1762)与康德(Kant,1724—1804)之研究,而美学成立。经席勒尔(Schiller,1759—1805)详论美育之作用,而美育之标识,始彰明较著矣。[1]

与前文同样的逻辑,蔡元培力图从古希腊、古罗马到中世纪、文艺复兴各个时期的西方艺术中寻找美育的因素,而直到席勒尔[2]那里,美育才真正"彰明较著"。在这样的中西并置的论述中,可以发现,蔡元培总是习惯以中华传统来引出西方,又以西方近代思想来与中华传统相映照。

又如,在《美学讲稿》的开篇,蔡元培介绍道:"美学是一种成立较迟的科学,而关于美的理论,在古代哲学家的著作上,早已发见。"[3]这是对西方美学历程的最基本的描述。但紧接着,蔡元培便试图以中国古代典籍中的"美的理论",来与西方美学相呼应。他说:"在中国古书中,虽比较的少一点,然如《乐记》之说音乐,《考工记》梓人篇之说雕刻,实为很精的理论。"[4]这是将中学与西学描述为相类的发展史,也即"中国古代虽无美学,但有美学理论"。可以看到,中学在这里并不被蔡元培用作对西学的补充或解释,而是对西学的受容之物。准确而言,蔡元培一方面引入了西方美学观,并从这一观念出发去重新解释中国古代典籍,但另一方面,他其实也在"中学"的框架内重新"发现"了西方美学,使西方美学具有了中学的意味。在蔡元培的美学观念架构中,西学与中学并不是非此

---

① 蔡元培:《美育》,高平叔编《蔡元培全集》第5卷,中华书局1988年版,第509页。峨特式,今译哥特式。包姆加敦,今译鲍姆加登。
② 席勒尔,今译席勒。
③ 蔡元培:《美学讲稿》,高平叔编《蔡元培全集》第4卷,中华书局1984年版,第97—98页。
④ 蔡元培:《美学讲稿》,高平叔编《蔡元培全集》第4卷,中华书局1984年版,第98页。

即彼、二元对立的关系，而似乎是并行不悖、相互融合的。

在近代中国这一思想文化大变革的时期，新文化运动、五四思想历来被视为"反传统主义"的思潮，是现代中国的开端。在这一思想基础上，从晚清到民国的近代文化史，也常被描述为"传统与现代""落后的中华文明与先进的西洋文明"相搏斗的历史。因此，从严复译《天演论》，到连续几轮的中西文化论战，再到《新青年》的大量发行，种种文化事件都被置于"现代如何取代传统"的问题框架中去看待。然而，从蔡元培引介西方美学、建立自身美学观念的过程中可以发现，这位历来被视为"积极接纳西方文化"的新派人物，其实经常是在中华文化传统的基点上去看待西方文化的。对于蔡元培来说，他所想要建立、但实际并未完成的理想化的美学美育体系，其实本无中西之分，而是在两条文化脉络发展至近代时，自然而然融汇为一体的结果。而这样一种独特的学术思维模式，与其引发的后世思想一起，共同构成了 20 世纪中国美学的学术脉络之一。

第二节　实验科学与民族学上的美学

蔡元培的美学理论，在很大程度上来自他的留德经历。在建立自己的美学理论的过程中，当时在德国学界最为活跃的威廉·马克西米利安·冯特（Wilhelm Maximilian Wundt）、卡尔·兰普勒希特（Karl Lamprecht）等人对蔡元培构成了巨大的影响。

威廉·冯特和兰普勒希特并非纯粹的美学家，而是心理学家和史学家，但他们是蔡元培在莱比锡大学留学期间直接接触并深为信服的学者，他们的思想其实直接构成了蔡元培美学美育思想的核心（尤其是前者）。蔡元培晚年曾回忆说："我向来是研究哲学的，后来到德国留学，觉得哲学的范围太广，想把研究的范围缩小一点，乃专攻实验心理学。当时有一位德国教授，他于研究实验心理学之外，同时更研究实验的美学。我看看那些德国人所著的美学书，也非常喜欢，因此我就研究美学。"[①]这里所言的德国教授，正是威廉·冯特。

威廉·冯特是 19 世纪德国实验心理学的代表人物，倡导以科学实验的

---

① 蔡元培:《民族学上之进化观》,高平叔编《蔡元培全集》第 6 卷,中华书局 1988 年版,第 455 页。

方法研究心理活动和精神现象,他曾在莱比锡大学创建了心理学史上第一个实验室,成为现代实验心理学的正式开端。同时,冯特的心理学突破了只研究个体、忽视群体的局限,他继承了维科和赫德尔的知识传统,偏好将所有的个体现象都放置到民族文化历史中去看待,将心理学研究与历史研究相结合。这种研究方式深刻影响了蔡元培美学研究的思维理路。可以看到,蔡元培对美学概念的种种剖析,大都带有强烈的实验科学的色彩,例如在《美学讲稿》(1921)、《美学的趋向》(1921)、《美学的对象》(1921)、《美学的研究法》(1921)、《美学的进化》(1921)、《实验的美学》(1930)等专论美学的篇章中,以冯特、费希耐①、摩曼②等人为代表的实验美学是蔡元培重点关注的对象,并被描述为美学研究的正途。

在《美学讲稿》等文中,蔡元培梳理了西方美学的发展历程,但对实验美学之前的美学史,却叙述得十分简要,仅提到了鲍格登③和康德,便迅速转向对费希纳、冯特和梅伊曼等实验美学的介绍。在蔡元培看来,近代以来的审美研究,其总体趋向即是用科学实验的方法进行探究,包括物体的长短、部位、比例、色彩的搭配等等,都可以用实验测定。并且,"美感与心理关系,尤为密切,世界大文学家、美术家,每有特别心理现象,极可供研究"④。

因此,在介绍美学的研究法时,蔡元培首先着眼的便是对美术家的主观心理的研究。他指出,"实验美学,是从实验心理学产生的,所以近来实验的结果,为偏于赏鉴家的心理。又因美术的理论,古代早已萌芽,所以近来专门研究美术,要组织美术科学的也颇多。一是偏于主观的,一是偏于客观的,我们要以主客共通的方面作出发点,就是美术家。他所造的美术是客观的;他要造那一种的美术的动机是主观的。"⑤从这一观念出发,蔡元培认为,美学研究首先要研究美术家,这包括关注美术家对自己著作的说明、就美术品中的重要点询问美术家、搜集美术家传记、从美术家的作品推测其心理的偏重处、从病理学的角度剖析美术家、用实验方法探寻美术家的特点。

---

① 费希耐 Fechner,今译费希纳。
② 摩曼 Meumann,今译梅伊曼。
③ 鲍格登 Baumgarten,今译鲍姆加登。
④ 蔡元培:《实验的美学》,高平叔编《蔡元培全集》第 5 卷,中华书局 1988 年版,第 452 页。
⑤ 蔡元培:《美学的研究法》,高平叔编《蔡元培全集》第 4 卷,中华书局 1984 年版,第 25 页。

其次，蔡元培认为，除了对美术家的研究，还要研究美术的鉴赏家。在这方面，蔡元培提出了六种研究方法：选择法、装置法、用具观察法、表示法、瞬间试验法和间断试验法。这些均为费希纳等近代实验心理学家所采用的典型研究方法。例如"间断试验法"："给他看一幅图画，或十秒钟时，或二十秒、三十秒时，即遮住了，问他：'所见的是什么？觉得怎么样？有什么想象？'继续这样试验下去，就可以看出美感的内容与时间很有关系。或念一首诗，念而忽停，停而忽念，问他觉得怎么样。这种试验的结果，知道形象的美术，起初只看到颜色与形色；音乐，止听到节奏与强度。其次，始接触到内容。又其次，始见到表示内容的种类。又其次，始参入个人的联想。"①这种实验，其实是将美术鉴赏视为一种可以为自然科学所把控的心理活动来看待。在这些实验中，美术鉴赏的过程被机械地分割为颜色与形式、节奏与强度、内容、内容的种类、个人的联想等相对独立的部分。由此可见，蔡元培十分信服西方近代实验心理学的研究方法，并直接以之构建中国美学研究的方法体系，是十分明确的。

在对"美的文化"的研究方面，蔡元培提出了五种研究方法，即"民族的关系""时代的关系""宗教的关系""教育的关系"和"都市美化的关系"，并明确指出："照上列各种研究法，分门用功，等到材料略告完备了，有人综合起来，就可以建设科学的美学了。"②在蔡元培的学科观念中，美学正是建立在实验科学基础之上的一门特殊的"科学"。

不过，准确而言，蔡元培并非将美学完全置于科学的体系之内，而是借鉴实验科学的研究方法，用以构建其相对独立的美学体系。实际上，蔡元培在注重实验科学方法的同时，也十分强调美学研究的特殊性。例如在引述康德美学以阐明"美学观念"这一概念时，蔡元培认为，美是一种基于"快与不快"的感觉："美学观念者，基于快与不快之感，与科学之属于知见、道德之发于意志者，相为对待。科学在乎探究，故论理学之判断，所以别真伪；道德在乎执行，故伦理学之判断，所以别善恶；美感在乎赏鉴，故美学之判断，所以别美丑。是吾人意识发展之各方面也。"③这就是说，美学与科学、道德是"相为对待"的一门学科，有

---

① 蔡元培：《美学的研究法》，高平叔编《蔡元培全集》第 4 卷，中华书局 1984 年版，第 27—28 页。
② 蔡元培：《美学的研究法》，高平叔编《蔡元培全集》第 4 卷，中华书局 1984 年版，第 31 页。
③ 蔡元培：《哲学大纲》，高平叔编《蔡元培全集》第 2 卷，中华书局 1984 年版，第 379 页。

其自身的研究理路。

无论是古代西方还是古代中国，都只有美学的理论，而无"科学的美学"，这是蔡元培关于美学学科属性的一个基本看法。因此，蔡元培之所以关注西方现代美学家，其目的就是要在中国建立真正的"科学的美学"。在这一思想指导下，他所描述、转介的西方美学史，很大程度上是"科学美学史"。在《美学的进化》一文中，蔡元培罗列了大量"从事实验"的心理学家和美学家，如费希纳、惠铁梅①、射加尔②、伯开③、马育④、梅伊曼、爱铁林该⑤、孟登堡⑥、沛斯⑦等。这些人或以计量的方式研究美，或注重研究色彩，或专事声音的美学，或偏好探究线条，都取得了良好的研究效果，但都"偏于一方面"，而没有建立完整、成熟的科学美学体系。而另一些美学家如科恩⑧、维绥⑨、栗丕斯⑩、富开尔⑪、斯宾赛尔⑫、纪约⑬等，他们或继承康德美学，或尊崇黑格尔美学，或提出"移情说"，或证明"游戏冲动说"，或"反对超脱主义"，也都采用了一些科学研究的方法，但总体立足点仍然在哲学，因而蔡元培说："科学的美学，至今还没完全成立。"⑭其意在于，如费希纳等实验美学家，为美学所做的贡献主要在于提供了科学的方法，而像柯亨那样的哲学家，主要还是在延续哲学的思路，仅仅将"美的研究"作为哲学研究的一个课题。总而言之，蔡元培所憧憬的美学，理应是在科学方法论的基础之上，独异于科学、哲学的一门学科。从这一意义上讲，蔡元培的美学追求，隐约已经超越了西方近代实验科学的局限，同时也与康德式的哲学美学有所区别。

除了对实验科学的方法的重视，蔡元培还沿袭了冯特的民族心理学和兰普

---

① 惠铁梅 Witmer，今译韦特默。
② 射加尔 Segal，今译希格尔。
③ 伯开 Baker，今译贝克。
④ 马育 Major，今译马约。
⑤ 爱铁林该 Ettlinger，今译埃特林格。
⑥ 孟登堡 Munsterberg，今译孟斯特伯格。
⑦ 沛斯 Piorce，今译皮尔斯。
⑧ 科恩 Cohn，今译柯亨。
⑨ 维绥 Vischer，今译费舍尔。
⑩ 栗丕斯 Th. Lipps，今译立普斯。
⑪ 富开尔 Volkelt，今译福克尔特。
⑫ 斯宾赛尔 Spencer，今译斯宾塞。
⑬ 纪约 Guyau，今译居约。
⑭ 蔡元培：《美学的进化》，高平叔编《蔡元培全集》第4卷，中华书局1984年版，第24页。

勒希特①的文化史研究方法,惯于从民族文化史的角度谈论美与美感。在其论述过程中,也多以中西各国民族文化现象作为观点的佐证。例如关于美术的历史,蔡元培认为,"各种美术的进化,总是由简单到复杂,由附属到独立,由个人的进为公共的。"②而在描述这一美术"进化"的历史时,蔡元培总是倾向于以民族学、文化人类学的考察成果作为其观点的例证。在他看来,美术最早起源于原始人对自己身体的装饰,而后延及他们所使用的器物,再扩展到建筑,最后进化到现代都市设计。这是一个由近及远的延伸过程。他举例说:

> 未开化的民族,最初都有文身的习惯,有人说文身是一种图腾的标记;有人说文身是纯为装饰。然即使前说可信,亦必兼合装饰的动机。文身之法,或在身体各部涂上颜色,或先用针刺然后用色。此外,或将耳朵或下唇凿孔,放入木块,使积渐张大;后来中国的裹足,欧洲的束腰,亦是此类。稍后,在身体上加上一件东西,如耳环是,其大小颇不一致。现在海南岛的黎人,耳环系以许多很大的圈子做成,多至八九个,平时把他攒在顶上,盛装时把他放下,也不顾什么痛苦。中国旧有穿耳带环,亦是此意;汉唐时之去眉而重画,及涂脂抹粉,再如理发装髻以至于现代的烫发,皆属于此阶段。③

他以文身、耳环等全世界各民族常见的身体装饰现象为例,说明了美术的起源。他尤其提及了海南黎族的穿耳环现象,并引申至画眉、理发装髻、烫发等现象,将不同历史阶段的身体装饰现象联系为一线,也即民族美术发展的历史脉络。他又说:

> 再进一步,则有戒指、手镯、冠巾、衣服之类。再进一步所用的器具也装饰起来了。如旧石器时代所用的石斧是很粗的,至新石器时代已将它磨

---

① 在1900年前后的德国史学界,兰普勒希特是反对19世纪"兰克史学"的代表性学者,这使他成为了结束19世纪史学、开启20世纪"新史学"的转折期人物。正是从兰普勒希特开始,以研究个人为中心的政治史学的"霸权"被打破,史学的视野更多地扩展到社会史、文化史的范畴。兰普勒希特的史学偏重于文化史的研究,尤其关注美术,试图从造型艺术中观察文明的起源。因此,作为兰普勒希特的学生与研究助手的蔡元培,常从文化史的角度梳理、探究民族美术的起源与发展,评论造型艺术,这一学术理路深受兰普勒希特的影响。
② 蔡元培:《美术的进化》,高平叔编《蔡元培全集》第4卷,中华书局1984年版,第19页。
③ 蔡元培:《民族学上之进化观》,高平叔编《蔡元培全集》第6卷,中华书局1988年版,第456页。

光,且有时刻上花纹,又如装柄者,柄上也或刻花纹,或涂颜色。后来开化的民族,于日用器物上,求种种美观,也属于此阶段。[①]

农耕时代的器具上的装饰,与工业文明时期日常用品上的装饰,在蔡元培的论述中,都被纳入美术进化的历程中。而同时,这又是从身体装饰到器物装饰的延伸。而后他又推及建筑:

> 再进一步,乃注意于建筑,最初人类的居住,上者为巢,下者营窟,当然简单之至。后来由水上栈屋之制而进为楼阁,由游牧帐幕之式而进为圆穹。于是崇闳之宫殿,清雅之别墅,优美之园亭,亦为人类必需之品;而应用之建筑,如学校、剧场、图书馆、博物院之类,无不求其美观。建筑遂为美术学校之一科。至于雕刻、图画,本建筑上之装饰品,而其后始成为独立之美术也。[②]

在身体与器物之后,建筑成了更为大型的审美空间。蔡元培由原始人所居的巢窟,论及宫殿、别墅、园亭,以及现代学校、剧场、图书馆、博物院,梳理出建筑的发展史。最后他说:

> 最后的阶段为都市美观的设计,如衢路之布置,广场之规划,公园之整理,花木喷泉之点缀,公共建筑之伟大,市民住宅之新式,无不通盘计划,成一系统,较之专就身体较量美丑者,其广狭之相去何如?[③]

在这几段话中,蔡元培以民族学、人类学为基点,从空间与时间两个向度描述了美术的"进化"。在空间方面,从身体、器物、建筑到都市,美的视野逐渐扩展,因而也就实现了由简单到复杂、由原始到现代的"进步";在时间方面,几乎所有民族的艺术都可以在原始人类那里找到源头,而原初的民族艺术也正是通过从传统到现代的历史进步才得以发扬光大的。

---

① 蔡元培:《民族学上之进化观》,高平叔编《蔡元培全集》第6卷,中华书局1988年版,第456页。
② 蔡元培:《民族学上之进化观》,高平叔编《蔡元培全集》第6卷,中华书局1988年版,第456页。
③ 蔡元培:《民族学上之进化观》,高平叔编《蔡元培全集》第6卷,中华书局1988年版,第456—457页。

可以发现，蔡元培在借鉴民族学方法探讨美学时，已经提供了有别于西方美学研究理路的某种可能性。尽管受到康德美学的影响，但与康德富于思辨色彩的论述方式不同，蔡元培的美学研究更倾向于引入丰富的历史文化现象作为例证。在蔡元培的民族艺术观中，一切既有的艺术文化均由历史起源、演变或积淀而来，而不同时代的审美特点都与其时代精神相符。文身与原始文明、农具的装饰与农耕文明、宫殿与贵族文明、都市与现代文明，既有横向的关系，又有纵向的联系，成为一个完整的社会历史体系。值得注意的是，这种建立于丰富的历史文化观察之上的美学研究方式，成为后来中国美学家的共同偏好，成为 20 世纪中国美学的理论特色之一。

第三节　美育原理及其实践

蔡元培将康德美学及费希纳、梅伊曼等人的实验美学介绍到中国，并对其进行了历史梳理和理论阐发，形成了自己的美学与艺术观。然而，他毕竟不是一位专事学术研究的思想者，由于社会身份的限制，蔡元培的美学研究只能形成一些不成体系的散篇残章。相较于梁启超、王国维等人，蔡元培更富独创性和现实意义的理论建树，还是其美育思想。

在中国近现代教育史上，蔡元培首次将美育确立为国家教育方针，使其与体育、智育和德育并列。在 1920 年于新加坡南洋华侨中学的演说词中，蔡元培提出："所谓健全的人格，内分四育，即：（一）体育，（二）智育，（三）德育，（四）美育。这四育是一样重要，不可放松一项的。"[1] 在他看来，美育以前是被包含在德育中的，然而近代以来，美育愈加被忽视了，"为要特别警醒社会起见，所以把美育特提出来，与体智德并为四育"。[2] 而这四育，都要时时推进，无一偏废，才能使儿童具有健全的人格。

因此，蔡元培多次撰文或发表演说，宣扬美育的重要性，而在 1919 年，他还

---

[1] 蔡元培：《普通教育和职业教育——在新加坡南洋华侨中学演说词》，高平叔编《蔡元培全集》第 3 卷，中华书局 1984 年版，第 474 页。

[2] 蔡元培：《普通教育和职业教育——在新加坡南洋华侨中学演说词》，高平叔编《蔡元培全集》第 3 卷，中华书局 1984 年版，第 476 页。

大声疾呼"文化运动不要忘了美育",试图改变当时的学校教育体制。他特别强调学校美术教育的重要作用,认为"文化进步的国民,既然实施科学教育,尤要普及美术教育"①。出于强烈的实践意图,蔡元培认真探讨了美育的实施方法,为美术教育提供了指导方案。

(一)美育概念的提出

在蔡元培之前,王国维、鲁迅等人都曾提出过关于美育的主张,但总体看来,他们关于美育的论述是零散的、不成系统的,并且也未能产生太大的社会反响。② 而作为教育家的蔡元培,在建构近代中国美学观念体系的同时,更花费了较多精力来探讨美育问题。相较于王国维、鲁迅,蔡元培对美育进行了更为系统化、理论化的论述,并以各种方式向社会推广。正是由于蔡元培的努力,美育概念开始与近代中国的教育体制相结合,由理论变为了实践,由上层走向了民间。

在就任中华民国临时政府教育总长不久之后,蔡元培发表了《对于新教育之意见》(1912)一文,在这篇文章中,他明确提出了美育的概念。他认为,人所处的世界有两方面,一为现象世界,一为实体世界,前者是相对的、具体的,后者是绝对的、抽象的。与现象世界、实体世界的区分相对应,教育也分为两部分,一部分是隶属于政治的教育,一部分是超轶于政治的教育。隶属于政治的教育包括实利主义教育、军国民教育、道德教育,其目标是教导人们追求现象世界的幸福,实现最大多数人的福祉。超轶于政治的教育即世界观教育,其目标是教导人们超越有限的相对的现象世界,进入无限的绝对的实体观念世界。世界观教育不可能以枯燥的说教来完成,而是必须借助于其他的手段来完成,这个其他的手段就是美育也即美感教育。什么是美感呢?"美感者,合美丽与尊严而言之,介乎现象世界与实体世界之间,而为津梁"③,美感是沟通现象世界与实体世界的津梁,因此教育家欲引导受教育者由现象世界而达于实体世界,则不可不用美感之教育。

---

① 蔡元培:《文化运动不要忘了美育》,高平叔编《蔡元培全集》第3卷,中华书局1984年版,第361页。
② 1903年,王国维在《世界杂志》发表了《论教育之宗旨》一文,最早提出了美育问题。王国维希望清政府采纳其建议实施美育,然而并未得到清政府的认同。
③ 蔡元培:《对于新教育之意见》,高平叔编《蔡元培全集》第2卷,中华书局1984年版,第134页。

　　那么，美育与其他教育门类的关系如何呢？一方面，蔡元培将美育与公民道德教育、实利主义教育、军国民主义教育、世界观教育并列称为"五育"，一方面，他又以美育为世界观教育之"津梁"，在"五育"之上又提出"超轶于政治之教育""隶属于政治之教育"，学术名词花样繁多，逻辑体系也未免有些混乱。不过，在新文化运动之后，蔡元培对美育概念的理解变得更为清晰，他放弃了"五育"的说法，而代之以更加简明扼要的"四育"提法，即德育、智育、体育、美育。他说："美育者，应用美学之理论于教育，以陶养感情为目的者也。人生不外乎意志，人与人互相关系，莫大乎行为，故教育之目的，在使人人有适当之行为，即以德育为中心是也。顾欲求行为之适当，必有两方面之准备：一方面，计较利害，考察因果，以冷静之头脑判定之；凡保身卫国之德，属于此类，赖智育之助者也。又一方面，不顾祸福，不计生死，以热烈感情奔赴之，凡与人同乐、舍己为群之德，属于此类，赖美育之助者也。所以美育者，与智育相辅而行，以图德育之完成者也。"①这便是美育在"四育"中所处的位置。蔡元培认为，"普通教育"的宗旨应为"养成健全的人格"或"发展共和的精神"，要实现这些目标，就需推行"四育"。

　　基于这样的社会理想和教育理念，蔡元培曾多次在报纸杂志或公开演讲中呼吁国人重视美育。1919年，新文化运动进入高潮，"德先生"与"赛先生"的口号响彻国内。蔡元培发表《文化运动不要忘了美育》一文，提醒人们，提倡新文化、发展民主与科学固然重要，但也不要忽视美术和美育："文化不是简单，是复杂的；运动不是空谈，是要实行的。要透澈复杂的真相，应研究科学。要鼓励实行的兴会，应利用美术……文化进步的国民，既然实施科学教育，尤要普及美术教育。"②而在《何谓文化》（1921）的讲演中，他呼吁："文化是要实现的，不是空口提倡的。文化是要各方面平均发展的，不是畸形的。文化是活的，是要时时进行的，不是死的，可以一时停滞的。"③此外，在《美术与科学的关系》（1921）的讲演中，他提出："科学与美术，不可偏废"，"科学虽然与美术不同，在各种科学上，都有可以应用美术眼光的地方"。④甚至在抗日战争时期，蔡元培仍不遗余力地

① 蔡元培：《美育》，高平叔编《蔡元培全集》第5卷，中华书局1988年版，第508页。
② 蔡元培：《文化运动不要忘了美育》，高平叔编《蔡元培全集》第3卷，中华书局1984年版，第361页。
③ 蔡元培：《何谓文化》，高平叔编《蔡元培全集》第4卷，中华书局1984年版，第15页。
④ 蔡元培：《美术与科学的关系》，高平叔编《蔡元培全集》第4卷，中华书局1984年版，第32页。

宣传美育,他说:"抗战时期所最需要的,是人人有宁静的头脑,又有强毅的意志……为养成这种宁静而强毅的精神,固然有特殊的机关,从事训练;而鄙人以为推广美育,也是养成这种精神之一法。"①可以说,终其一生,蔡元培都在介绍、宣传、推广其美育主张。美育概念能够在中国生根发芽、深入人心,蔡元培居功至伟。

概括而论,蔡元培对美育概念的介绍传播可以分为两个阶段:第一个阶段是从辛亥革命到五四运动前,在这一阶段,他主要是从教育的角度宣扬美育,强调美育在促进人的全面发展方面的重要意义;第二个阶段是五四运动之后,在这一阶段,他把美育放置在更为广阔的背景之上,强调美育对整个社会文化、文明发展的重要意义。当从教育的角度论述美育时,他更多地是把美育与德育、智育、体育加以区别,但又指出了它们之间的复杂联系。当从文化的角度论述美育时,他更多地是把美育(或美术)与科学加以区别和联系,强调美术与科学是文化的两大支柱,二者不可偏废。

(二)美育的原理

美育发生的原理是怎样的?审美何以能促进人的健康发展?对于这样的问题,王国维与鲁迅并没有给出明确的回答,而蔡元培却进行了详尽的论述。通观蔡元培对美育原理的阐述论证,可以概括出以下两个基本观点:

第一,审美通过陶养人的感情,促进健全人格的发育。蔡元培沿袭康德以来知、情、意三分的传统,将人的精神世界分为知识、意志(道德)、感情三个部分。他认为,与知识相关的是各门科学,与意志相关的是伦理学,与感情相关的是美术。美术与人的感情密切相关,美术通过陶养人的情感,可以促进人的知、情、意三方面的全面发展。在蔡元培看来,专治科学、不兼涉美术的人,难免有萧索无聊的状态,原因就是专治科学,太偏于概念,太偏于机械的分析,而忽略了感情的培育陶养。"知识与感情不好偏枯,就是科学与美术,不可偏废。"为精神的健康起见,治科学的人应于知识以外,兼养感情,于科学以外,兼治美术,"有了美术的兴趣,不但觉得人生很有意义,很有价值,就是治科学的时候,也一定添了勇敢活泼的精神"。②

① 蔡元培:《在香港圣约翰大礼堂美术展览会演说词》,《蔡元培文集》,线装书局 2009 年版,第 259 页。
② 蔡元培:《美术与科学的关系》,高平叔编《蔡元培全集》第 4 卷,中华书局 1984 年版,第 31—32、34 页。

第二，审美通过破除人的狭隘自私的观念，有助于人的高尚纯洁情操的养成。蔡元培认为，在审美欣赏活动中，引起欣赏主体注意的，是对象的形式，而非内容，而形式是超脱于现实利害之外的："采莲煮豆，饮食之事也，而一入诗歌，则别成兴趣。火山赤舌，大风破舟，可骇可怖之景也，而一入图画，则转堪展玩。"①美是普遍的，美感是超脱的，这种普遍性与超脱性可以帮助人破除人我之见、利害之念：

> 美以普遍性之故，不复有人我之关系，遂亦不能有利害之关系。马牛，人之所利用者，而戴嵩所画之牛，韩干所画之马，决无对之而作服乘之想者。狮虎，人之所畏也，而芦沟桥之石狮，神虎桥之石虎，决无对之而生搏噬之恐者。植物之花，所以成实也，而吾人赏花，决非作果实可食之想。②

在西方美学中，美有崇高与优美之分。蔡元培认为，不论是崇高之美，还是优美之美，皆足以破人我之见，去利害得失之计较，使人日进于高尚纯洁之境，"纯粹之美育，所以陶养吾人之感情，使有高尚纯洁之习惯，而使人我之见、利己损人之思念，以渐消沮者也"③。

将蔡元培关于美育发生原理的论述与席勒进行比较，至少可以看出以下两点不同：

首先，席勒对美育发生原理的论述，所关注焦点是审美如何克服理性与感性的分歧，实现人的全面自由发展。而蔡元培除了强调审美促进人性健全发展外，还以大量篇幅论证审美如何促进人的道德观念的提升。在席勒看来，审美的首要职责在于实现人性的健全发展，审美并不直接带来人的道德的提升或知识的增长，"美既不给知性也不给意志提供任何结果，美也既不干预思维也不干预决断的事务，美只是给两者提供能力，但对实际使用这种能力它却绝对不作任何规定"④。而在蔡元培看来，审美的重要性恰恰在于它能够直接提升人的道

---

① 蔡元培：《对于新教育之意见》，高平叔编《蔡元培全集》第 2 卷，中华书局 1984 年版，第 134 页。
②③ 蔡元培：《以美育代宗教说——在北京神州学会演说词》，高平叔编《蔡元培全集》第 3 卷，中华书局 1984 年版，第 33 页。
④ 〔德〕席勒：《审美教育书简》，张玉能译，译林出版社 2009 年版，第 71 页。

德,养成人的高尚优美的情操。蔡元培一再强调,美育的目标是"提起一种超越利害的兴趣,融合一种划分人我的偏见,保持一种永久和平的心境"①。审美有助于克服自私狭隘的观念,推广美育有助于弥补国人在道德方面的缺陷,培养合格的国民,"美育发达,人格完备,而道德亦因之高尚矣"②。

之所以有这样的差异,根本原因是蔡元培所处的特定时代文化语境。近代以来,中国知识人不断进行对于传统文化的反思,反思存在于中国人身上的造成中国落后局面的"劣根性",在种种的国民"劣根性"中,有一条似乎是知识界普遍承认的,那就是中国人自私自利、缺乏公德心与公共关怀。不论是康有为、梁启超还是严复,都曾严厉批评过中国人的自私自利与缺乏公德心。正是在这样一个时代背景下,蔡元培提出了他的美育理论。蔡元培认为,美育的好处恰恰在于它可以帮助人们破除自私自利,树立公德心。

其次,在论证审美促进人的全面发展时,席勒运用了一套德国古典哲学特有的关于矛盾对立面互相"扬弃"的学说:在审美冲动中,人同时受到感性冲动与理性冲动的作用,两种对立冲动的共同作用,导致的结果是"扬弃",人的意志既不受感性冲动的强制,也不受理性冲动的强制,而是在两者之间保持了自己的独立和自由,当理性冲动过于强烈时,人就会通过感性质料来放松自己,当感性冲动过于强烈时,人可以通过理性形式来放松自己。总之,通过审美,人能够克服理性与感性、形式与材料、精神与自然的对立,实现自身人格的全面发展,"美把两种彼此对立的、永远不可能一致的状态互相结合起来","美把那两种对立的状态结合起来,因而也就扬弃了对立"。③

然而,这样一套关于"扬弃"的烦琐哲学论证,在蔡元培的美育体系中被彻底删除掉了。蔡元培直截了当地提出,美与人的情感密切相关,审美通过陶冶人的情感,可以纠正知识片面发展带来的弊端,从而维护人性的健全与协调。之所以如此处理,也是基于当时特定的时代文化语境:一方面,中国没有德国所特有的那种思辨哲学传统,如果将席勒的那一套"扬弃"学说原封不动地引入中国,恐怕不会有太多人欣赏;另一方面,自魏晋南北朝以来,"诗缘情""诗本性

① 蔡元培:《文化运动不要忘了美育》,高平叔编《蔡元培全集》第3卷,中华书局1984年版,第361页。
② 蔡元培:《教育界之恐慌及救济方法——在江苏省教育会演说词》,高平叔编《蔡元培全集》第2卷,中华书局1984年版,第489页。
③ [德]席勒:《审美教育书简》,张玉能译,译林出版社2009年版,第55页。

情"的说法深入人心，与其照搬席勒的感性、理性互相扬弃的学说，倒不如引用中国本土诗学，强调审美的情感属性，更容易为中国人所接受。

（三）美育实施的方法与"美术"教育

蔡元培不但论述了美育的本质、目标及美育发生的原理，还针对近代中国的国情，详细规划了美育实施的蓝图。早在 1919 年，他就在《文化运动不要忘了美育》一文中，初步构想了一个美育实施的方案。1922 年，他更专门写了《美育实施的方法》一文，系统阐述自己的美育实施方案。文章提出，正如教育可以分为家庭教育、学校教育、社会教育三个方面一样，美育也可以分为家庭美育、学校美育、社会美育三个方面：

家庭美育，即儿童入学以前的美育。理论上讲，对幼儿进行美育最理想的地方是公立的胎教院和育婴院，在这些公立机关未成立之前，婴幼儿的美育只能放在家庭里面进行。学校美育，即对在校学生进行的审美教育，从幼儿园起，学龄儿童就应该学习舞蹈、绘画、音乐等美术课程，这是美育的专课。专课之外，学校其他的课程如数学、物理、化学、地理等等，都应或多或少应用美术的因素，对学生进行审美的陶养。由普通教育转到专门教育，音乐学校、美术学校、戏剧学校等等都应该次第举办，以便有专门爱好的学生深造。而家庭美育、学校美育之外，还有社会美育，对象是已离开学校的人。社会美育从专设机关做起，包括美术馆、美术展览会、音乐会、剧院、影戏馆、历史博物馆、古物学陈列所、人类学博物馆、博物学陈列所与植物园、动物园等，同时在这些特别设施之外，还要有一些普遍的设施，即人的日常生活环境的美化，比如道路、建筑、公园、名胜、古迹、公坟等等。①

从蔡元培的这些美育实施方案来看，他所倡导的"美育"，实在是一种"大美育"，含义丰富，包罗万象。从美育实施的范围看，不只是学校，还包括家庭和社会。从美育实施的对象看，不只是学生、青少年，还包括婴幼儿、成年人、老年人，"我说美育，一直从未生以前，说到既死以后，可以休了"。从美育实施的主体看，不只是艺术美，还包括自然美、环境美、制度美以及社会风俗美。蔡元培尤其强调美育实施主体的广泛性，他强调美育的主体绝不能理解为狭义的"美

---

① 参阅蔡元培《美育实施的方法》，高平叔编《蔡元培全集》第 4 卷，中华书局 1984 年版，第 211—217 页。

术"，他曾说过："美育的范围，比美术大得多，包括一切音乐、文学、戏院、电影、公园、小小园林的布置，繁华的都市（例如上海），幽静的乡村（例如龙华）等等；此外如个人的举动（例如六朝人的尚清谈），社会的组织，学术的团体，山水的利用，以及其他种种的社会现状，都是美化。美育是广义的；而美术则意义太狭。"[①]由此可见，蔡元培对美育的广义的界定与理解，使得他的美育理论与席勒、黑格尔、赫尔巴特等西方理论家都截然不同，带有强烈的个人色彩。

　　然而，虽然蔡元培多次强调"美育"的范畴较之"美术"要大得多，却又常常将"美育"与"美术教育"等同，进而强调"美术教育"的重要性。他认为："教育的方面，虽也很多，他的内容，不外乎科学与美术。科学的重要，差不多人人都注意了。美术一方面，注意的还少。"[②]并且，"有了美术的兴趣，不但觉得人生很有意义，很有价值，就是治科学的时候，也一定添了勇敢活泼的精神"[③]。在这些论述中，"美术教育"其实与"美育"的概念并无太大差别。

　　在《文化运动不要忘了美育》一文中，他也强调"美术教育"的重要性："文化进步的国民，既然实施科学教育，尤要普及美术教育。"[④]他清醒地看到，"科学的教育，在中国可算有萌芽了。美术的教育，除了小学校中机械性的音乐、图画之外，简截可说是没有"[⑤]。然而在此处，究竟何为"美术教育"，它与"美育"的关系如何？蔡元培的看法并不一贯而无变化。

　　可以发现，在《美术的进化》（1921），以及一些论及美术的言论中，蔡元培将"美术"理解为与"艺术"相类的概念。他认为："美术有静与动两类：静的美术，如建筑、雕刻、图画等。占空间的位置，是用目视的。动的美术，如歌词、音乐等，有时间的连续，是用耳听的。介乎两者之间是跳舞，他占空间的位置，与图画相类；又有时间的连续，与音乐相类。"[⑥]

　　但看似矛盾的是，在《文化运动不要忘了美育》等文中，蔡元培又将"美术"理解为"美感"之术，其内涵与其"美育"概念几近对等。例如，究竟有哪些机构推动了美术教育的普及呢？蔡元培列举出的艺术单位十分普泛：

① 蔡尚思：《蔡元培学术思想传记》，棠棣出版社 1950 年版，第 329 页。
② 蔡元培：《美术的进化》，高平叔编《蔡元培全集》第 4 卷，中华书局 1984 年版，第 15—16 页。
③ 蔡元培：《美术与科学的关系》，高平叔编《蔡元培全集》第 4 卷，中华书局 1984 年版，第 34 页。
④⑤ 蔡元培：《文化运动不要忘了美育》，高平叔编《蔡元培全集》第 3 卷，中华书局 1984 年版，第 361 页。
⑥ 蔡元培：《美术的进化》，高平叔编《蔡元培全集》第 4 卷，中华书局 1984 年版，第 16 页。

专门练习的，既有美术学校、音乐学校、美术工艺学校、优伶学校等，大学校又设有文学、美学、美术史、乐理等讲座与研究所。普及社会的，有公开的美术馆或博物院，中间陈列品，或由私人捐赠，或用公款购置，都是非常珍贵的。有临时的展览会，有音乐会，有国立或公立的剧院，或演歌舞剧，或演科白剧，都是由著名的文学家、音乐家编制的。演剧的人，多是受过专门教育、有理想、有责任心的。市中大道，不但分行植树，并且间以花畦，逐次移植应时的花。几条大道的交叉点，必设广场，有大树，有喷泉，有花坛，有雕刻品。小的市镇，总有一个公园。大都会的公园，不只一处。又保存自然的林木，加以点缀，作为最自由的公园。一切公私的建筑，陈列器具，书肆与画肆的印刷品，各方面的广告，都是从美术家的意匠构成。①

在这里，"美术"不仅是绘画、音乐、建筑，也包括了美术馆、博物馆、展览会、剧院，甚至还有都市街道、公园和广告。以今日的眼光看来，像城市街道的植树造型、花坛的布设、广场喷泉的设计等事物，自然属于艺术设计的范畴，但与"美术"却有微妙的差异，然而在蔡元培那里，美术、艺术、美育等概念是含混不清的，并且似乎也没有区分的必要。

从这些微妙的概念差别、前后矛盾的论述中可以看出，蔡元培所推行的美育、美术教育，尚处于理论摸索阶段。一方面，由于蔡元培多重社会身份的限制，使其始终没有获得相对安稳的学术研究环境，也就无力对美育思想进行较为完整的体系构建；另一方面，在那个知识界普遍呼唤国民精神变革、国民观念迅速蜕变更新的特殊时期，任何知识生产的实用性、现实有效性都被置于了至关重要的地位，而理论层面的探索也就必然急功近利地指向现实实践。作为中华民国教育总长或北京大学校长的蔡元培，就更是如此。

因此，对于蔡元培来说，美育的实施是应急之举，凡有利于国民文化进步的方面，都可以包纳到美育之中，而无一定的实施规范。蔡氏美学中这种概念含混多变、观念意图不定的现象，正是时代转折期所特有的现象，它与"以美育代宗教"这样旗帜鲜明的理论主张一样，都反映了文化启蒙背景下的功利性思想特色。

---

① 蔡元培：《文化运动不要忘了美育》，高平叔编《蔡元培全集》第 3 卷，中华书局 1984 年版，第 361—362 页。

第四节　"以美育代宗教"

实际上,蔡元培关于美育、美感、美术等原理问题的阐发,在民国初期并未引起巨大反响。而蔡氏美育思想中影响最大、争议也最大的,是他的"以美育代宗教"说。

新文化运动时期,针对北京基督教青年会发起的旨在拉拢青年学生信教的"宗教运动",蔡元培在北京神州学会的演说词中,正式提出了他的以美育代宗教学说,以期与之对抗。其后,蔡元培又多次对这一论点进行深入阐发,使其成为蔡元培美学思想的塔尖。他从启蒙理性和审美功利主义的思想出发,将美育的作用提高到宗教所不可及的高度,从而将美育的功能泛化,体现了新文化运动时期知识分子普遍的时代责任感和文化焦虑感。

值得一提的是,在新文化运动之前的《对于新教育之意见》《赖斐尔》(1916)等文章中,蔡元培其实已经隐约透露出以美育代宗教的思想,只不过未详加论证而已。例如,在发表于 1912 年的《对于新教育之意见》中,蔡元培提出,世界观教育的目标是引导人由相对的现象世界进入绝对的实体世界,宗教是关于实体世界的,但是宗教却不能应用于教育,因为宗教过于偏狭,只承认实体世界,不承认现象世界,只有美育才能承担起世界观教育的任务。这实际上已经在阐述"宗教教育不及美育"的观点。而在 1916 年,蔡元培针对当时甚器尘上的"以孔教为国教"的谬说,在演讲中提出"宗教为野蛮民族所有,今日科学发达,宗教亦无所施其技,而美术实可代宗教"[①]的看法,进一步摆明了宗教批判的姿态,同时提高了美术的社会推动作用。在《赖斐尔》一文中,蔡元培指出赖斐尔一生功业与宗教相连,但又绝不为宗教所束缚,"虽托像宗教,而绝无倚赖神佑之见参杂其间,教力既穷,则以美术代之。观于赖斐尔之作,岂不信哉"。[②] 他以文艺复兴时期的艺术家为例,从拉斐尔身上发现了艺术对宗教的超越性。

---

① 蔡元培:《教育界之恐慌及其救济方法——在江苏省教育会演说词》,高平叔编《蔡元培全集》第 2 卷,中华书局 1984 年版,第 489 页。

② 蔡元培:《赖斐尔》,高平叔编《蔡元培全集》第 2 卷,中华书局 1984 年版,第 466 页。赖斐尔,今译拉斐尔。

由此可以看出，蔡元培早就已经开始酝酿以美育代宗教的主张，至于1917年在神州学会的演讲词《以美育代宗教说》，只不过是之前思考的一次集中表述而已。

那么，美育何以能取代宗教，又为什么要取代宗教呢？蔡元培的回答是：上古时代，人们智识浅陋，思想蒙昧，于是发明宗教，宗教对原始人而言具有知识、道德、感情三方面的功用。知识方面，宗教以创世说解释世界起源，消解人对宇宙万物的疑问与恐惧；道德方面，宗教家提倡利他主义，批判恃强凌弱，维护社会秩序；感情方面，宗教家利用舞蹈、音乐、美术、建筑、山水等，慰藉信徒之感情，引导信徒对神明之信仰。后来随着社会文化的日渐进步，宗教在知识、道德方面的功用逐渐为其他活动所取代。首先，地质学、生物学等科学的进步使得宗教的神创说相形见绌，宗教在知识方面的作用为科学所取代。其次，社会学、历史学的进步使人们明白，道德必随时代而变迁，不存在永恒不变的道德标准，于是宗教在道德方面的作用为社会学、伦理学所取代。知识、道德两种作用既然都脱离宗教而独立，于是宗教最有密切关系的唯有情感作用，即所谓美感。然而美术的发展历程，也渐有脱离宗教之趋势。盖宗教所以能慰人情感者，全赖美术，宗教得美术之帮助，方能伸展其势力，而美术之依附于宗教者，却常受宗教之累，失其陶冶感情之作用，而转以刺激人类偏狭之感情，"鉴激刺感情之弊，而专尚陶养感情之术，则莫如舍宗教而易以纯粹之美育"。① 美育之所以应取代宗教，是人类历史发展进步的结果，是美术（艺术）发展进步的需要。

以美育代宗教说的提出，与蔡元培对宗教的一贯看法有关系。蔡元培认为，宗教只是"人类进程中间一时的产物，并没有永存的本性"。宗教产生的原因，是远古时代人类的无知与愚昧，随着人类文明的发展进步，宗教必将日渐消亡。就全人类来讲，宗教没有前途，就中国人来讲，宗教更没有存在必要："中国自来在历史上便与宗教没有甚么深切的关系，也未尝感非有宗教不可的必要。将来的中国，当然是向新的和完美的方面进行，各人有一种哲学主义的信仰。在这个时候，与宗教的关系，当然更是薄弱，或竟至无宗教的存在。"② 在他看来，宗教是一种野蛮的落后的意识形态，中国人应该做的，不是张开双臂去拥抱宗

① 蔡元培：《以美育代宗教说——在北京神州学会演说词》，高平叔编《蔡元培全集》第3卷，中华书局1984年版，第33页。
② 蔡元培：《关于宗教问题的谈话》，高平叔编《蔡元培全集》第4卷，中华书局1984年版，第70页。

教,而是要创造条件,让宗教早日消亡。

那么,应该如何促进宗教的消亡呢?答案是美育。正如科学的发达让宗教失去了智育的功能,社会学、伦理学的发达让宗教失去了德育的功能一样,美育的发达必将使宗教连慰藉人类情感的功能也一并消失,从而彻底消除宗教的存在基础。蔡元培说:"有人以为宗教具有与美术、文学相同的慰情作用,对于困苦的人生,不无存在的价值。其实这种说法,反足以证实文学、美术之可以替代宗教,及宗教之不能不日就衰亡。因为美术、文学乃人为的慰藉,随时代思潮而进化,并且种类杂多,可任人自由选择。其亲切活泼,实在远过宗教之执着而强制。"①蔡元培认为,宗教是保守的,美育是进步的,宗教是强制的,美育是自由的,宗教是偏狭的,美育是普遍的,以美育取代宗教,是用文明替代野蛮。

以美育代宗教说的背景,除了蔡元培个人对宗教的一贯成见外,有一点不容忽视:基督教在近代中国教育中举足轻重的地位和影响。近代以来,基督教在近代中国社会变革中起到了特殊作用。利用在各不平等条约中获得的权利,欧美各国教会尤其是英国、美国的新教教会在中国积极地进行活动,除传教之外,他们还兴办各种慈善、医疗机构,发行众多报纸杂志。基督教传教士竭力向中国人灌输这样一种信念:基督教是自由、文明、幸福的传播者,中国人要摆脱蒙昧,迈向文明,就必须接受基督教的福音。《中国人的素质》的作者明恩溥说:"中国的各种需要只是一种需要,这种需要,只有基督教文明,才能永恒而又完整地给以满足。"②为了树立文明开化的形象,基督教会创办了各级各类新式学校,从幼儿园、小学、中学到大学。据中国基督教教育调查会统计,到1921年时,基督教会在中国共创办初级小学5637所,高级小学962所,中学291所,在校学生接近20万人③。近代时期很多著名的大学如燕京大学、辅仁大学、复旦大学、东吴大学、金陵大学、齐鲁大学、山西大学等等,都有教会背景。教会学校不但向学生教授基督教义,在学生中发展信徒,还组织师生举行礼拜、忏悔、祈祷等各种宗教活动。

面对这种情况,身为国民政府教育总长、北大校长,同时又深恶宗教的蔡元培,内心忧虑万分。他曾发问说:"今年忽然有一个世界基督教学生同盟,要在

---

① 蔡元培:《关于宗教问题的谈话》,高平叔编《蔡元培全集》第4卷,中华书局1984年版,第71页。
② [美]明恩溥:《中国人的素质》,秦悦译,学林出版社2001年版,第293页。
③ 参阅《中国近代教育史教学参考资料》下册,人民教育出版社1988年版,第387页。

中国的清华学校开会。为什么这些学生，愿意带上一个基督教的头衔？为什么清华学校愿给一个宗教同盟作会场？真是大不可解。"①正是在这样的社会文化背景下，他提出了"以美育代宗教"的命题，试图对抗基督教会的强大影响。从这一角度来说，"以美育代宗教"中的"宗教"，或许并非宽泛意义上的人类文明之一切宗教信仰，而是有特定的时代与地域所指，也即日渐渗透近现代中国社会的基督教教会及其相关组织。而以美育代宗教说的现实目的，便是以美育抑制基督教教会的文化影响力，从基督教教会手中争夺教育的自主权。

不过，除了基督教会外，美育代宗教说还有另外一个现实针对目标——康有为及其支持者所倡立的"孔教会"。1912 年，陈焕章、张勋、沈曾植等谋划创立"孔教会"，康有为积极赞助，连续撰写了《孔教会序一》《孔教会序二》《以孔教为国教配天议》等文章，鼓吹仿波斯、暹罗政教合一之例，以孔教为国教，尊孔子为教主。康有为认为，欧美国家之所以富强，不徒在其政治，亦有宗教为其根本。天下万国莫不有宗教，唯独中国没有宗教，补救之道，在立孔教为国教，以孔教整理人心，挽救风俗："皮之不存，毛将焉傅。今欲存中国，先救人心，善风俗，拒诐行，放淫辞，存道揆法守者，舍孔教末由已。"②在康有为的推波助澜下，以孔教为国教的呼声一时间颇为引人注目。

对于此等复古保守的言论，作为新派人物的蔡元培自然是不以为然的。1916 年 12 月，即将就任北大校长的蔡元培在信教自由会发表演说，力排"孔教会"与"国教说"。蔡元培认为，宗教是宗教，孔子是孔子，国家是国家，各有范围，不能并作一谈，从而将孔子与"宗教"区别开来，甚至将孔子列为宗教的对立面，去除了儒学的宗教性质。在蔡元培看来，孔子向来"不语怪力乱神"，其学说以今日眼光看，当属政治学、教育学、伦理学，与宗教无丝毫关涉。至于"国家"与宗教更是界限分明，国家是政治团体，一国之中不妨有多种宗教，而一宗教之中也不妨包含多个国家之人民，"国家自国家，宗教自宗教，'国教'二字，尚能成一名词耶？"③在蔡元培看来，只要是宗教，就必然是排他的、强制的，外来的基督教固然不可取，人为地制造一个"孔教"更不可取。

---

① 蔡元培：《非宗教运动——在北京非宗教大同盟讲演大会的演说词》，高平叔编《蔡元培全集》第 4 卷，中华书局 1984 年版，第 179—180 页。
② 康有为：《孔教会序二》，《康有为政论集》卷下，中华书局 1981 年版，第 740 页。
③ 蔡元培：《在信教自由会之演说》，高平叔编《蔡元培全集》第 2 卷，中华书局 1984 年版，第 491 页。

在这篇演说发表之后仅仅四个月,蔡元培就发表了著名的《以美育代宗教说》。从《以美育代宗教说》的内容及发表时间看,显然有针对基督教会与孔教会之意。

从今日的视角看来,"以美育代宗教"的提出在理论层面上未免粗疏,并且缺乏现实可行性。但考虑到蔡元培当时所处的社会位置,以及基督教盛行、孔教复古的文化背景,便可以理解蔡元培急于抛出此论的心情及目的。

而事实上,蔡元培也未尝不想将"以美育代宗教"这一理论主张予以深入阐发,构建出一套完整的理论体系。蔡元培晚年曾为萧瑜编著的《居友学说评论》(1938)一书作序,他借此回忆起自己提出"以美育代宗教"时的理论预想:"余在二十年前,发表过'以美育代宗教'一种主张,本欲专著一书,证成此议,所预拟的条目有五:(一)推寻宗教所自出的神话;(二)论宗教全盛时期,包办智育、德育与美育;(三)论哲学、科学发展以后,宗教对于智育、德育两方面逐渐减缩以至于全无势力,而其所把持、所利用的,唯有美育;(四)论附宗教的美育,渐受哲学、科学的影响,而演进为独立的美育;(五)论独立的美育,宜取宗教而代之。此五条目,时往来于余心,而人事牵制,历二十年之久而尚未成书,真是憾事。"[1]据此可知,蔡元培曾试图作专著详述"以美育代宗教"的思想,只是因其参与社会事务太多,最终未能成书。但从其预拟的条目中,仍然可以清晰地见到蔡元培思考宗教、科学和美育问题的基本思路,也即,首先从教育功能的角度入手,解析历史上的宗教如何起到了智育、德育和美育的作用;其次,指出哲学、科学取代宗教之智育、德育功能;最后,进入理论的关键,将美育从宗教中剥离,论证美育成为一项独立的教育方式的可能性。

可以说,由于极强的现实针对性,蔡元培的"以美育代宗教"说,并未真正形成成熟的理论体系,在文化运动的大潮中,它更像是一句响亮的口号,成为了过渡性的思想。但是,蔡元培通过这一观点的阐扬,在"以科学代宗教"[2]的社会思潮之外,提供了另一种文化演进的可能性路径,同时也从理论上扩展了美学的实用功能的内涵,从这一意义上说,其思想在今日仍然发挥着效力。

---

① 高平叔编:《蔡元培全集》第7卷,中华书局1989年版,第203页。
② 以科学代宗教,是新文化运动到五四时期较为主流的科学观,例如陈独秀便明确提出用西方自然科学取代宗教,以拯救中国社会转型时期的信仰危机。

第五节　科学主义与蔡元培的美学美育思想

在新文化运动时期，蔡元培与其他留欧留美的新派学者类似，也十分推崇"赛先生"对于社会改造的作用，相信科学主义的建立是社会发展的趋势，因而他的美学美育思想也都是建立在这一学理基础之上的，具有鲜明的科学主义色彩。

但是，与陈独秀等人不同的是，蔡元培或许是最早意识到西方近代科学主义的不足之处的学者，他虽然积极引进自然科学式的美学研究方法和视角，却在引进的同时，已对科学主义有所反思，并试图创立一种源发于科学、却又相对独立于科学之外的美学体系。而所谓"以美育代宗教"，实际意图之一便是用美育来平衡科学。五四时期，文化界盛行以"科学"代"宗教"。而蔡元培提出以"美育"代"宗教"，正可以补"科学"之不足。

例如，蔡元培推崇实验科学式的美学研究，正是基于此种观念。他认为，美术史的进步，很大程度上是依靠科学技术推动的："即就装饰美术而论，形式与花纹的布置，借助于数学及几何学；色彩的映照，借助于光学；装置的蓄变，借助于力学及机械学；感应的强弱，借助于心理学；材料的丰富，借助于各种自然科学及社会学；这都是显而易见的事。"①单看这样的论述，不免带有技术决定论的色彩。基于这一观察，他认为近代中国在艺术方面是发展缓慢的，其原因正在于技术的不发达："不幸我国最近的千年，为烦琐哲学所束缚，而科学尚未发达，所以最擅长之装饰美术，亦不免进步稍缓，而不能与科学发达的各国为同一速度的演进。我们因此决不能逐自满足，而谓无参考他国美术之需要。"②由此可知，蔡元培一度认为科学技术的发展状况是美术是否发达的决定性力量，而近代中国之所以"进步稍缓"，皆因"为烦琐哲学所束缚"。但同时，蔡元培更注重发掘美术之于科学的作用。在《美术与科学的关系》中，蔡元培对于科学与美术

---

① 蔡元培：《巴黎万国美术工艺博览会中国会场陈列品目录序》，高平叔编《蔡元培美育论集》，湖南教育出版社 1987 年版，第 180 页。
② 蔡元培：《巴黎万国美术工艺博览会中国会场陈列品目录序》，高平叔编《蔡元培美育论集》，湖南教育出版社 1987 年版，第 180—181 页。

的特点进行了对比。他首先将人的心理分为三个方面：一是意志，二是知识，三是感情。在这之中，各类科学是属于知识层面的，而感情则与美术相对。那么，知识与感情，究竟是何关系，孰轻孰重呢？蔡元培认为，知识与感情，在人的自然行为中缺一不可，均为行为完成的要素，二者皆不可废，因此，与此相对的科学与美术，也是同等重要的，不可偏废。

科学与美术的特点不同：科学是以概念的形式去把握对象的，讲究理法，而美术则是一种直观的把握，无法用推理的方式来完成。不过，尽管二者有着认识论上的区别，蔡元培却并不认为科学与美术是两种截然不同、各自为阵的学科。他努力在各类科学中发掘美术的存在空间，他在算术、形学（几何学）、声学、色彩学、矿物学、生物学和天文学中，都找到了美术研究的价值所在。进而他有此感叹：

> 常常看见专治科学、不兼涉美术的人，难免有萧索无聊的状态。无聊不过于生存上强迫的职务以外，俗的是借低劣的娱乐作消遣，高的是渐渐的成了厌世的神经病。因为专治科学，太偏于概念，太偏于分析，太偏于机械的作用了。譬如人是何等灵变的东西，照单纯的科学家眼光，解剖起来，不过几根骨头，几堆筋肉。化分起来，不过几种原质。要是科学进步，一定可以制造生人，与现在制造机械一样。兼且凡事都逃不了因果律。即如我们今日在这里会谈，照极端的因果律讲起来，都可以说是前定的。我为什么此时到湖南，为什么今日到这个第一师范学校，为什么我一定讲这些呢，为什么来听的一定是诸位，这都有各种原因凑泊成功，竟没有一点自由的。就是一人的生死，国家的存亡，世界的成毁，都是机械作用，并没有自由的意志可以改变他的。抱了这种机械的人生观与世界观，不但对于自己毫无生趣，对于社会毫无爱情，就是对于所治的科学，也不过"依样画葫芦"，决没有创造的精神。①

在蔡元培看来，中国的科学时代虽然已经来临，但这并不意味着科学能应对社会转型期出现的一切问题，能解决人类生存的根本性问题。在这里，蔡元

---

① 蔡元培：《美术与科学的关系》，高平叔编《蔡元培全集》第 4 卷，中华书局 1984 年版，第 33—34 页。

培重点谈到的是人的精神危机，也即"无聊"的存在状态。人生而为人，总得以某种精神信仰为支撑，使人生获得动力，从而克服掉人生的荒诞感。在前科学时代，宗教神学起到了这样的作用，使人从来世那里获得了在世的"生趣"。然而在近代工业文明产生、发展的历史过程中，宗教神学的这种信仰机制被消解了，科学主义大有替代宗教之势，创造出工业文明时期的新型信仰模式。但是，由于自然科学的"祛魅"作用，它不仅未能替代宗教神学的信仰维持功能，反而制造了新的精神危机，制造了新的"无聊"的人生存在状态。蔡元培敏锐地观察到了科学主义的这一软肋，因而在面对科学研究者时，发出了上述慨叹。他剖析科学主义所造的"无聊"，认为"无聊不过于生存上强迫的职务以外，俗的是借低劣的娱乐作消遣，高的是渐渐的成了厌世的神经病"。在他看来，机械主义的科学研究根本无法避免这一后果，因而必须重视美术教育，以超越机械的人生观和世界观，避免人生的"毫无生趣"。1924 年，在旅法中国美术展览会招待会的演说词中，他更为明确地分析了科学与美术的互补性：

> 有人疑科学家与美术家是不相容的，从科学方面看，觉得美术家太自由，不免少明确的思想，从美术方面看，觉得科学家太枯燥，不免少活泼的精神。然而事实上并不如此，因为爱真爱美的性质，是人人都有的。虽平日的工作，有偏于真或偏于美的倾向；而研究美术的人，决不致嫌弃科学的生活；专攻科学的人，也决不肯尽弃美术的享用。文化史上，科学与美术，总是同时发展。美术家得科学家的助力，技术愈能进步；科学家得美术的助力，研究愈增兴趣。[①]

这就是说，科学与美术虽有学科上的不同，却为人人所共同追寻。在科学家和美术家的日常工作中，虽因工作性质的差异，有偏重于某一方面的倾向，但研究美术的人，却可以过"科学的生活"，而科学研究者也需要"美术的享用"。美术家需要科学的"技术"助力，科学家也需要美术来获得研究的兴趣。

除此之外，还可以发现，蔡元培对近代西方科学主义的发展趋势，有着先知

---

① 蔡元培：《旅法中国美术展览会招待会演说词》，高平叔编《蔡元培全集》第 4 卷，中华书局 1984 年版，第 483 页。

式的预见性。他似乎很早便意识到了科学发展的不良后果，也即对人的"僭越"，他预测说："要是科学进步，一定可以制造生人，与现在制造机械一样。"而这正是 20 世纪后半叶乃至 21 世纪的当下，西方科学主义逐渐面临的严重危机。可以说，在引进、倡导科学主义的同时，蔡元培已经觉察到科学这个"弗兰肯斯坦式"的怪物的可怕之处，因而他在大力推崇科学主义的同时，更注重探究如何调和科学与信仰的矛盾、克服科学主义的弊端。正是在这一思想基础上，蔡元培提出了美学与美育的思路，试图寻求一种艺术形式的精神拯救方案。因而他说，要"防这种流弊，就要求知识以外，兼养感情，就是治科学以外，兼治美术。有了美术的兴趣，不但觉得人生很有意义，很有价值，就是治科学的时候，也一定添了勇敢活泼的精神。请诸君试验一试验"①。他设想用美术的眼光，将"萧索无聊"的科学研究改造为一种艺术活动，从而获得人生的意义。

　　甚至有时，蔡元培在强调美术的重要性时，已试图将美术作为科学的精神动力。1921 年，在爱丁堡中国学生会及学术研究会欢迎会的演说词中，蔡元培首先从军事技术、器物工艺、医术、法学、政治学和哲学等方面肯定了西方文明的进步，进而指出中国留学生专为学技术的人多，但注重学理的人少，而科学即学理的一部分，是技术的源头。紧接着，蔡元培着重点出了更富创建性的观点："外人能进步如此的，在科学以外，更赖美术。"②这就是说，美术是比科学更重要、更为关键的文明动因，美术是科学得以进步发达的精神来源。他说：

　　　　人不能单纯工作，以致脑筋枯燥，与机器一样。运动、吃烟、饮酒、赌博，皆是活泼脑筋的方法，但不可偏重运动一途。烟酒、赌博，又系有害的消遣，吾们应当求高尚的消遣。西洋科学愈发达，美术也愈进步。有房屋更求美观，有雕刻更求精细。一块美石不制桌面，而刻石像，一块坚木不作用器，而制玩物。究竟有何用意？有大学高等专门学校，更设美术学校、音乐学校等。既有文法书，更要文学。所建设的美术馆、博物馆，费多少金钱，收买物品，雇人管理，外人岂愚？实则别有用心。过劳则思游息，无高尚消遣则思烟酒、赌博，此系情之自然。所以提倡美术，既然人得以消遣，

①　蔡元培：《美术与科学的关系》，高平叔编《蔡元培全集》第 4 卷，中华书局 1984 年版，第 34 页。
②　蔡元培：《在爱丁堡中国学生会及学术研究会欢迎会演说词》，高平叔编《蔡元培全集》第 4 卷，中华书局 1984 年版，第 42 页。

又可免去不正当的娱乐。①

　　人在工作之余，总会寻求消遣，而消遣则有有害的消遣和高尚的消遣之分。在蔡元培看来，美术即是一种高尚的消遣，但其意义又不仅止于消遣，而是起到提振创造精神的作用。而科学的创造精神，正来源于此，科技产品也必须经过美术的点化，才能获得生命力。在1927年暨南大学的演说词中，蔡元培提出工业制造品是以美为要件的："譬如一只花瓶，一定要经过科学方法的发明，富有美术的意味，买花瓶的人，必定选一个合意的，就是以它为美丽。"②在这里，蔡元培几乎将"美"作为了科学技术价值的根本。

　　可以说，蔡元培的美学观是建立在西方近代科技理性的思维模式之上的，这与五四时期新派知识分子的整体的思想倾向是一致的。然而，蔡元培的独特之处在于，他并不甘心使美学这门学科仅仅囿于"科学"的范畴之内，不满足于把美育这项事业仅仅视作与军事技术、制造工艺、医术等相类的技术性学科，而是希望赋予美学美育以独立的品格，用以弥补科技理性的不足，甚至创造一种有别于西方近代科技理性的"新科学"精神。这固然是过于理想化的见解，在历史现实中也难以真正实现，但蔡元培的一些不经意、不成熟的论断，却与后世的思想有着微妙的联系。正如有学者所论："蔡元培最初确立的美学学科，正是一种包含甚广的开放的美学。我们今天回到蔡元培，在某种意义上具有与西方当代美学家回到鲍姆加登同样的意义。"③

　　在蔡元培求学于欧洲的清末时期，西方学界对启蒙理性的反思尚未展开，启蒙理性所衍生的科技理性精神正处于巅峰期。作为现代思想的"后进生"的中国人，蔡元培深受西方科学主义思潮的影响，是自然而然的事情。但是，蔡元培虽不遗余力地向中国学界"推销"近代西方的科学观，却同时又着力提升美学的地位、提倡以"美育代宗教"，有意无意地对"科学"进行了反思。尽管蔡元培的美学体系并未完全建立，他的许多美学观点也只是在一些散碎的篇章或演说中以分散的方式存在，但从20世纪后期的社会思潮反观蔡元培，仍然可以隐约

① 蔡元培：《在爱丁堡中国学生会及学术研究会欢迎会演说词》，高平叔编《蔡元培全集》第4卷，中华书局1984年版，第42—43页。
② 蔡元培：《中国新教育之趋势——在暨南大学演说词》，高平叔编《蔡元培全集》第5卷，中华书局1988年版，第171页。
③ 彭锋：《从狭义美学到广义美学》，《北京大学学报》2002年第3期。

地发现，蔡元培所推崇的科学主义美学观，已经具有了一些不同于近代西方美学的独特品质。甚至可以说，对于 20 世纪中叶西方反思科技理性的思潮来说，蔡元培的美学美育思想是一个遥远的呼应。

小　结

蔡元培作为中国现代美学创生时期的人物，他的美学美育思想不可避免地带有过渡时期的特色，不可避免地有许多缺憾和不尽如人意之处。首先，与王国维类似的是，蔡元培在向国人介绍美学为何物、美学的历史与现状如何时，在美学、美感、美术、美育等基本概念的选择、运用上，也出现过前后矛盾、语意含混等现象，这与近现代时期中国学界的整体氛围是一致的，也反映了蔡氏在追寻"美学"建立的过程中，各类思想潮流及社会历史因素对其造成的交叉影响。其次，蔡元培在引入西方美学的同时，又力图以传统的"中学"视角去受容西学，虽然视野宏阔，但在具体论述中，未免多有忽视中西思想差异的"错位"之处，因而有时显出理论推导的生硬或叙述方式的过于简单。再次，强调"科学的美学"，是蔡元培美学研究的特点之一，但因其囿于这种理论基点的指导，便造成了对西方美学史的转介过于偏向实验科学基础上的美学家。但毋庸置疑的是，蔡元培是现代中国美学史上一位举足轻重的人物。美学在中国成为一门广为人接受的学问，与蔡元培的努力有着最为关键、最为直接的关系。蔡元培的美育思想，特别是以美育代宗教的思想，产生了巨大的社会影响，即便今天看来也仍然有继续讨论的必要。21 世纪的今天，回顾百年前的蔡元培美学思想，一方面应注意总结其缺点矛盾，另一方面，更应惊叹其在中西古今间大胆取舍、发挥创造的雄伟魄力。

第五章

"新小说"运动
与现代美学思想的传播

考察世纪初中国美学的发展，一个不可忽视的重要因素是世纪初文学艺术的发展及其与美学间的互动。19、20世纪之交，发生过"诗界革命""文界革命"及"新小说"运动，其中规模最大影响最广的是"新小说"运动。

"新小说"相对于旧小说而言，被认为是在题材、主旨、写作方法等方面全面区别于旧小说的一种新型小说。"新小说"的出现与发展，与西方小说的输入有密切的关系，是西方文学思潮影响下的结果。"新小说"得名于梁启超的《新小说》杂志，但"新小说"运动的酝酿，却远远早于《新小说》杂志的创办。19世纪末，就有人提出了参照西方小说，对中国小说进行大规模变革的主张。1895年，传教士傅兰雅发表《求著时新小说启》，号召中国作家以小说为手段，抨击中国社会弊端，推动社会进步。1897年，严复在《本馆附印说部缘起》中发愿，要多多输入西方小说，用小说来变革中国社会。创作方面，问世于1892年的《海上花列传》，问世于1895年的《熙朝快史》《花柳深情传》，在叙事角度、创作主旨方面都表现出了新的时代特点。翻译方面，1897年林纾便将《茶花女》译为中文。以上，都算是"新小说"运动酝酿期的重要事件。之后，1902年梁启超《新小说》杂志的创办，标志着"新小说"运动的正式开始。然后，"新小说"迅速走向繁荣，短短几年间，出现了数十种以刊载新小说为主的文学杂志，"新小说"创作蔚为大观。进入民国以后，小说创作中的政治热情消退，通俗娱乐性凸显，"鸳鸯蝴蝶派"的小说一度流行，但总起来看，民国初年的小说仍然在沿着"新小说"所开辟的道路前进，仍然可以算作"新小说"的一部分。

在"新小说"运动中，不仅问世了大量的原创小说及翻译小说作品，而且问世了很多小说理论、批评方面的著作。"新小说"的主要倡导者梁启超、夏曾佑、狄葆贤、黄人、徐念慈、黄世仲、王钟麒等，都曾就小说的性质、地位、功用、历史等写过专题的论文。"新小说"的重要作家吴趼人、李伯元、曾朴，重要翻译家林纾、周桂笙等，也都有一些小说序跋、评点类的文章发表。就论述的内容来看，这一时期的小说理论与批评著作主要涵括以下几个方面：第一，小说的性质及社会功用，小说与社会人生的关系；第二，小说的文学特性、艺术特性，小说与其他文学样式、艺术样式的比较；第三，小说的发展演变；第四，具体作家作品的评述、分析。就与20世纪中国美学史的关系来说，这一时期的小说理论与批评著作主要在以下两个方面，参与了当时的美学发展：首先，有些著作直接引用、传播了某些西方美学家的美学理论；其次，还有些著作，虽然没有直接引用现代西方美学，但其对小说地位、性质、功用等问题的论述，对小说文学特性、艺术特性的论述，与当时的美学运动形成了一种呼应。下面，以几位比较重要的小说理论家的著作为中心，适当结合其他小说理论家的著作，就此问题来展开论述。①

① 世纪初最重要的小说理论家当然是梁启超，但梁启超的小说理论及其与世纪初美学的关系，本书第三章已经专章论述，这里从略。

第一节　徐念慈

如前所述，小说的性质与地位问题是世纪初小说理论与批评的首要问题。小说是什么，小说对社会有什么用？这是"新小说"倡导者首先要解决的问题。在这个问题上，"新小说"倡导者的主流态度是偏功利主义的，即认定小说是社会改良和国民教育的利器，小说可以启迪国民的思想，振奋国民的精神，提升国民的智识。《新小说》创办伊始，梁启超便刊发纲领性文章《论小说与群治之关系》，宣称"小说有不可思议之力支配人道"，"今日提倡小说之目的，务以振国民精神，开国民智识，非前此海淫海盗诸作可比"。①《绣像小说》创办之初，也追随梁启超的论调，认定小说的价值在于推动社会进步，"欧美化民，多由小说，扶桑崛起，推波助澜"，并借名士夏曾佑之笔，鼓吹"妇女与粗人，无书可读，欲求输入文化，除小说更无他途"。②《月月小说》的创办者则于创刊号中宣称，小说具有"输入知识"，"补助记忆力"两种功能。③ 再后来，"新小说"倡导者干脆将小说与学校教育直接联系起来，主张"以小说辅教育之不足"，"以小说谋教育之普及"，吴趼人甚至要以小说来充当小学校的教科书，"将遍撰译历史小说，以为教科之助"④。在这样一个功利主义的滔滔洪流中，《小说林》同人的审美主义立场显得难能可贵。《小说林》同人认为，小说可以启迪国民，但小说首先是一种艺术，作为艺术小说的首要价值在于审美、娱情。《小说林》的审美主义倾向，与其主编徐念慈有重要关系。徐念慈，原名徐燕义，字念慈，号觉我，1875 年生，江苏昭文县人。1895 年，徐念慈中秀才，后弃帖括之学，致力于西学，投身地方教育事业，曾参与创办常熟中西学社、速成算学社、竞化女学、常熟两等小学。1904 年，协助曾朴创办小说林社并任编辑主任，1907 年复任《小说林》杂志主编。曾翻译科幻小说《黑行星》《新舞台》，自著科幻小说《新法螺先生谭》。

---

① 梁启超：《〈新小说〉第一号》，《新民丛报》1902 年第 20 号。
② 别士：《小说原理》，《绣像小说》1903 年第 3 期。
③④ 吴趼人：《月月小说序》，《月月小说》1906 年第 1 号。

《小说林》创刊伊始,徐念慈便发表《〈小说林〉缘起》,旗帜鲜明地树立起审美主义的旗帜。尤其引人注目的是,在这篇文章中,徐念慈直接援引了西方美学理论,来论证小说的艺术属性。文章的开头,徐念慈首先指出近年来新小说的繁荣以及在社会上产生的巨大影响,认为小说的性质为何、小说的价值究竟何在是一个值得认真思考的问题。他提出这样一个小说定义:

> 所谓小说者,殆合理想美学、感情美学而居其最上乘者。

接下来,他连续引用德国美学家"黑辥尔"与"邱希孟"的观点,来论证小说的艺术特点与价值。首先,他引"黑辥尔"艺术醇化、改造自然的命题,认为中国古代戏曲小说中的"大团圆"叙事是艺术醇化自然的最好例证。其次,他引"黑辥尔"关于艺术个性的观点,"黑辥尔"认为"事物现个性者,愈愈丰富,理想之发现,亦愈愈圆满",这一观点特别适合小说,中国小说最重视人物个性的塑造。再次,他引"邱希孟"关于艺术形象的两段话,认为邱氏"美的快感,谓对于实体之形象而起"的观点,最能揭示小说的魅力所在,小说完全靠形象来感人。最后,他引邱氏"美之第四特性,为理想化"的观点,指出小说富有理想化特点,小说作者在小说创作中往往遵循理想的指引,"于艺术上除去无用分子,发挥其本性"。① 总起来看,徐念慈借助德国古典美学,讨论了小说创作中的四个问题:第一,小说与自然(现实)的关系;第二,小说中的人物个性塑造;第三,小说的形象性;第四,小说的理想化创作方法。整篇文章中,徐念慈流露的倾向是一种审美本位主义,即强调小说是一种高超的艺术,小说来源于现实但又高于现实,小说应塑造个性化的人物形象,小说凭形象与情感动人,等等。

《〈小说林〉缘起》中,徐念慈总共引用了两位德国美学家的五段美学论述。这两位美学家中,"黑辥尔"即黑格尔,大名鼎鼎,无须说明。但是,另一位"邱希孟"何许人也? 邱希孟,又译克尔门,全名冯·J. H. V. 克尔门(Von. J. H. V. Kirchmann,1802—1884),19 世纪著名哲学史家、美学家。克尔门的主要著作有:《康德的实践理性批判》(1869)、《康德的逻辑学与形而上学》(1870)、《斯宾

---

① 徐念慈:《〈小说林〉缘起》,《小说林》1907 年第 1 期。

诺莎的哲学著作》（1871）、《莱布尼兹哲学著作注释》（1879）、《亚里士多德的政治学》（1880）、《哲学问答》（1881）、《关于亚里士多德的话题》（1882）、《亚里士多德的诡辩论反驳》（1883）、《伊曼努尔·康德的纯粹理性批判》（1884）。1921 年蔡元培《美学的进化》一文中曾提到克尔门："由形式论转为感情论的是克尔门（Kirchmann），他说美是一种想体，就是实体的形象；但这实体必要有感兴的，且取它形象时，必要经理想化，可以起人纯粹的感兴。"[①]

徐念慈从何处得知黑格尔与克尔门的美学理论？是得之于原著，还是从其他人的著作中间接读到？长久以来，这是近代美学史上的一桩疑案。最近，栾伟平先生的一篇文章，揭开了这桩疑案的谜底。栾先生指出，徐念慈《〈小说林〉缘起》中提到的德国美学知识，来自日本高山樗牛的《近世美学》一书。《近世美学》出版于 1899 年，是一本旨在介绍西方美学最新发展状况的美学史著作。徐念慈关于黑格尔的两段文字，来自于该书第二章第十四节"黑格尔氏绝对观念论之美学"，关于克尔门的三段文字，来自该书第三章"克尔门氏之美学"。[②] 以下，是徐念慈的五段文字与该书原文的对照：

（一）徐念慈："黑辩尔氏（Hegel，1770—1831）于美学，持绝对观念论者也。其言曰：艺术之圆满者，其第一义，为醇化于自然。简言之，即满足吾人之美的欲望，而使无遗憾也。"

高山樗牛《近世美学》："圆满之艺术，其第一义，不可不醇化自然。然非如雅里大德理氏对于模仿自然必予以排斥也。若当前之自然，果能于吾人之美欲，圆满无遗憾者，此等自然与艺术，其价值自无上下，则模仿亦何不可。唯艺术家若胸中漫无标准，而专事模仿，则应排斥耳。然普通自然界事物，多缚束于外表之偶性，故必以醇化自然为原则焉。"

（二）徐念慈："（黑辩尔）又曰：事物现个性者，愈愈丰富，理想之发现，亦愈愈圆满。故美之究竟，在具象理想，不在于抽象理想。"

高山樗牛《近世美学》："特事物之偶性，亦非必尽予排斥。盖理想本体虽平等，而常随外缘以生差别。故事物所现个性愈丰富者，理想之发现，亦

① 蔡元培：《美学的进化》，《蔡元培全集》第 4 卷，中华书局 1984 年版，第 23 页。
② 栾伟平：《黄人和徐念慈小说理论的东学与西学来源》，《中国近代文学学会第十七届年会会议论文集》，天津师范大学 2014 年版，第 336 页。

愈近于圆满。故美之究竟,在于具象理想,而不存于抽象理想。"

(三)徐念慈:"邱希孟氏(Kirchmann,1802—1884),感情美学之代表者也。其言美的快感,谓对于实体之形象而起。"

高山樗牛《近世美学》:"克尔门氏者(Kirchmann,1802—1884),为德国感情美学之代表者……美之快感,常与实际快感并存是也。详言之,即对某实体起实际快感时,此美之快感,必属诸实体之形象。"

(四)徐念慈:"(邱希孟)又曰:美的概念之要素,其三为形象性。形象者,实体之模仿也。"

高山樗牛《近世美学》:"美概念中,第三要素则其形象性是也。以有此形象性,美乃得有特质。昔者雅里大德理氏,说明美之定义,以模仿为主脑,即模仿实体者也。"

(五)徐念慈:"(邱希孟)又曰:美之第四特性,为理想化。理想化者,由感兴的实体,于艺术上除去无用分子,发挥其本性之谓也。"

高山樗牛《近世美学》:"美之第四特性为理想化。理想化者,由感兴实体,除去艺术上无用之分子,而善发挥美之本性者也。"[1]

通过比较可以看出,徐念慈关于黑格尔与克尔门的五段引文,与高山樗牛的《近世美学》高度雷同,毫无疑问来自后者。《近世美学》充当了徐念慈了解德国美学的窗口。

那么,这五段引文到底对应黑格尔与克尔门美学著作的哪一部分,与原文有哪些出入呢? 徐念慈又是否准确理解了这五段引文呢? 下面,以关于黑格尔的两段引文为中心,来考察一下。

先看第一段引文:

> 黑辨尔氏(Hegel,1770—1831)于美学,持绝对观念论者也。其言曰:艺术之圆满者,其第一义,为醇化于自然。简言之,即满足吾人之美的欲望,而使无遗憾也。[2]

---

[1] 以上《近世美学》的原文,中文译文全部采用刘仁航1920年译本。
[2] 徐念慈:《〈小说林〉缘起》,《小说林》1907年第1期。

首先要指出，在第一句"艺术之圆满者，其第一义，为醇化于自然"中，徐念慈有一处文字讹误。"醇化于自然"五字，应改为"醇化自然"。如前所述，这一句化用自高山樗牛《近世美学》："圆满之艺术，其第一义，不可不醇化自然。"所谓"醇化自然"，即对自然进行加工、提炼，使自然更加真醇，这是黑格尔美学的基本观点。而"醇化于自然"字面的意思是艺术妙肖自然、融化于自然，这是不符合黑格尔原意的。众所周知，黑格尔美学主张艺术要改造、提升自然，艺术美要高于自然美。《美学》第一卷第三章："艺术究竟根据现在的外在形状照实描绘呢，还是要对自然现象加以提炼和改造呢？……人们说，艺术作品当然要自然，但是也有平凡丑陋的自然，这就不该模仿……在任何艺术中妙肖自然这一个原则都不应导入迷途，成为现实自然的散文或是现实自然的依样模仿"。[①] 黑格尔认为，艺术比现实更纯粹，更高明："艺术作品抓住事件、个别人物以及行动的转变和结局所具有的人的旨趣和精神价值，把它表现出来，这就比起原来非艺术的现实世界所能表现的，更为纯粹，也更为鲜明"，"艺术用这种观念性把本来没有价值的事物提高了"。[②]显然，"醇化自然"是对的，而"醇化于自然"则说不通。

不过，从后面紧接着的一句关于"醇化于自然"的解释来看，也许徐念慈本来的意思就是"醇化自然"，"醇化于自然"是一个笔误，或者是印刷错误。徐念慈说："简言之，即满足吾人之美的欲望，而使无遗憾也。"这一句的来源，是高山樗牛《近世美学》中的下面一段："若当前之自然，果能于吾人之美欲，圆满无遗憾者，此等自然与艺术，其价值自无上下……然普通自然界事物，多缚束于外表之偶性，故必以醇化自然为原则焉。"[③]徐念慈的理解是：因为自然界是有缺憾的，不能完全满足人类美的欲望，所以艺术才有其价值，艺术的使命在于满足人类美的愿望，使其不再有缺憾。艺术因自然之缺憾而起，当然不可能"醇化于自然"，而只能"醇化自然"。自然美有缺憾，艺术美的目的是弥补这些缺憾，是黑格尔美学的另一基本观点。黑格尔认为，自然中也有美，但前提是自然作为理念、精神的感性表现时，"我们只有在自然形象的符合概念的客体性相之中见出受到生气贯注的互相依存的关系时，才可以见出自然的美"。自然美受制于自

---

① ［德］黑格尔：《美学》第1卷，朱光潜译，商务印书馆1997年版，第206、324页。
② ［德］黑格尔：《美学》第1卷，朱光潜译，商务印书馆1997年版，第37、210页。
③ ［日］高山樗牛：《近世美学》，刘仁航译，商务印书馆1920年版，第76页。

然事物的粗糙、无序、杂乱,呈现出一种偶然性与不确定性。在自然美中,精神、理念还无法表现出其自由与无限。正因为自然美有这样的缺陷,才产生了对艺术美的需求:"艺术的必要性是由于直接现实有缺陷,艺术美的职责就在于它须把生命的现象,特别是把心灵的生气灌注现象按照它们的自由性,表现于外在的事物,同时使这外在的事物符合它的概念。"①艺术为弥补自然美之缺憾而作,这就是徐念慈"满足吾人之美的欲望,而使无遗憾"的由来。

接下来,徐念慈以中国古代小说戏曲为例,对黑格尔艺术醇化自然的命题给予了阐释。他说:

> 曲本中之团圆(《白兔记》《荆钗记》)、封诰(《杀狗记》)、荣归(《千金记》)、巧合(《紫箫记》)等目,触处皆是。若演义中之《野叟曝言》,其卷末之踌躇满志者,且不下数万言。要之不外使圆满,而合于理性之自然也。②

从这段话看,徐念慈对艺术醇化自然的理解是艺术应该美化自然,艺术比自然更美好,更圆满,更合乎人的心愿。这一理解与黑格尔本人的思想并不完全吻合。黑格尔强调艺术提炼、改造自然,指的是在艺术创作中艺术家舍弃外在自然中一切偶然无序的东西,着力去表现某种精神或理想,使艺术形象的每一个部分都浸透在精神或理想中,在精神、理想的灌注下成为一个有生气的整体。他说:"因为艺术要把被偶然性和外在形状玷污的事物还原到它与它的真正概念的和谐,它就要把现象中凡是不符合这概念的东西一齐抛开,只有通过这种清洗,它才能把理想表现出来。"他举人物绘画为例:"就连最不过问理想的画像家也必须谄媚,这是就这个意义来说的:他必须抛开形状、面容、形式、颜色、线条等方面的一切外在细节,必须抛开有限事物的只关自然方面的东西如头发、毛孔、瘢点之类,然后把主体的普遍性格和常住特征掌握住,并且再现出来。"③艺术应舍弃自然中无关紧要的细枝末节,而集中于表现人物的某种普遍性格,这一要求显然不能简单理解为对自然进行美化、将现实中不尽如人意的东西予以修改。黑格尔从未说过仅仅对自然进行美化便成其为艺术,更没有说过文学

---

① [德]黑格尔:《美学》第1卷,朱光潜译,商务印书馆1997年版,第195页。
② 徐念慈:《〈小说林〉缘起》,《小说林》1907年第1期。
③ [德]黑格尔:《美学》第1卷,朱光潜译,商务印书馆1997年版,第200页。

作品为了美化自然可以采取"大团圆"的情节结构。事实上，在文学方面黑格尔最为推崇的是古希腊悲剧。黑格尔认为，古希腊悲剧中矛盾对立的双方所争求的目标各自都有一部分合理性，双方各代表了真理的一部分，矛盾双方的冲突、斗争以至最后的毁灭，表现的是绝对精神自身从统一到分裂、斗争最后又重归于统一的整个历程。这样一类文学作品，与中国古代表现正义战胜邪恶、有情人终成眷属的"大团圆"叙事显然相去甚远。徐念慈用《白兔记》《荆钗记》《野叟曝言》等"大团圆"作品来解释黑格尔的艺术醇化自然理论，无疑是对黑格尔美学的严重误解。

再看第二段引文：

> 事物现个性者，愈愈丰富，理想之发现，亦愈愈圆满。故美之究竟，在具象理想，不在于抽象理想。①

这段话的来源，是黑格尔对艺术个性的强调。黑格尔说："我们原来的出发点是引起动作的普遍的有实体性的力量。这些力量需要人物的个性来达到它们的活动和实现，在人物的个性里这些力量显现为感动人的情致。但是这些力量所含的普遍性必须在具体的个人身上融会成为整体和个体。这种整体就是具有具体的心灵性及其主体性的人，就是人的完整的个性，也就是性格。"②黑格尔认为，人物个性应尽量丰富："因此，人物性格也须现出这种丰富性。一个性格之所以能引起兴趣，就在于它一方面显出上文所说的整体性，而同时在这种丰富中它却仍是它本身，仍是一种本身完备的主体。如果人物性格没有现出这样的完满性和主体性，而只是抽象的，任某一种情欲去支配的，它就会显得不是什么性格，或是乖戾反常，软弱无力的性格"，"只有这样的多方面性才能使性格具有生动的兴趣。同时这种丰满性必须显得凝聚于一个主体，不能只是乱杂肤浅的东西，或是偶然心血来潮的激动。"③

黑格尔认为，丰富的个性与美的理想的表现并不矛盾："因此，性格就是理想艺术表现的真正中心……因为理念作为理想，在它的得到定性的状态中就是

---

① 徐念慈：《〈小说林〉缘起》，《小说林》1907年第1期。
② ［德］黑格尔：《美学》第1卷，朱光潜译，商务印书馆1997年版，第300页。
③ ［德］黑格尔：《美学》第1卷，朱光潜译，商务印书馆1997年版，第302、303页。

自己和自己发生关系的主体的个性。但是真正的自由的个性,如理想所要求的,却不仅要显现为普遍性,而且还要显现为具体的特殊性,显现为原来各自独立的这两方面的完整的调解和互相渗透,这就形成完整的性格,这种性格的理想在于自身融贯一致的主体性所包含的丰富的力量。""对于性格的理想表现,坚定性和决断性是一种重要的定性。像我们前已约略提到的,性格之所以有这种坚定性和决断性,是由于所代表的力量的普遍性与个别人物的特殊性融会在一起,而在这种统一中变成本身统一的自己与自己融贯一致的主体性和整一性。"①这大概就是"事物现个性者,愈愈丰富,理想之发现,亦愈愈圆满"的出处了。

与对人物个性的强调相一致,黑格尔主张美的本质为一种具体化的理念。美本身应该被理解为理念,却是一种确定形式的理念。黑格尔指出,艺术批评中有一种倾向,即否认艺术理念的存在,认为一切理念都是抽象的、空洞的,艺术追求理念是不正确的、徒劳的。黑格尔认为,"这种指责却不能适用于我们所说的'理念',因为这完全是具体的,是一种统摄各种定性的整体,其所以美,只是由于它(理念)和适合它的客体性相直接结成一体"。黑格尔说:"美通体是这样的概念:这概念并不超越它的客观存在而和它处于片面的有限的抽象的对立,而是与它的客观存在融合成为一体","我们对于美的理念,也要如其本质地就它在它的现实客观存在中作为具体的主体性因而也就是作为个别事物去理解,因为只有作为现实的理念,美的理念才能存在,而理念的现实性,只有在具体个别事物里才能得到"。② 美作为理念,是现实的、具体的,而非抽象的、片面的,这应该就是"美之究竟,在具象理想,不在于抽象理想"的出处。明治时期,关于黑格尔美学强调"具象理想"而非"抽象理想"的说法在日本美学界颇为流行。除高山樗牛《近世美学》外,其他美学家的著作中也时有出现。比如,森鸥外在发表于 1892 年的《审美论》中这样写道:"近代人不仅不相信审美学甚至不屑一听。这是因为它原本是抽象的理想主义、形而上的美学。幸而黑格尔以来,出现了具体的理想主义与它对峙,认为不应在感官以外寻求美之所在。美唯一的所在是触及感官的假象,而这一假象同时又是极为具体的。"

① [德]黑格尔:《美学》第 1 卷,朱光潜译,商务印书馆 1997 年版,第 301、307 页。
② [德]黑格尔:《美学》第 1 卷,朱光潜译,商务印书馆 1997 年版,第 136、143、185 页。

艺术形象应该是具体与理想、个性与普遍性的统一体，人物个性越丰富，理想越圆满，这都符合黑格尔的原意。但是到底何谓个性丰富，怎样做到个性丰富？徐念慈接下来的解释，却不能说是正确。他说：

> 西国小说，多述一人一事；中国小说，多述数人数事。论者谓为文野之别，余独谓不然。事迹繁，格局变，人物则忠奸贤愚并列，事迹则巧绌奇正杂陈，其首尾联络、映带起伏，非有大手笔、大结构，雄于为文者，不能为此。盖深明乎具象理想之道，能使人一读再读即十读百读亦不厌也，而西籍中富此兴味者实鲜。孰优孰绌，不言可解。然所谓美之究竟，与小说固适合也。①

在这里，徐念慈将个性丰富理解为具有个性的人物形象非常众多，这种理解显然脱离了黑格尔的原意。如前所述，黑格尔所谓个性的丰富，指的是每个有个性的人物性格中，都包含多个方面，丰满立体，同时又统一。黑格尔论荷马笔下的人物："在荷马的作品里，每一个英雄都是许多性格特征的充满生气的总和。阿喀琉斯是个最年轻的英雄，但是他一方面有年轻人的力量，另一方面也有人的一些其他品质，荷马借种种不同的情境把他的这种多方面的性格都揭示出来了。阿喀琉斯爱他的母亲特提斯，布里赛斯被人夺去，他为她痛哭，他的荣誉受到损害，他就和阿伽门农争吵……他一方面是个最漂亮最暴躁的少年，既会跑，又勇敢，可是另一方面他也很尊敬老年人……每个人都是一个整体，本身就是一个世界，每个人都是一个完满的有生气的人，而不是某种孤立的性格特征的寓言式的抽象品。"②个性丰富并不是有个性的人物很多，而是每个单个人物的性格中都包含丰富、复杂的多面，徐念慈以中国小说人物事件众多来阐释个性丰富，如果不能说错误的话，也至少偏离了黑格尔的原意。

《〈小说林〉缘起》之外，徐念慈的另一篇重要小说理论文章是《余之小说观》。该文发表于 1908 年 4 月，比《〈小说林〉缘起》晚了约一年。在这篇文章中，徐念慈仍然坚持了审美本位主义，将小说作为美的艺术的一种来理解。文章的开头，徐念慈指出近年来中国社会各方面的变革都突飞猛进，"即趋于美的

---

① 徐念慈：《〈小说林〉缘起》，《小说林》1907 年第 1 期。
② ［德］黑格尔：《美学》第 1 卷，朱光潜译，商务印书馆 1997 年版，第 302、303 页。

一方面之音乐、图画、戏剧,亦且改良之声,喧腾耳鼓……然而此中绝尘而驰者,则当以新小说为第一。"文章认为,文学的目的是审美、娱情,而小说为文学之一种:"小说者,文学中之以娱乐的,促社会之发展,深性情之刺戟者也。"小说本质上是一种以审美为目的的艺术,过去国人以小说为鸩毒霉菌,"不免失之过严",现在国人以小说为救国良药,"又不免誉之失当"。①

总起来看,徐念慈的小说理论,建立在他对西方美学尤其是德国美学的了解的基础上。正是因为有了西方美学作为知识背景,他的小说理论才在当时显得独树一帜、卓尔不群。徐念慈对西方美学的理解,有不够准确之处,这是他的局限。但是另一方面,引西方美学来讨论小说艺术,即便有错误,也具有重要的学术史的意义。正是因为小说理论、文学批评的引用,现代美学知识在中国才更好地扎下根来。

第二节 黄人

"新小说"阵营中,与徐念慈观点一致且个人关系密切的是黄人。黄人,江苏常熟人,原名黄振元,字慕庵,号摩西,笔名蛮。黄人的正式身份,是东吴大学文科教授。课余时间,黄人帮助好友兼同乡徐念慈、曾朴编辑《小说林》杂志。黄人小说理论与批评方面的代表作,是发表于《小说林》杂志的《〈小说林〉发刊词》,以及连载文章《小说小话》。

《〈小说林〉发刊词》的开头,黄人指出中国人在对待小说的态度上存在一种极端倾向,即"昔之视小说也太轻,而今之视小说又太重也"。过去极端否定小说的价值,将小说视为俳优、鸩毒、妖孽,"言不齿于缙绅,名不列于四部"。现在又极端肯定小说,"出一小说,必自尸国民进化之功;评一小说,必大倡谣俗改良之旨","一若国家之法典,宗教之圣经,学校之科本,家庭社会之标准方式,无一不赐于小说者"。"小说之实质"到底何在,小说之价值到底何在呢? 黄人提出了自己的看法:

---

① 徐念慈:《余之小说观》,《小说林》1908 年第 9 期。

　　小说者，文学之倾于美的方面之一种也。宝钗罗带，非高蹈之口吻，碧云黄花，岂后乐之襟期。微论小说，文学之有高格可循者，一属于审美之情操，尚不暇求真际而择法语也。然不佞之意，亦非敢谓作小说者，但当极藻绘之工，尽缠绵之致，一任事理之乖僻，风教之灭裂也。玉颜珠领，补史氏之旧闻，气液日精，据良工所创获，未始非即物穷理之助也。不然，则有哲学、科学专书在。吁天诉虐，金山之同病堪怜，渡海寻仇，火窟之孝思不匮，固足收振耻立懦之效也。不然，则有法律、经训原文在。且彼求诚止善者，未闻有玩华绣悦之不逮，而变诚与善之目的以迁就之，则从事小说者，亦何必椎髻饰劳，黦容示节，而唐捐其本质乎？嫱、施天下之美也，鸱夷一舸，讵非明哲？青冢一抔，不失幽芬。藉令没其倾吴宫、照汉殿之丰容，而强与孟庑齐称，娥台合传，不将疑其狂易乎？一小说也，而号于人曰，吾不屑屑为美，一秉立诚明善之宗旨，则不过一无价值之讲义、不规则之格言而已。①

黄人认为，小说是美文学的一种，是文学中"有高格可循者"，小说的根本价值在审美。作为旨在审美的艺术，小说与旨在立诚的科学、哲学有别，与旨在明善的法律、宗教（"经训"）也有别。小说可以立诚，也可以明善，但那是不期然的效果，小说的根本目的还是审美，离开审美小说便不再是小说。

　　强调小说审美特性的立场，在连载评论《小说小话》中也有体现。在《小说小话》中，黄人屡次强调小说与历史、小说与学术的区别。他主张历史小说与历史应保持一定距离：

　　历史小说，当以旧有之《三国志演义》《隋唐演义》，及新译之《金塔剖尸记》《火山报仇录》等为正格。盖历史所略者应详之，历史所详者应略之，方合小说体裁，且耸动阅者之耳目。若近人所谓历史小说者，但就书之本文，演为俗语，别无点缀斡旋处，冗长拖沓，并失全史文之真精神，与教会中所译土语之新旧约无异，历史不成历史，小说不成小说。谓将供观者之记忆乎？则不如直览史文之简要也。谓将使观者易解乎？则头绪纷繁，事虽显而意仍晦也。或曰："彼所谓演义者耳，勿苛求也。"曰：演义者恐其义之晦

塞无味,而为之点缀,为之斡旋也。兹则演词而已,演式而已,何演义之足云![1]

他主张小说远离说教:

> 小说之描写人物,当如镜中取影,妍媸好丑,令观者自知,最忌挽入作者论断。或如戏剧中一角色出场,横加一段定场白,预言某某若何之善,某某若何之劣,而其人之实事,未必尽肖其言,即先后绝不矛盾,已觉叠床架屋,毫无余味。故小说虽小道,亦不容着一我之见。如《水浒》之写侠,《金瓶梅》之写淫,《红楼梦》之写艳,《儒林外史》之写社会中种种人物,并不下一前提语,而其人之性质、身份,若优若劣,虽妇孺亦能辨之,真如对镜者之无遁形也。夫镜,无我者也。[2]

他批评《野叟曝言》内容的驳杂:

> 夫小说虽无所不包,然终须天然凑合,方有情趣。若此书之忽而讲学,忽而说经,忽而谈兵论文,忽而诲淫语怪,语录不成语录,史论不成史论,经解不成经解,诗话不成诗话,小说不成小说。杂事秘辛,与昌黎原道同编,香奁妆品,与庙堂礼器并设,阳阿激楚,与云门咸池同奏,岂不可厌。[3]

主张小说与历史保持距离也好,远离说教、避免变成大杂烩也好,目的都是维护小说的独立地位,强调小说与实用文体的区别,这与《〈小说林〉发刊词》对小说审美特性的强调是一脉相承的。

要透彻理解黄人《〈小说林〉发刊词》及《小说小话》中的观点,需参照黄人的另一部著作《中国文学史》。1904 年,在东吴大学执教的黄人应教学需要,开始编撰一部《中国文学史》,1907 年这部著作基本完成。这部文学史一般公认是中国最早的文学史,与京师大学堂林传甲的《中国文学史》几乎诞生在同一时间。

---

[1] 蛮:《小说小话》,《小说林》1907 年第 2 期。
[2] 蛮:《小说小话》,《小说林》1907 年第 1 期。
[3] 蛮:《小说小话》,《小说林》1907 年第 6 期。

这部文学史共二十九册，分为四编，前三编是总论、略论和分论，第四编是作家评点和作品辑录。在第一编总论部分的"文学之目的"一节以及第三编分论部分的"文学定义"一节中，黄人旁征博引西方学者关于文学的定义界说，对文学的定义、性质、功能等问题予以了回答。这些论述，对我们理解黄人的小说理论具有重要参考意义。

在"文学的目的"一节，黄人提出，人生有三大目的，"曰真，曰善，曰美"。与真、善、美三大目的相对应，有三种不同的学问：求真之学，求善之学，求美之学。科学、哲学求真，伦理学、教育学、政法学等求善，而文学、艺术等则"属于美之一部分"。三种学问彼此分立，同时又互有关系。文学作为求美之学其根本目的是审美，但也兼顾真与善，"远乎真者，其文学必颇"，"反乎善者，其文学亦亵"。从广义上来理解文学的话，文学"实为代表文明之要，具达审美之目的，而并以达求诚明善之目的者也"，"无三才万象为之资料，则虽穷高骛远，而无异贫儿之说金。无德慧术智为之结构，则虽盈篇累牍，而仍同鹦鹉之学语。是则不能求诚明善，而但以文学为文学者，亦终不能达其最大之目的也。"①

在"文学定义"一节，黄人首先梳理中国古代"文"与"文学"概念变迁，认为古人对"文"的理解"皆无当于文学之真际"。然后，引西方从达克士（今译塔西佗）、西在洛（今译西塞罗）、苦因地仑（今译昆体良）到巴尔克（今译布鲁克）、阿诺图（今译阿诺德）、狄比图松（今译大卫森）、科因西哀（今译德·昆西）关于文学的定义，认为它们都不够完善。最后，引烹苦斯德（Pancoast，今译朋科斯德）《英国文学史》中的文学定义，认为其解释文学最详。烹苦斯德对文学有广义、狭义两种解释，广义的文学包括所有的文字书籍，狭义的文学"为美术作品要素之一，与绘画、音乐、雕刻等，皆以描写感情为事"。文学以描写人类感情为根本使命，同时也具备灌输道德、传播知识的功效，但尽管如此文学仍与宗教、科学等有别，"文学虽出于垂教，以智识为最要目的，而与平常之教科书不同"，"文学之关系于科学历史者诚不少，而当其用之，则必选其能动感情，能娱想象为要"，"然则文学者，扫除偏际之特殊知识，而喻以普通之兴味，以发挥永远不易之美

---

① 黄人：《中国文学史》，汤哲声、涂小马编《黄人评传·作品选》，中国文史出版社 1998 年版，第 37、38 页。

之价值者也"。黄人认可烹苦斯德关于文学的狭义理解,认为其"详密不漏","颇觉正确妥当,盖不以体制定文学,而以特质定文学者也"。①

接下来,黄人引烹苦斯德关于文学具有六种"特质"的说法:(一)文学者虽亦因乎垂教,而以娱人为目的;(二)文学者当使读者能解;(三)文学者当为表现之技巧;(四)文学者摹写感情;(五)文学者有关于历史科学之事实;(六)文学以发挥不朽之美为职分。黄人对烹苦斯德所列文学的六种特质一一进行了疏解。比如对第一项"文学者虽亦因乎垂教,而以娱人为目的",黄人解释说文学一方面属于艺术,具有娱情作用,一方面又兼以教化人心为目的,"然以教训为文学目的,终觉勉强,盖文学概属于情的一方面,其于知识及意志不过取为资料,而非其本职","文学之职分,以感动人情为主,属于情之范围者,美也。故文学属于美学之范围,所谓赋予娱乐者,即超美之快感也"。对第三项"文学者当为表现之技巧",黄人作了这样的按语:"所谓表现之美者,非特文学之内容宜美,即其外形亦不可不美也。"对于第五项"文学者有关于历史科学之事实",黄人解释说:"文学之资料不能不取决于历史科学之事实,然思想感情为主,而事实为宾,其轻重缓急必当审择。若为资料所累,其记事也,如断烂朝报;其体物也,如市侩簿记。而内无情致,外无藻彩者,不得谓之文学。"对第六项"文学以发挥不朽之美为职分",黄人解释说:"文学须发挥不变不易之美,则价值贵而历久常新。或趋一时之风气,或投流俗之嗜好,非不粲然可观,然朝荣暮落,有如舜华,非特于文学史上无价值,且无生命。"最后,黄人重申,人之思想有真、善、美三方面,"美为构成文学的最要素,文学而不美,犹无灵魂之肉体,盖真为智所司,善为意所司,而美则属于感情,故文学之实体可谓之感情云。"②

综上,黄人《中国文学史》中的基本文学观念可以概括如下:第一,人的精神有知、意、情三方面,对之而生真、善、美三大人生目的,科学、哲学求真,宗教、法律、道德求善,文学、艺术求美;第二,文学求美,但又兼及真、善,"远乎真者,其文学必颇","反乎善者,其文学亦褒",求诚、明善为文学题中应有之义;第三,文

① 黄人:《中国文学史》,汤哲声、涂小马编《黄人评传·作品选》,中国文史出版社1998年版,第68、69页。
② 黄人:《中国文学史》,汤哲声、涂小马编《黄人评传·作品选》,中国文史出版社1998年版,第69、70、72页。

学虽然离不开真与善，但美仍是第一位的，文学的本职在于审美娱情，文学不能脱离自己的本职而去片面追求真与善。可以看出，这样一套文学观念，与《〈小说林〉发刊词》及《小说小话》中的小说观念，是完全吻合的。或者说，正是《中国文学史》中的文学观念，奠定了《〈小说林〉发刊词》及《小说小话》中小说观念的基础。黄人的小说观念，完全是从其基本文学观念中推导出来的，他的推导逻辑是：文学是求美的，小说作为文学的一种，其本质也是求美，"宝钗罗带，非高蹈之口吻，碧云黄花，岂后乐之襟期"；文学求美，同时兼及真、善，不能求诚明善，但以文学为文学者不足取，小说同样如是，"玉颜珠额，补史氏之旧闻，气液日精，据良工之所获，未始非即物穷理之助也"，"呼天诉虐，金山之同病堪怜，渡海寻仇，火窟之孝思不匮，固足收振耻立懦之效也"；文学兼及真善，但以美为主，文学不美犹"无灵魂之肉体"，小说也不可因追求诚、善而泯灭其本质，"一小说也，而号于人曰，吾不屑屑为美，一秉立诚明善之宗旨，则不过一无价值之讲义、不规则之格言而已"。

那么，这种在知、情、意与真、善、美三分的框架中界定文学（小说），强调文学的审美特性的文学观念，又是从哪里来的？是否出于黄人的闭门自造呢？不是。已有学者指出，黄人《中国文学史》中的基本文学观念，来自日本太田善男的《文学概论》。而太田善男的《文学概论》，又主要从19世纪英国文学批评资源中吸取营养，也就是说，黄人的文学观念来自经日本人转手的西方文学理论与批评。[①]

太田善男，日本文学批评家、文学史家，1880年出生，1905年毕业于东京大学英文科，曾供职于东京博文馆、庆应义塾，《文学概论》是其1906年供职于博文馆时的著作。该书分上下编，上编"文学总论"包括"何谓艺术""艺术的组成""文学之解说"共三章，下编"文学各论"包括"何谓诗""韵文""美文""杂文学"共四章。黄人基于真、善、美三分的理论框架，就是来自太田善男的这部《文学概论》。《文学概论》第三章"文学之解说"第二节"文学的要素"有这样一段话：

---

① 关于黄人文学论与太田善男《文学概论》的关系，参考陈广宏《黄人的文学观念与19世纪英国文学批评资源》，《文学评论》2008年第6期。

人的思想有三个侧面，一为真，一为善，一为美。因美形成的思想即谓美的思想（aesthetical thoughts），实为构成文学的最重要因素，如若没有它，文学犹如无灵魂之躯壳，说它是何等的权威都不为过。而真由知所司，善由意所司，美由感情所司，是故文学的实体，可谓由感情（feeling）得之。

比较黄人《中国文学史》"总论"中"人生有三大目的：曰真，曰善，曰美"的论述，以及"分论"第一章第一节"文学定义"中"文学而不美，犹无灵魂之肉体""真由智所司，善由意所司，而美则属于感情"的论述，可以说若合符契。不仅如此，在具体的论据和论证上，黄人对太田善男《文学概论》也多有借用。据陈广宏先生比对，《中国文学史》"文学定义"整节的内容中，除了开头梳理中国古代"文学"与"文"历史演变的部分外，其他都分别译自太田善男《文学概论》，连按语亦不例外，唯中间有删略处，有据理解自述或作文字润色处。具体而言，从达克士、西在洛、苦因地仑、巴尔克、阿诺图、狄比图松、科因西哀关于文学的定义，到烹苦斯德《英国文学史》中关于文学的广、狭两种定义，全部系《文学概论》第二章第一节"文学的意义"的内容。分释烹苦斯德论文学特质的部分，从第一条"文学者虽亦因乎垂教，而以娱人为目的"到第六条"文学以发挥不朽之美为职分"，全部系《文学概论》第二章第二节"文学之特质"的内容，唯中间略有删减处而已。

黄人的基本文学观点受太田善男的影响，受经太田善男中转而引入的西方文论的影响，看来已经没有疑问。但是，这里还是要强调以下几点。第一，虽然受外来文学观念的影响，提出了一套审美主义的文学定义，强调文学与历史、学术、政治等的界限，但是在关于中国文学的具体论述中，黄人并未将这一套文学观念、文学标准生搬硬套，而是对其进行灵活调整，以使其适应中国文学的实际。黄人认为，对文学进行界定时，不妨严一点，但文学史的具体写作中，又不妨把标准放得宽一点，"客嘲宾戏，呈诡辩之才；石鼎锦图，极文心之巧；典午清谈，为两宋南宗北宗之滥觞；舒王经义，树有明甲科乙科之正鹄。此皆文学之不循故辙而独辟一区者"①。《中国文学史》"略论"部分及作家作品评点部分的写

---

① 黄人：《中国文学史》，汤哲声、涂小马编《黄人评传·作品选》，中国文史出版社1998年版，第42页。

作,实际上大大突破了"总论""分论"部分确立的美文学的定义。① 第二,太田善男《文学概论》是一部文学通论性质的著作,并非小说专论,而黄人则不仅通论了文学的性质、功用等问题,而且由对文学的一般理解出发,论述了小说的性质、功用,提出小说为"文学之倾于美的方面之一种"的命题,在清末"新小说"阵营中独树一帜,这是他的富有创造之处。

总起来看,黄人小说及文学观念的特点是,从现代美学、文学理论的基本假定出发,在知、意、情与真、善、美三分的框架中思考小说、文学,强调小说、文学作为美的艺术的超功利性与独立性。这样一套文学观念的出现,与同时期的美学运动构成一种呼应,具有重要的美学史的意义。

第三节　林纾

在"新小说"阵营中,林纾是一个特殊的人物:并非职业小说家,却以小说闻名;在小说界影响巨大,举足轻重,但个人创作的作品不多,主要以翻译外国小说为主;译作众多,但本人却不通外语。

从 1897 年翻译《巴黎茶花女遗事》开始,到 1924 年逝世,林纾的翻译生涯持续了将近三十年,共翻译外国小说 170 余种,其中一多半由商务印书馆出版。林纾翻译的外国小说中,既有塞万提斯的《堂吉诃德》(林纾将其译为《魔侠传》)、狄更斯的《雾都孤儿》(林纾译为《贼史》)等一流作家的一流作品,也有哈葛德、柯南·道尔等通俗作家的通俗作品。虽然原作的流品不齐,林纾翻译时的投入程度、翻译的质量也参差不齐②,但林纾的文名加上商务印书馆强大的商业促销网络,使得林译小说非常受欢迎,差不多每一本出来都能畅销。在翻译过程中,林纾习惯于为原作写作一些序跋性质的文章,如"小引""达旨""例言""译余剩语"等,这些序跋性质的文章也伴随着译著而广泛传播。阅读林纾译作的这些序跋文章,会发现这些文章除了介绍原作品的内容、评论作品中的人物外,还侧重以下两个方面的论述:第一,总结西方小说在结构、布局、描写方面的

---

① 关于这一点,参考拙文《20 世纪初"纯文学"观念的流变及其反思——以王国维、黄人、周氏兄弟为中心》,《汉语言文学研究》2016 年第 1 期。

② 关于这一点,参考钱钟书《论林纾的翻译》,商务印书馆 1981 年版,第 35 页。

特点,提醒读者注意小说的形式美;第二,介绍小说在西方社会的地位、作用,强调小说、文学相对于历史、科学、道德、政治等的独立价值。以上两方面的论述,均具有一定的美学史的价值,值得我们关注。

(一) 小说形式美

林纾小说序跋文章中,关于西方小说形式、技巧的分析占了很大篇幅。而西方小说形式、技巧中,他最感兴趣、论述最多的是西方小说在叙事结构、布局方面的技巧。他称赞斯托夫人的《黑奴吁天录》:"是书开场、伏脉、接笋、结穴,处处均得古文家义法。可知中西文法,有不同而同者。"称赞狄更斯的《块肉余生述》"伏脉至细,一语必寓微旨,一事必种远因","前后关锁,起伏照应,涓滴不露"。称赞柯南·道尔《歇洛克奇案开场》:"故为停顿蓄积,待结穴处,始一一点清其发觉之处,令读者恍然。"称赞狄更斯《冰雪因缘》布局之巧可媲美《左传》《史记》:"左氏之文,在重复能不自复,马氏之文,在鸿篇巨制中,往往潜用抽换埋伏之笔而人不自觉。迭更司亦然,虽细碎芜蔓,若不可收拾,忽而井井胪列,将全章作一大收束,醒人眼目。"称赞司各特《撒克逊劫后英雄略》结构谨严,度越古人:"古人为书,能积至十二万言之多,则其日月必绵久,事实必繁夥,人物必层出。乃此篇为人不过十五,为日同之,而变幻离合,令读者若历十余稔之久"。对于他最熟悉的哈葛德,他尤其不吝笔墨,极力赞美。在《〈洪罕女郎传〉跋语》(1906)中,他称赞哈葛德叙事不落窠臼,善于推陈出新,且善用伏笔:

> 哈葛德之为书,可二十六种。言男女事,机轴只有二法,非二女争一男者,则两男争一女……然其文心之细,调度有方,非出诸空中楼阁,故思路亦因之弗窘。大抵西人之为小说,多半叙其风俗,后杂入以实事。风俗者不同者也,因其不同,而加以点染之方,出以运动之法,等一事也,赫然观听异矣。中国文章魁率,能家具百出不穷者,一惟马迁,一惟韩愈。试观马迁所作,曾有一篇自袭其窠臼否……若韩愈氏者,匠心尤奇。序事之作,少于史公,而于书及赠送叙二体,则无奇不备。伏流沈沈,寻之无迹,而东云出鳞,西云露爪,不可捉扪。由其文章巧于内转,故百变不穷其技。盖着纸之先,先有伏线,故往往用绕笔醒之,此昌黎绝技也。哈氏文章,亦恒有伏线

处，用法颇同于《史记》。①

更为有名的，是《〈斐洲烟水愁城录〉序》(1905)里的一段话：

> 西人文体，何乃甚类我史迁也！史迁传大宛，其中杂沓十余国，而归氏本乃联而为一贯而下。归氏为有明文章巨子，明于体例，何以不分别部落，以清眉目，乃合诸传为一传？不知文章一道，凡长篇巨制，苟得一贯穿精意，即无虑委散。《大宛传》固极绵褷，然前半用博望侯为之引线，随处均着一张骞，则随处均联络。至半道张骞卒，则直接入汗血马。可见汉之通大宛诸国，一意专在马，而绵褷之局，又用马以联络矣。哈氏此书，写白人一身胆勇，百险无惮，而与野蛮拼命之事，则仍委之黑人，白人则居中调度之，可谓自占胜著矣。然观其着眼，必描写洛巴革为全篇之枢纽，此即史迁联络法也。文心萧闲，不至张皇无措，斯真能为文章矣！②

以上批评的最大特色，是时时将中国古文（这里的古文是唐宋八大家及桐城派意义上的）与西方小说进行类比，努力发现其共同之处。左丘明、司马迁、韩愈是古文家的典范，"开场""伏脉""接笋""结穴""照应""鳞爪""内转""百变不穷""引线"等等，是明清古文家古文鉴赏常用的术语③，是"古文义法"的直接体现。哈葛德、司各特等人的小说能暗合古文义法，其价值自不容低估。以古文义法来评论小说，并不自林纾始。明代唐顺之、王景中等早就把《水浒传》来匹配《史记》，清代阮元认为《儒林外史》笔力可媲美欧、苏。④ 而金圣叹批评《水浒传》、张竹坡批评《金瓶梅》、脂砚斋批评《石头记》，动辄使用"顿荡""波澜""伏

---

① 林纾：《〈洪罕女郎传〉跋语》，陈平原主编《二十世纪中国小说理论资料》第1卷，北京大学出版社1997年版，第181页。

② 林纾：《〈斐洲烟水愁城录〉序》，陈平原主编《二十世纪中国小说理论资料》第1卷，北京大学出版社1997年版，第158页。

③ 比如，方东树评司马迁《六国表序》"从秦入六国，草蛇灰线，引脉令人不觉"；林云铭评苏洵《权书·高帝》"起落转接，灵妙无敌"，评《权书·六国》"结穴全在篇末一段，感慨含蓄"；刘大櫆评韩愈《讳辩》"结处反复辩难，曲盘瘦硬已开半山门户"；沈德潜评苏轼《争臣论》"四问四答，首尾关应"；吴汝纶评《东坡志林·鲁隐公》"鳞爪时一露，身首匿未见也"；谢枋得评韩愈《获麟解》"许多转换往复变化，议论不穷"，刘大櫆评苏洵《管仲论》"婀娜百折，情态不穷"；茅坤评《东坡志林·平王》"此文以'迁'之字为案，以无畏而迁者五，以有畏而不果迁者二，以畏而迁者六，共十三国，以错证存亡处，如一线矣"。以上事例均见吴孟复、蒋立甫主编《〈古文辞类纂〉评注》，安徽教育出版社2004年版。

④ 钱钟书：《论林纾的翻译》，商务印书馆1981年版，第35页。

线""草蛇灰线""伏脉千里"等古文家术语①,也早为大家熟知。所不同的是,金圣叹、张竹坡等仅以古文义法来批评中国小说,而林纾则更将其施于外国小说,其用意不仅在沟通古文与小说的轩轾,提升小说的地位,而且要沟通中西两种文学的界限,论证"中西文法,有不同而同者"。在《〈离恨天〉译余剩语》中,林纾感叹:"天下文人之脑力,虽欧亚之隔,亦未有不同者。"林纾的主旨,是强调中西作家、文人在创作时所追寻的共同目标:如何妙笔生花,将题材处理得更生动,文章写得更精彩。

叙事结构、布局之外,林纾最喜欢称道的,是西方小说家在社会写实方面的本领。在这方面,他最推崇的作家是司各特与狄更斯。他称赞司各特《撒克逊劫后英雄略》在写实方面的卓越成就:"吾闽有苏三其人者,能为盲弹词,于广场中,以相者囊琵琶至,词中遇越人则越语,吴人、楚人则又变为吴、楚语。无论晋、豫、燕、齐,一一皆肖,听者倾靡。此书亦然,述英雄语,肖英雄也;述盗贼语,肖盗贼也;述顽固语,肖顽固也。虽每人出话,恒至千数百言,人亦无病其累复者,此又一妙也。"②他一再称道狄更斯的写实本领,认为在体物写实方面,狄更斯的成就甚至要超过司马迁、班固。狄更斯擅长写家常琐事,尤其是"下等社会"的种种家常琐事,而班、马由于受写作体例的限制,对于此等事实不能尽情表现。《〈块肉余生述〉前编序》(1908):"史、班叙妇人琐事,已绵细可味矣,顾无长篇可以寻绎。其长篇可以寻绎者,惟一《石头记》,然炫语富贵,叙述故家,纬之以男女之艳情,而易动目。若迭更司此书,种种描摹下等社会,虽可哝可鄙之事,一运以佳妙之笔,皆足供人喷饭。"在《〈孝女耐儿传〉序》(1907)中,林纾详细论证了狄更斯在描绘家常琐事方面的成就:

> 天下文章,莫易于叙悲,其次则叙战,又次则宣述男女之情。等而上之,若忠臣、孝子、义夫、节妇,决眦溅血,生气凛然,苟以雄深雅健之笔施

---

① 如金圣叹批评本《水浒传》第一回夹批:"忽作一结结住,下又另起,文字顿挫有法","看他文字,极尽起抑顿跌之妙","行文至此又路绝矣,又无转处矣,忽然先伏一奇峰在此","后文水穷云起,全仗此语作线"。第八回总批:"又如洪教头要使棒,反是柴大官人说且吃酒,此一顿已是令人心痒之极,乃武师又于四五合时跳出圈子,忽然叫住,曰除枷也;乃柴进又于重提棒时,又忽然叫住。凡作三番跌顿,直使读者眼光一闪一闪,直极奇极恣之笔也。"

② 林纾:《〈撒克逊劫后英雄略〉序》,见陈平原主编《二十世纪中国小说理论资料》第1卷,北京大学出版社1997年版,第160、161页。

之，亦尚有其人。从未有刻画市井卑污龌龊之事，至于二三十万言之多，不重复，不支厉，如张明镜于空际，收纳五虫万怪，物物皆涵涤清光而出，见者如凭栏之观鱼鳖虾蟹焉；则迭更司盖以至清之灵府，叙至浊之社会，令我增无数阅历，生无穷感喟矣。

中国说部，登峰造极者无若《石头记》。叙人间富贵，感人情盛衰，用笔缜密，着色繁丽，制局精严，观止矣。其间点染以清客，间杂以村姬，牵缀以小人，收束以败子，亦可谓善于体物；终竟雅多俗寡，人意不专属于是。若迭更司者，则扫荡名士美人之局，专为下等社会写照：奸狯驵酷，至于人意所未尝置想之局，幻为空中楼阁，使观者或笑或怒，一时颠倒，至于不能自已，则文心之邃曲宁可及耶？余尝谓古文中叙事，惟叙家常平淡之事为最难着笔……究竟史公于此等笔墨，亦不多见，以史公之书，亦不专为家常之事发也。今迭更司则专意为家常之言，而又专写下等社会家常之事，用意着笔为尤难。[1]

由小说写家常琐事出发，林纾悟出了小说与历史的不同。在《〈利俾瑟战血余腥记〉叙》(1904)中，他提出小说可以补历史之不足，历史记军国大事，小说记日常琐事，历史记军政，小说叙风俗，小说与历史各有其不可替代之价值：

余历观中史所记战事，但状军师之撼略，形胜之利便，与夫胜负之大势而已，未有赡叙卒伍生死饥疲之态，及劳人思妇怨旷之情者。盖史例至严，不能间涉于此。虽开宝诗人多塞下诸作，亦仅托诸感讽，写其骚愁，且未历行间，虽空构其众，终莫能肖。至《嘉定屠城记》《扬州十日记》，于乱离之惨，屠夷之酷，纤悉可云备著。然《嘉定》一记，貌为高古，叙事颠倒错出，读者几于寻条失枝。余恒谓是记笔墨颇类江邻几。江氏身负重名，为欧公所赏，而其文字读之令人烦懑。然则小说一道，又似宜有别才也。[2]

---

① 林纾：《〈孝女耐儿传〉序》，陈平原主编《二十世纪中国小说理论资料》第 1 卷，北京大学出版社 1997 年版，第 293 页。
② 林纾：《〈利俾瑟战血余腥记〉叙》，陈平原主编《二十世纪中国小说理论资料》第 1 卷，北京大学出版社 1997 年版，第 138 页。

小说具有区别于正史的"别才"，这个"别才"就是生动而又有条理地记录正史、古文所不屑写、不方便写的各种生活琐事、平淡之事。

在诸如此类的论述中，林纾所表达的，是一种写实主义的小说价值观：小说的价值不在其题材、对象，而在能否将对象真实而又生动地摹写出来。小说可以写下流社会，写庸人甚至小人，写日常生活中"至琐至屑无奇"看上去毫无价值的各种事迹。只要小说家将这些人与事如实而又真切地刻画出来，使其栩栩如生，马上便可以点铁成金，化腐朽为神奇，"种种描摹下等社会，虽可哕可鄙之事，一运以佳妙之笔，皆足供人喷饭"。小说家只需将社会现状如实、生动地描绘出来，便已完成自己的职志，而不必担心作品所表现的人与事本身是否重要，是否对读者有道德或知识上的教益，这是林纾这段话的潜台词。

有时候，林纾对西方小说文法修辞方面的优点也颇能欣赏。他称赞司各特文风的幽默、诙谐："《汉书·东方曼倩传》叙曼倩对侏儒语及拔剑割肉事，孟坚文章，火色浓于史公，在余守旧人眼中观之，似西文必无是诙诡矣。顾司氏述弄儿汪霸，往往以简语泄天趣，令人捧腹，文心之幻，不亚孟坚。"赞赏司各特辞藻的华美、丰赡："华德马者，合贾充、成济为一手者也，其劝谕诸将，虽有狡诈者，亦将为之动容。天下以义感人，人固易动，从未闻用篡窃之语宣之广众，竟似节节可听者；则司氏辞令之美，吾不测其所至矣，此又一妙也。"[①]不过，这样的论述并不多。更多的时候，林纾还是从叙事及描写两个方面来评述其所翻译的西方小说。

总起来看，林纾的小说理论与批评文章中，表现出一种比较强的形式主义倾向，即强调小说、文学作为审美艺术区别于一般实用性著作的特质，强调形式、技巧对于文学的重要性。文学的价值不仅仅在内容、题材，更在于形式，不仅仅在写什么，更在于怎样写。文学的使命不是给人提供某种知识或道德上的教益，而是以某种高超的技艺予人以愉悦。这样一种文学观念，显然带有鲜明的现代色彩，与中国古代强调文学的政治教化功能、强调"劝善惩恶"的正统文学观念差别甚大。事实上，林纾的小说序跋文章，与同时期王国维的《红楼梦评论》《论哲学家与美术家之天职》《文学小言》《屈子文学之精神》等文章之间，在

---

① 林纾：《〈撒克逊劫后英雄略〉序》，见陈平原主编《二十世纪中国小说理论资料》第 1 卷，北京大学出版社 1997 年版，第 161 页。

捍卫文学的独立性、强调"美术之独立价值"上，基本立场是一致的。在宽泛的意义上，可以把它们归入同一种美学思潮中去。

林纾注重形式的文学观念，与其古文家的身份有很大关系。林纾一向以古文家自许，而对外界首先称道其小说成就不满。① 明清以降的古文家，虽然念念不忘"载道"，但实际上一直存在注重形式的风气。桐城派刘大櫆论文，首重文人能事。所谓文人能事，即文人独有的表现自我、处理材料的本领。刘大櫆说，作文"明义理、适世用，必有待于文人能事"，"自古文字相传，另有个能事在"。方苞提倡"雅洁"说，将语言的纯化作为古文写作的首要法则。姚鼐编选《古文辞类篹》，从意、辞两方面着眼，要求入选的古文必须"谊忠而辞美""意与辞俱美"，为此，甚至不惜将经、史、子部著作几乎全部排斥于《古文辞类篹》之外。林纾一向推尊桐城派，认为桐城派古文为"天下之正宗"，"天下正宗尊桐城"。② 作为桐城派古文的倾慕者，林纾论文首重形式美，也就是可以理解的了。另一方面，林纾注重形式的文学观念，又与域外文学的影响有关。小说在近代西方被视为纯文学的一种，林纾所推崇的司各特、狄更斯、小仲马等人，是公认的小说艺术大师，他们在小说艺术方面的成就，如林纾自己已经意识到的，并非狭隘的"古文义法"所能限定。作为一名翻译者，林纾在对他们的作品进行评论、介绍时，首先注重对其艺术形式的分析，而忽略对其社会政治意义的阐释，是一件很自然的事情。

（二）小说地位与价值

林纾小说序跋中，有一些关于小说家在西方社会中崇高地位的论述，颇引起当时国人注目。在《〈迦因小传〉引》（1905）中，他引他的翻译助手魏易的话："魏子冲叔告余曰：小说固小道，而西人通称之曰文家，为品最贵，如福禄特尔、司各德、洛加德及仲马父子，均用此名世，未尝用外号自隐。"在《〈撒克逊劫后英雄略〉序》（1905）中，他盛赞司各特在英国文界地位崇高，"可侪吾国之史迁"。与对小说家崇高地位的鼓吹相适应，他强调小说在西方国家所发挥的社会功用，尤其是政治、教化方面的功用。强调小说的实际社会功用，似乎与他小说批

---

① 林纾：《〈鹰梯小豪杰〉叙》："本非小说家，而海内知交咸目我以此，余只能安之而已。"陈平原主编《二十世纪中国小说理论资料》第 1 卷，北京大学出版社 1997 年版，第 552 页。
② 林纾：《〈慎宜轩文集〉序》，《林琴南文集》，北京中国书店 1985 年影印本版，第 5 页。

评中的形式主义倾向有矛盾,但他并未意识到这一矛盾,或者说有意回避了这一矛盾。在《〈鲁滨孙漂流记〉序》(1902)中,他称该书为探险类文学中首屈一指者,"为欧人家弦户诵之书,哲学家尤动必引据之"。在《〈译林〉序》(1901)中,他指出伏尔泰曾以小说为工具来教化国民:"巴黎有汪勒谛者,在天主教汹涌之日,立说辟之,其书凡数十卷,多以小说启发民智。至今巴黎言正学者,宗汪勒谛也。"他尤其称赞狄更斯、斯威夫特作品的政治讽谕意义。《〈贼史〉序》(1908):"迭更司极力抉摘下等社会之积弊,作为小说,俾政府知而改之。"《〈红礁画桨录〉译余剩语》(1906):"西人小说,即奇恣荒眇,其中非寓以哲理,即参以阅历,无苟然之作。西小说之荒眇无稽,至噶利佛极矣,然其言小人国、大人国之风土,亦必兼言其政治之得失,用讽其祖国。"

强调小说在西方国家政治教化功能的同时,林纾期望自己的翻译作品能够在中国起到同样的作用。他尤其希望自己的作品能够起到鼓舞国民爱国、尚武精神的作用。他期待《黑奴吁天录》关于黑奴悲惨命运的描述,能够成为中国人"振作志气,爱国保种之一助"。他称赞《爱国二童子传》"全副精神不悖于爱国之宗旨","读之以振动爱国之志气"。他肯定《鬼山狼侠传》中的"盗侠气概","无论势力不敌,亦必起角,百死无馁,千败无怯",此种盗侠气概"用以振作积弱之社会,颇足鼓动其死气","吾民苟用以御外侮,则于社会又未尝无益"。他直言翻译《剑底鸳鸯》的动机是鼓舞国民尚武精神:"余之译此,冀天下之尚武也……俾吾种亦去其偬敝之习,追蹑于猛敌之后。"

诸如此类的观点,与梁启超在《译印政治小说序》《中国唯一之文学报〈新小说〉》《论小说与群治之关系》中的论调非常相似。正如我们在关于梁启超的部分中已经指出的,对于此种论调,应充分注意其两面性。一方面,我们当然可以像有的学者那样,指出小说救国论与中国古代的"文以载道"论的联系,指出二者在本质上都是一种功利主义的文学观,甚至我们也可以将小说救国论定性为文以载道论的一个时代新变种。但是,另一方面,我们又应充分注意这两种文学观念的差异。"载道"论的"道"是儒家意义上的道,"其文诗、书、易、春秋,其法礼乐刑政,其民士农工贾,其位君臣、父子、师友、宾主、昆弟、夫妇";而小说救国论的"国"是现代意义上的民族、民主国家,"小说救国""小说爱国"的背后是现代民族、民主意识,即每一个国民作为国家的主人翁、国家的一分子应对国家尽自己的责任和义务,二者之间具有根本的不同。正如韩南早就正确地指出过的，"处理和解决复杂的为民族关注的问题"，服务于现代民族国家的建设，是小说过去在中国"还不曾被要求过的功能"。① 19、20 世纪之交，小说被期待发挥这样的功能，这一变化的背后，是近代中西交通以来中国人现代民族、国家意识的形成，以及西方小说观念、文学观念的输入。18 世纪以来，在各主要欧洲国家，小说、文学表现特定民族的民族精神，小说、文学应服务于民族国家的建设，是美学界、文艺批评界的一个老生常谈。但是，对于同时期的中国读者来说，这却是一个全新的观念。因此，与其指责林纾、梁启超们重弹"载道"论的老调，不如说他们引入了一个对于中国读者来讲具有足够新鲜意义的现代美学命题。

另外需要注意的是，虽然林纾对小说的政治教化功能念念不忘，但实际上在他内心深处，他只是把政治教化视为小说的次要的、附属的功能。有时候，他甚至流露出这样的想法：小说的使命仅仅在于给人提供审美的愉悦，与知识及教化无关。在《〈英国诗人吟边燕语〉序》(1904) 中，他指出一个有意思的现象，英国是一个科学发达、文教昌明的国家，但英国文学中却颇多鬼神灵异之事："英文家之哈葛得，诗家之莎士比，非文明大国英特之士耶？顾吾尝译哈氏之书矣，禁蛇役鬼，累累而见。莎氏之诗，直抗吾国之杜甫，乃立义遣词，往往托象于神怪。"英国人并不因莎士比亚作品好言神怪而唾弃之，反而推崇备至，"家弦户诵，而又不已，则付之梨园，用为院本"，"歔欷感涕，竟无一斥为思想之旧"，原因何在呢？林纾解释说，英国人并不像中国人一样将文学与政教混为一谈，而是将其区分对待：

> 盖政教两事，与文章无属。政教既美，宜泽以文章；文章徒美，无益于政教。故西人惟政教是务，赡国利兵，外侮不乘，始以余闲用文章家娱悦其心目。虽哈氏、莎氏，思想之旧，神怪之托，而文明之士，坦然不以为病也。②

"政教既美，宜泽以文章"，文章为"余闲"之物，与席勒、斯宾塞的"剩余精力"说非常相似。"政教两事，与文章无属……文章徒美，无益于政教"的观点，则与唯美主义近似。林纾是否从他的翻译助手那里直接听到过斯宾塞、王尔德

---

① ［美］韩南：《中国近代小说的兴起》，上海教育出版社 2004 年版，第 162 页。
② 林纾：《〈英国诗人吟边燕语〉序》，陈平原主编《二十世纪中国小说理论资料》第 1 卷，北京大学出版社 1997 年版，第 139、140 页。

等人的理论呢？我们不得而知。但即便他的观点不是直接来自某一位英国美学家或文学批评家，至少也应该受到当时英国美学界、文学批评界普遍风气的影响。19世纪后期以来英国文学批评的主流，是反思维多利亚时期的教谕主义，强调文学的审美属性。王尔德的唯美主义固然标举艺术至上主义，反对文学的任何实用目的，一般比较稳健的批评家、文学史研究者也纷纷主张文学的根本目的是审美，道德教谕只是文学的附属的功能。布鲁克《英国文学》主张文学之本质为人类"思想感情之记录"，文学之目的为"娱乐读者"。德·昆西《亚历山大·蒲伯论》提出"知的文学"与"情的文学"的区分，认为前者以教化为职分，后者以感人为职分。朋科斯德的《英国文学史》区分文学的广、狭两种定义，认为广义文学包括一切文字著作，狭义文学为艺术之一种，就文学的狭义来说，文学虽有教谕功能，但"以娱乐为目的"，文学应讲究表现之技巧，"以发挥不朽之美为职分"。从常理上讲，林纾"文章徒美，无益于政教"的观点，来自19世纪末、20世纪初英国文学批评，是非常可能的。

第四节　管达如与吕思勉

与林纾一样，虽然在论著中没有直接标明美学，但所论却具有重要的美学史的意义的，是管达如与吕思勉两位表昆仲。管达如与吕思勉都不是职业小说家或小说翻译家，但作为小说爱好者及"新小说"的热心读者，却都留下了关于小说的重要论著，在近代小说及文学批评史上占有一定地位。

管达如（1882—1941），名联第，字达如，小字达官，江苏常州人，清末时为常州府学秀才，民国后曾任财政部金事、中央银行天津分行文书课主任等职。管达如的主要小说论著，是连载于《小说月报》第三卷第五号至十一号的《说小说》[①]。该文共分为六章，第一章"小说之意义"，第二章"小说之分类"，第三章"小说之势力及其风行于社会理由"，第四章"小说在文学上之位置"，第五章无标题，从内容看为关于译本小说与自著小说优劣的比较，第六章"中国旧小说之

---

① 邬国义先生在《民初小说理论：管达如〈说小说〉与吕思勉〈小说丛话〉新探》（《文史哲》2015年第4期）中认为，《说小说》系管达如与吕思勉两人合著。

缺点及今日改良之方针"。总共六章的内容中，比较富有美学意味的，是第一章"小说之意义"及第四章"小说在文学上之位置"。

在"小说之意义"部分，管达如从事实界与理想界的区别出发来讨论小说的价值。管达如认为，人类世界分为两部分，一为事实界，一为理想界。事实界即人类耳目所接触的现实的世界，理想界即超出此现实世界之外的世界。人类区别于动物的一个重要方面，在于人类有自由思想而动物没有自由思想，所谓自由思想，即"超出现世界之外而为思想"，即超出事实界的限制而进入理想界。小说的意义与价值就在于表现人类的这种自由思想：

> 自然界之事实有二：一事实界之事实，一理想界之事实。事实界之事实，人类形体之所触接者是已；理想界之事实，人类精神之所构造是已。一切书籍皆所以记载事实界之事实，小说则所以记载理想界之事实者也。

可以看出，管达如论述的其实是小说的虚构性问题：小说源于虚构，小说中的人物与事实是作者运用想象力创造出来的。管达如之前，"新小说"阵营中也有人曾论及小说的虚构性。夏曾佑在《小说原理》中通过比较小说与史传两种不同文体的特点，得出这样的结论：史传之所以不如小说普及，是因为史传写的是"实有之事"，而小说写的是"诳设之事"，"实有之事常平淡，诳设之事常秾艳，人心去平淡而即秾艳，亦其公理，此史之处于不能不负者也"①。侠人在《小说丛话》中也通过与史传相比较，来突出小说的虚构性质。侠人认为，史传文学的劣势在于只能就已有历史事实进行剪裁褒贬，"材料之如何，固系于历史上之人物，非吾之所得自由也"，"小说则不然，有如何之理想，则造如何之人物以发明之，彻底自由，表里无碍，真无一人能稍掣我之肘者也"②。夏曾佑、侠人都注意到了小说的虚构性质，但是他们只是把虚构当作小说诸特性中的一种来看待，并没有将虚构上升到小说"本体"的地位。梁启超《论小说与群治之关系》指出小说"常导人游于他境界，而变换其常触常受之空气"③，实际也触及了小说的想象虚构性质，但是梁启超只是把它看作理想派小说的特征，并未将其视为小说

---

① 别士：《小说原理》，《绣像小说》1903 年第 3 期。
② 《小说丛话》中侠人语，《新小说》第十三号，上海广智书局 1905 年版。
③ 梁启超：《论小说与群治之关系》，《新小说》第一号，横滨新小说社 1902 年版。

全体之性质。管达如的不同之处在于,把虚构上升到小说"本体"的地位,将其视为小说全体之根本性质,小说因表现人类精神所虚构的"理想界之事实",而区别于非文学的历史、科学等,获得其独立存在的意义。

如何看待文学作品中的想象与虚构,是西方美学史、文艺理论与批评史上的一个古老话题。柏拉图因诗人经常描述自己没有亲身经历的事,而指责诗人为说谎者。亚里士多德则说,诗人的职责恰恰不在于描述已经发生的事,"而在于描述可能发生的事,即根据可然或必然的原则可能发生的事","与其说诗人应是格律文的制作者,倒不如说应是情节的编制者"。[①] 亚里士多德认为,诗歌因为表现可能发生而实际并未发生的事情,而比历史更严肃,更富有哲学性。18 世纪以来,伴随浪漫主义文学运动的兴起,想象虚构被视为文学的生命与灵魂,文学因想象虚构而区别于非文学的历史与科学。在《说小说》中,通过对小说这一特定文体的探讨,管达如实际回应了这一问题,他的答案是:文学的本质在于虚构,文学尤其是小说离不开虚构。

在《说小说》的第四部分"小说在文学上之位置"中,管达如进一步论述了小说作为文学艺术的特性,小说与其他文学样式的不同。他说:"文学者,美术之一种也。小说者,又文学之一种也。人莫不有爱美之性质,故莫不爱文学,即莫不爱小说。然文学之美者亦多矣,而何必斤斤焉惟小说之是好也?"小说得到读者特殊的钟爱,原因何在呢? 管达如的回答是,小说具有"一种特别之性质"。接下来,他从几个方面论述了小说的"特别之性质"。

首先,他分析说:"小说者,通俗的而非文言的也。"同为语言艺术,诗歌、古文使用的语言是高雅语言,小说使用的语言是通俗语言,通俗语言的好处是雅俗共赏,同时叙述眼前景物又能"曲折详尽,纤悉不遗",这是小说的特殊优长。紧接着,他又分析道:

> 小说者,事实的而非空言的也。凡事空谈玄理则难明。举例以示之则易晓。此读哲学书者所以难于读历史也。孔子曰:"我欲垂之空言,不如见之行事之深切著明。"亦谓此也。凡著小说者,固各有其所主张。然使为空言以发表之,则一篇论说文字耳,必不能为社会所欢迎。今设为事实以明

① [古希腊]亚里士多德:《诗学》,陈中梅译,商务印书馆 2005 年版,第 81、82 页。

之,而其所假设者,又系眼前事物,则不特浅近易明,抑且饶有趣味,其足以引人入胜宜矣。

细读原文,这里的"事实的"一词应理解为具体的、生动的、感性的,而不能理解为"真实的"。管达如所要表达的意思是,小说用生动的故事和形象来感人,而不是用枯燥的说理来服人。类似的意思,"新小说"阵营中其他人也曾表达过。夏曾佑《小说原理》曾经指出:"人所乐者,肉身之实事,而非乐此缥缈之空谈也。惟有时不得实事,使听其空谈而如见事实焉,人亦乐于就之。"[1]侠人在梁启超主编的《小说丛话》中也曾指出:"夫人之稍有所思想者,莫不欲以其道移易天下,顾谈理则能明者少,而指事则能解者多。今明著一事焉以为之型,明言一人焉以为之式,则吾之思想,可瞬息而普及于最下等之人,是实改良社会之一最妙法门也。"[2]陶祐曾《论小说之势力及其影响》:"举凡宙合之事理,有为人群所未悉者,庄言以示之,不如微言以告之;微言以告之,不如婉言以明之;婉言以明之,不如妙譬以喻之;妙譬以喻之,不如幻境以悦之。"[3]这个意思,正是别林斯基曾经说过的,诗用形象来思维,诗歌只展示真理而不论证真理。严格地说,其实这并不仅仅是小说、诗歌的特长,而是一切艺术的特长。黑格尔说,美的本质在于理念的感性显现,即抽象的理念外化为具体的、感性的形象。一切艺术都必须以感性的、生动的形象来动人,并不是只有小说才如此。

接下来,管达如又提出:

小说者,理想的而非事实的也。

这句话似乎与前面"事实的而非空言的"相矛盾。仔细阅读上下文后发现,这句话里的"事实的"一词,与"事实的而非空言的"中的"事实的"应作两种不同的理解。前面"事实的"意思是具体、生动、感性的,而这句话里的"事实的"应理解为"实际发生的"。小说所描绘的事实并非实际发生的事实,而是理想的事实,即由人的精神所构造出的事实。"小说虽为事实的,然其事实,乃理想的事实,而

---

[1] 别士:《小说原理》,《绣像小说》1903年第3期。
[2] 《小说丛话》中侠人语,《新小说》第十三号,上海广智书局1905年版。
[3] 陶祐曾:《小说之势力及其影响》,《游戏世界》1907年第10期。

非事实的事实,此其所以易于恢奇也。"这里所强调的,还是文章开头即已经提出的小说的想象虚构性质。如前所述,这一性质其实也不是小说独有的性质,而是几乎所有文学样式都具备的性质,只不过小说尤为突出而已。

论述完"小说者,理想的而非事实的也"后,管达如又提出了如下命题:

> 小说者,抽象的而非具体的也。

管达如解释说,小说描绘的事实是理想界的事实,而一切理想界的事实"皆抽象的而非具体的",因此小说中的事实也是抽象的,正因为如此,它才比自然界中的事实更美。他说:"小说所述之事实,皆为抽象的,故其意味,较之自然之事,常加一倍之浓深。叙善人则愈觉其善,叙恶人则愈觉其恶,叙可爱之物,则愈觉其可爱,状可憎之态,则愈觉其可憎,其使读者悲喜无端,涕流交集,宜矣。"这里所表达的意思,用黑格尔的术语来表达的话就是艺术的普遍性与特殊性、理想与定性的统一。黑格尔说,艺术的本质在于理念的感性显现,艺术的形象固然是特殊的、富有定性与个性的,但这种特殊的、定性的形象却必须同时是某种普遍理念的表现,艺术中"感性的客观的因素在美里并不保留它的独立自在性,而是要把它的存在的直接性取消掉(或否定掉),因为在美里这种感性存在只是看作概念的客观存在与客体性相"。[1] 不同的是,黑格尔将普遍性与特殊性的统一作为一切艺术的特质来讨论,而管达如仅将其运用于小说。

总起来看,虽然存在种种概念的混乱、逻辑的不清晰,管达如关于小说性质、地位的论述,还是富有较强的美学、艺术哲学的色彩。他的基本思路,是从美的艺术的一般性质出发来展开论述。小说为文学的一种,文学为美术(艺术)的一种,从这样一个前提出发,他分析了小说的艺术特质,这些特质有的是属于所有艺术的,有的是属于整个文学而不仅仅是小说的,有的是小说所独有而其他艺术所没有或较弱的。可以看出,管达如对现代西方美学的基本概念、观点有一定的了解。这种了解是直接来自某一部西方美学著作,还是间接来自文学理论或小说理论的著作呢,我们现在还不得而知。

和《说小说》一样,从美的艺术的一般性质出发,来论证小说的性质与地位

---

① [德]黑格尔:《美学》第1卷,朱光潜译,商务印书馆1997年版,第143页。

的,还有吕思勉的《小说丛话》。吕思勉,字诚之,1884 年生,江苏常州人。1907
年起,先后任职于东吴大学、南通国文专修馆、上海私立甲种商业学校、中华书
局、商务印书馆、沈阳高等师范学校、沪江大学、光华大学。1951 年高校院系调
整后,任华东师范大学历史系教授。主要著作有《先秦学术概论》《中国民族史》
《中国制度史》《白话本国史》《中国通史》等。吕思勉是史学名家,但青年时期喜
好小说,曾经创作《中国女侦探》。《小说丛话》系吕思勉 30 岁时的作品,1914 年
3 月至 8 月连载于中华书局发行的小说杂志《中华小说界》,初连载时作者尚任
职于上海私立甲种商业学校,连载完毕后作者已进入中华书局任编辑。①

　　《小说丛话》的开头,吕思勉提出了一个困扰当时小说界的问题——小说之
性质为何,小说是"社会现象之反映",还是"人间状态之描写"? 吕思勉认为,要
回答这一问题,应该首先追问美术的性质,因为小说是美术之一种。美术的性
质为何呢? 吕思勉给出了这样的回答:

> 　　夫美术者,人类之美的性质之表现于实际者也。美的性质之表现于实
> 际者,谓之美的制作。②

接下来,吕思勉分析了美术作品作为"美的制作",其制作过程必须经历的四个
阶段:

> 　　凡一美的制作,必经四种阶级而后成。
> 　　所谓四种阶级者,一曰模仿。模仿者,见物之美而思效其美之谓也。
> 凡人皆能有辨美恶之性。物接于我,而以吾之感情辨其妍媸。其所谓美
> 者,则思效之;其所谓不美者,则思去之(美不美为相对之现象,效其美即所
> 以去其不美也)。丑若无盐,亦欲效西施之颦笑;生居僻陋,偏好袭上国之
> 衣冠,其适例也。
> 　　二曰选择。选择者,去物之不美之点而存其美点之谓也。接于目者不
> 止一色,接于耳者不止一音。色与色相较而优劣见焉,音与音相较而高下

① 李永圻:《吕思勉先生编年事辑》,上海书店 1992 年版,第 54 页。
② 成之(吕思勉):《小说丛话》,陈平原主编《二十世纪中国小说理论资料》第 1 卷,北京大学出版社 1997
　 年版,第 439 页。

殊焉。美者存之,恶者去之,此选择之说也。

　　能模仿矣,能选择矣,则能进而为想化。想化者不必与实物相触接,而吾脑海中自能浮现一美的现象之谓也。艳质云遥,闭目犹存退想;八音既戢,倾耳若有余音:皆离乎实物之想象也。人既能离乎实物而为想象,则亦能错综增删实物而为想象。姝丽当前,四支百体,尽态极妍。惟稍嫌其长,则吾能减之一分;稍病其短,则吾能增之一寸。凡此既经增减之美人,浮现于脑海之际者,已非复原有之美人,而为吾所错综增删之美人矣。此所谓想化也。

　　能想化矣,而又能以吾脑海中之所想象者,表现之于实际,则所谓创造也。合四是者,而美的制作乃成。故美的制作者,非模拟外物之谓,而表现吾人所想象之美之谓也。①

吕思勉认为,美术之性质既明,则小说之性质亦明。美术作为美的制作,并非对于外物的简单模拟,小说作为美的制作之一种,也必然不是对客观自然的忠实模拟,而是建立在选择、想象基础上的创造:"小说者,第二人间之创造也。第二人间之创造者,人类能离乎现世界之外而为想象,因能以想化之力,造出第二之社会之谓也"。

　　艺术为人类美的制作,艺术美高于自然美,是西方现代美学的基本观点。黑格尔说:"艺术表现必须显得很自然,但是形式意义的诗的或观念性的因素不能是生糙的自然,而是取消感性物质与外在情况的那种制作或创造。一种使人感到快乐的表现必须显得是由自然产生的,而同时却又像是心灵的产品……这种对象之所以使我们欢喜,不是因为它很自然,而是因为它制作得很自然。"②吕思勉是如何达到这一观点的呢?关诗佩先生通过认真查找,发现吕思勉观点的来源,是日本太田善男的《文学概论》。太田《文学概论》上编"文学总论"在艺术哲学的框架中讨论文学,将艺术定义为"通过想象,将自然理想化而成美的制作",并进而分析艺术作品的生成过程,将艺术创作大致分为模仿、选择、想化、创作四个阶段。关于选择,太田解释"即通过比较对照二物,判断优劣,挑选优

---

① 成之(吕思勉):《小说丛话》,陈平原主编《二十世纪中国小说理论资料》第1卷,北京大学出版社1997年版,第439—440页。以下涉及《小说丛话》的引文均出于此,不再一一标注。
② [德]黑格尔:《美学》第1卷,朱光潜译,商务印书馆1997年版,第210页。

美者"。关于想化,太田解释即理想化,其结果有两种,一为增加,"即在实物以上放大美之成分",一为减少,"即将污点去除以及稍加变化,而保持实物之美"。关于创作,太田解释"就是将自己观察结果集中起来,以一个理想形式呈现出来"。两相比较,会发现吕思勉的艺术"制作"论以及制作的四阶段说,完全来自太田的《文学概论》,所不同的是,在解释"制作"以及"制作"的四个阶段时,吕思勉根据自己的理解,对太田的原话进行了若干改动,并加入了一些富有中国特色的论据,如"西施颦笑""艳质云遥""八音既戢"等等。[①]

小说的性质之外,吕思勉重点论述的另一问题是小说的分类。吕思勉认为,根据不同的标准可以将小说分为不同类型:由文学语言的不同,可分为散文小说与韵文小说两种;由所叙事实的繁与简,可分为复杂小说与简单小说两种;由叙事角度的不同,可分为自叙式小说与他叙式小说两种;由所记录事迹之虚实言之,可分为写实主义与理想主义两种;由写作之目的言之,可分为有主义小说与无主义小说两种;由小说题材之不同,可分为武事小说、写情小说、神怪小说、传奇小说、科学小说等等。对每一种分类标准及相应的小说类别,吕思勉都做了详细解释及举例说明。其中,关于理想主义小说与写实主义小说、无主义小说与有主义小说的说明,值得我们关注。

吕思勉这样来解释写实主义小说:"写实主义者,事本实有,不借虚构,笔之于书,以传其真,或略加以润饰考订,遂成绝妙之小说者也。"吕思勉认为,从小说本质上来说,小说为美的制作,"义主创造,不尚传述",但之所以制作、创造,无非因自然之美不能完全符合人类美的欲望,因而选择、变化、增删之,假如自然之物本身已经"尽合乎吾人之美感",那么"吾人但能记述抄录之,而亦足成其为美的制作矣",这就是写实主义小说的由来。写实主义小说所记录之事实出于天然,故"竟可作历史读"。理想主义小说与写实主义小说的不同,在于理想主义小说宗旨"不在描写当时之社会现状,而在发表自己所创造之境界",理想主义小说也需要"天然之事实"来充当写作素材,但总是对"天然之事实"加以变化、改造,"而别造成一新物"。吕思勉认为,小说发展的次序,是先写实而后理想,中国自唐代以后,理想小说方才盛行,唐以前"无纯结撰事实为小说者"。从

---

① 关诗佩:《吕思勉〈小说丛话〉对太田善男〈文学概论〉的吸入,兼论西方小说艺术论在晚清的移植》,《复旦学报》(社会科学版),2008 年第 2 期。

小说"美的制作"的性质来说,和事本实有、不借虚构的写实小说相比,理想小说更能代表小说之"正格"。可以看出,吕思勉主要是从创作的方法、技巧层面来理解写实主义与理想主义的,如实记录事实、不加虚构的,是写实主义,依靠想象、虚构来写作的,是理想主义。这样一种理解与写实主义、理想主义的本来意思相差甚远。在西方,写实主义(realism)、理想主义(idealism)的区分主要是从文学创作的观念层面来说的,与具体的技巧、方法关系不大。一般来说,像狄更斯、巴尔扎克那样,以客观的、现实的态度去写作,如实表现生活本来面目的,被认为是现实主义;而以主观的、理想的态度去写作,表现超现实的奇情、浪漫的作品,如骑士小说等,便被认为是理想主义。在具体的写作技巧层面,不论是写实主义还是理想主义,都离不开想象与虚构,都不可能是对于自然事实的简单记录,骑士小说固然与真实世界相去甚远,狄更斯小说也不是对于生活中已经发生的事情的简单复制。吕思勉将写实主义理解为事本实有、不借虚构,显然误解了写实主义的原意。这种误解,是西方美学、文学理论初入中国时的常见现象。

关于"有主义小说"与"无主义小说"的区别,吕思勉的理解是:"有主义之小说,或欲借此以牖启人之道德,或欲借此以输入智识,除美的方面外,又有特殊之目的者也,故亦可谓之杂文学的小说。无主义之小说,专以表现著者之美的意象为宗旨,为美的制作物,而除此以外,别无目的者也,故亦可谓之纯文学的小说"。纯文学小说与杂文学小说的差异,在于前者诉之于人类精神中情的方面,而后者诉之于知的方面:"纯文学的小说,专感人以情;杂文学的小说,则兼诉之知一方面"。吕思勉指出,中国旧时之小说大抵为纯文学的小说,而近年来杂文学小说大盛,提倡小说者期待通过小说来开通风气、输入知识,此种现象并不正常,"开通风气,贯输知识,诚要务矣,何必牵入于文学之问题? 必欲以二者相牵混,是于知识一方面未收其功,而于文学一方面,先被破坏也"。纯文学小说/无主义小说与杂文学小说/有主义小说的区分,同样来自日本太田善男的《文学概论》。《文学概论》上编第三章"文学之解说"中,将文学分为纯文学与杂文学两大类。太田善男认为,纯文学的内容、外形等皆为美的体现,其特色在诉诸人"情的"一方面,以感人为目的,杂文学的特色在诉诸人"知的"一方面,以启发教谕为目的。可以看出,吕思勉接受了太田善男纯文学/情、杂文学/知的区分,并将其套用在小说上,然后提出了纯文学小说与杂文学小说的区分。

《小说丛话》的后半部分，吕思勉以万余字的篇幅，分析了《红楼梦》的人物与故事。吕思勉认为，小说描写之人物、事实常较现实中的人物、事实为"小"，这种"小"不是真正的小，而是期待读者以小见大。小说中的人物、事件实际上是一种"代表"："然则小说所假设之事实，所描写之人物，可谓之代表主义而已，其本意固不徒在此也。"《红楼梦》是小说"代表主义"的最佳例证。吕思勉说，《红楼梦》中十二金钗"乃作者取以代表世界上十二种人物者也"，十二金钗之遭遇"则此十二种人物在世界上所受之苦痛也"，比如元春之短命所以"悼人命之不常也"，探春之远嫁所以"悼生离之苦也"，迎春之遭遇所以"伤弱肉强食也"，熙凤之结局所以"叹权力执着之苦也"，等等。从"小说所描写之人物，为代表主义"出发，吕思勉对索隐派的《红楼梦》研究提出了批评，认为"小说所载之事实，谓为真亦可，谓为伪亦可"，"必欲考《红楼梦》所隐者为何事，其书中之人物为何人，宁非笨伯乎？"吕思勉认为，《红楼梦》中所写的人物并非现实中实际存在的人物，而是作者以现实人物为基础所创造的人物"代表"，作为"代表"，《红楼梦》中的人物不能简单等同于现实中的某个人物，这一观点与王国维《红楼梦评论》中的观点不谋而合。王国维认为艺术中的人物并非艺术家将现实中的人物东鳞西爪拼凑而成，而是艺术家从"美的预想"出发所作的创造，"美术之所写者非个人之性质，而人类全体之性质也"。吕思勉的这一论断，当然也与王国维观点一样，具有浓厚的美学色彩。

总起来看，《小说丛话》的论述思路是，将小说置于艺术哲学的视野之中，由美的艺术的一般性质出发，强调小说作为艺术制作的想象性、创造性、理想性、强调小说与现实人生的距离。这样一套小说观念的提出，对民初的小说界来说具有特别的意义。民国二年至三年（1913 至 1914），小说界迎来了自梁启超《新小说》创办以来的第二个发展高峰，仅在上海，就有近 20 种小说杂志问世。这些小说杂志，大多具有"鸳鸯蝴蝶派"的色彩，比较典型者如《礼拜六》《小说丛报》《民权素》《游戏杂志》等。鸳蝴派的小说观念，是否定小说的政治教化功能，而极力强调小说的消闲、娱乐性质。有的鸳蝴派作家甚至将小说与人的酒、色嗜好相提并论，"买笑耗金钱，觅醉碍卫生，顾曲苦喧嚣，不若读小说之省俭而安乐也"[1]。有些鸳蝴派作家，则主张小说以表现风花雪月为宗旨："有口不谈家

---

[1] 钝根：《〈礼拜六〉出版赘言》，《礼拜六》1914 年第 1 期。

国,任他鹦鹉前头;寄情只在风花,寻我蠹鱼生活。"①中华书局主办的《中华小说界》,就是在这样一种环境下问世的。作为《中华小说界》上重头的理论文章,吕思勉《小说丛话》实际表达了中华书局同人对当时文坛潮流的判断与思考:一方面,他们顺应当时小说与政治分离的趋势,主张小说与现实人生的距离,主张小说不以灌输知识、服务政治为目的;另一方面,又不满于鸳蝴派将小说等同于一般消闲娱乐的倾向,强调小说为美的制作,小说是人类美的思想、美的性质之表达,具有高度的技巧性、艺术性。《小说丛话》的宗旨,是努力树立小说作为高雅艺术的形象:小说既不是政治的传声筒,也不是低级、庸俗的娱乐,而是一门高雅的、复杂的艺术,小说的创作与欣赏均需要高超的修养与智慧。

小 结

以上关于"新小说"运动与现代美学思想传播的梳理,证明一个事实:世纪初美学不是单纯的理论架构,而是和当时的文学艺术实践结合在一起。美学运动与文学艺术运动紧密配合,互相促进。一方面,文学艺术运动推动了现代美学思想、美学理论的传播;另一方面,现代美学思想、美学理论的传播,又促进了文学艺术领域的变革,美学思想、美学理论催生了文学的自觉意识,文学家、文学批评家对文学的独立价值、文学家的独立地位提出越来越强的诉求。

① 徐枕亚:《〈小说丛报〉发刊词》,《小说丛报》1914年第1期。

第六章

留日学生群体的美学与艺术观

20世纪最初的十年，中国知识界掀起了一个赴日留学的热潮，数以万计的青年学生奔赴日本留学。① 留日学生所学的专业，以法政、军事、师范等实用性较强的专业为主，人文、历史学科较少人学习，文学、艺术专业更少有人问津。不过，虽然留日学生中专门学文学艺术的人很少，对文学艺术感兴趣、热衷者却并不少。不论是文学、美术、音乐还是戏剧方面，留学生们都积极地尝试变革。20世纪初文学艺术领域的很多新气象，都是由留日学生开创的。创作实践之外，留学生们还留意进行理论上的探讨。当时，以各地同乡会为纽带，留日学生结成了很多群体，创办了一批同人杂志，如《江苏》《河南》《云南》《浙江潮》《游学译编》等等。在这些杂志上，留学生们零星地发表了一些关于美学与艺术的文章。例如，《河南》刊发了鲁迅与周作人的一系列关于文学的文章，《浙江潮》刊发了《中国音乐改良说》等文章，《醒狮》开辟了"美术""美术界杂俎"栏目，这两个栏目中发表了《图画修得法》等讨论绘画的文章。以上这些创作实践及理论研讨，虽然大都是属于某一门类艺术的，距离纯粹的美学理论似乎较远，却代表着近代国人对于各门类艺术的现代理解，这种现代理解构成了美学理论发展的基础。对这些实践及理论批评文本进行研究，有助于丰富人们对世纪初中国美学的认识。

---

① 参考实藤惠秀《中国人留学日本史》第二章，三联书店1983年版。

第一节　鲁迅、周作人的"纯文学"理论

如前所述,20 世纪初的留日学生群体中,实用主义、功利主义的倾向很严重。据周作人回忆,"其时留学界的空气是偏重实用,什九学法政,其次是理工,对于文学都很轻视"①。在这样的环境下,鲁迅、周作人兄弟的选择显得难能可贵。周氏兄弟是早期留日学生(辛亥前留日)中,以文学为主业并且后来也终生从事文学的几乎绝无仅有的两个。在日本,周氏兄弟对欧洲及日本文学进行了深入学习,并对文学的性质为何、中国文学如何发展等问题做了系统思考。

1908 年 2 月至 3 月,鲁迅在留日学生杂志《河南》上,发表了一篇重要文章《摩罗诗力说》。《摩罗诗力说》的主旨,是论证文学的性质与价值,鼓吹文学变革的必要性。有意思的是,虽然当时鲁迅身处日本,却没有使用当时在日本已很流行的"文学"概念,而是使用了中国传统的"文章"。但是从他的论述来看,他的"文章"并非"文章流别"意义上的"文章",而是与西文中的 literature 对应,相当于我们今天的"文学"。文章的开头,鲁迅提出,"人文之留遗后世者,最有力莫如心声",文学可以保存、发扬国民精神,弱小民族的诗人往往通过诗歌来鼓舞国民精神,推动民族的独立解放,"败拿破仑者,不为国家,不为皇帝,不为兵刃,国民而已。国民皆诗,亦皆诗人之具"。行文至此,鲁迅忽然笔锋一转,指出前面对文学的社会功能的强调,不过"聊以震崇实之士,使知黄金黑铁,断不足以兴国家","此篇本意,固不在是也"。文学固然可以有益于国家、社会,但那却不是文学的本来目的。文章、文学的本质是求美:

> 由纯文学上言之,则以一切美术之本质,皆在使观听之人,为之兴感怡悦,文章为美术之一,质当亦然,与个人暨邦国之存,无所系属,实利离尽,究理弗存。

从纯文学的意义上说,文学作为美术之一种,其根本使命不在教化众生,而在愉

---

① 周作人:《关于鲁迅之二》,见《鲁迅的青年时代》,河北教育出版社 2002 年版,第 126 页。

悦情感，促进人的精神的健康发展。他引英国学者道覃（E. Dowden，今译多顿）的话说："美术文章之杰出于世者，观诵而后，似无裨于人间者，往往有之。然吾人乐于观诵，如游巨浸，前临渺茫，浮游波际，游泳既已，神质悉移。而彼之大海，实仅波起涛飞，绝无情愫，未始以一教训一格言相授。"① 愉悦人情、涵养神思，是文学的本职功用，其他皆次要的、间接的功用。

《摩罗诗力说》发表后不久，周作人在名为《论文章之意义暨其使命因及中国近时论文之失》的文章中，也论及了文学的审美无功利性质。和鲁迅一样，周作人也没有使用较新的"文学"概念，而是使用了旧有的"文章"一词而赋予其新的意义。在正面阐述自己的文学观念之前，周作人也像黄人一样旁征博引西方学者关于文学的定义。他先后引挞实图（塔西佗）、阔迭廉（昆体良）、昔什洛（西塞罗）、倭什斯多、布路克（布鲁克）、爱诺尔德（阿诺德）、波士纳德（波斯奈特）关于文学的定义，认为它们不是失之太狭，便是失之太广。相比较之下，美国人宏德（Hunt，1844—1930）的文学定义不偏不倚，庶几中庸。宏德的文学定义如下："文章者，人生思想之形现，出自意象、感情、风味（taste），笔为文书。脱离学术，遍及都凡，皆得领解（intelligible），又生兴趣（interesting）者也。"周作人将宏德的文学定义疏解为如下四点：其一，文章必形诸笔墨；其二，文章必非学术；其三，文章为人生思想之形现；其四，文章有不可或缺者三状，"具神思（ideal）、能感兴（impassioned）、有美致（artistic）也"，文章可以表现思想，但须以意象、感情、风味为中介来表现。论述完文学的性质后，周作人又据宏德的观点，进而论文学的价值功用：一、文章使命在裁铸高义鸿思，汇合阐发之；二、文章使命在阐释时代精神，的然无误；三、文章使命在阐释人情以示世；四、文章使命在发扬深思，趣人生以进于高尚，文章之别于其他的有形功利之物，就在于文章超脱凡俗，以发扬人之神思为己任。

正面阐述文学的性质、功用之外，周作人的另一任务，是批判中国从古至今错误的文学观念。周作人说，"吾国之昧于文章意义也，不始今日"，"古者以文章为经世之业，上宗典经，非足以弼教辅治者莫与于此"。古代文学观念的最大谬误，是抹杀文学的独立价值，以文学为政治教化的附庸，此种谬误的根源在儒家学说，"盖自孔子定经而后，遂束思想于一缚，而文艺之作靡不以润色鸿业、宣

---

① 鲁迅：《摩罗诗力说》，《河南》第 2、3 期，日本东京河南发行所 1908 年版。

布皇猷为用,所谓为一人者也"。批评完古人后,周作人又将矛头对准当下。周作人认为,自从梁启超创办《新小说》以来,小说在著、译两方面都有一些进步,但小说观念方面仍然停滞不前。他批评国人关于小说的两种错误观念:第一,不以小说为文章;第二,虽以小说为文章,但仍昧于文章之义。关于前者,他举林传甲为例,林传甲《中国文学史》自称效仿日本笹川种郎《中国文学史》体例,但又批评笹川将元杂剧、院本、小说纳入文学史中的做法,认为词曲、说部不足语乎文学,笹川种郎"自乱其例耳"。针对林传甲的观点,周作人驳斥道:"夫文章一语,虽总括文、诗,而其间实分两部。一为纯文章,或名之曰诗,而又分之为二:曰吟式诗,中含诗赋、词曲、传奇,韵文也;曰读式诗,为说部之类,散文也。其他书、记、论、状之属,自为一别,皆杂文章耳。"小说是正宗的纯文学,其重要性不下诗赋。关于后者,他举梁启超、吴趼人的小说有益群治说为例,批评他们的实用主义倾向:"今言小说者,莫不多立名色,强比附于正大之名,谓足以益世道人心,为治化之助……手治文章而心仪功利,矛盾奈何!"最后,周作人呼吁:"文章一科,后当别为孤宗,不为他物所统。又当摒儒者于门外,俾不得复煽祸言,因缘为害。"①

周氏兄弟的共同观点,是强调文学的独立地位与审美超功利性,主张文学不追求直接的现实功利,文学与实用性质的学术、政治、科学不同。二人相较,鲁迅的论证较简单,而周作人则复杂、精密也翔实得多。他们这种观点的来源,是明治年间日本流行的各种西方美学与文艺理论。明治十年左右,西方美学与文艺理论开始输入日本。先是美国人费诺罗萨的《美术真说》和法国人维隆的《维氏美学》被翻译成日文出版,这两部书在相当长的时间里充当了日本人的美学启蒙读物。稍后,坪内逍遥、吉田幸太郎致力于英国文学史与文学批评的介绍。另一方面,德国的美学与文论主要通过森鸥外、石桥忍月等传入日本,特别是森鸥外,翻译了哈特曼与立普斯的美学著作。在这些译著的刺激下,日本人自己的文学论著开始出现,坪内逍遥的《小说神髓》(1885)、二叶亭四迷的《小说总论》(1886)、内田鲁庵的《文学一斑》(1892)、岛村抱月《文艺上的自然主义》、太田善男的《文学概论》(1906)、夏目漱石的《文学论》(1907)等相继出版。鲁迅

---

① 周作人:《论文章之意义暨其使命因及中国近时论文之失》,《河南》第 4、5 期,日本东京河南发行所1908 年版。

的《摩罗诗力说》和周作人的《论文章之意义暨其使命因及中国近时论文之失》，就是在摄取以上论著的养料的基础上写成的。《摩罗诗力说》与《论文章之意义》中的许多观点和材料，都直接袭自日本学者的译著或论著。比如，鲁迅的"一切美术之本质，皆在使观听之人，为之兴感怡悦"，很有可能来自坪内逍遥。坪内逍遥在《小说神髓·小说总论》中曾经说过："所谓艺术，原本就不是实用的技能，而是以娱人心目，尽量做到其妙入神为'目的'的。"①周作人博引西方自塔西伦、昆体良、西塞罗以来的文学定义，与黄人《中国文学史》中的引述如出一辙，显然也是受了太田善男《文学概论》的影响。

　　周氏兄弟文学主张的一个特点，是在文学的功用问题上的"力主持平"（周作人语）：一方面，主张文学为艺术之一种，不追求直接的现实功利；另一方面，又强调文艺尽管没有直接的功利性，但通过涵养人类之神思，趣人生以进于高尚之境，仍然可以对人类社会和民族国家有益，也就是说"文章虽非实用，而有远功"，具有一种"不用之用"。周作人认为文学不光可以裁铸高义鸿思、阐释时代精神，更重要的是能发扬民族精神："夫文章者，国民精神之所寄也。精神而盛，文章固即以发皇，精神而衰，文章亦足以补救"。鲁迅《摩罗诗力说》的大半篇幅，是对摩罗派诗人社会影响力的描述。摩罗派诗人的共同特点是"刚健不挠，抱诚守真，不取媚于俗，以随顺旧俗，发为雄声，以起其国人之新生，而大其国于天下"。不论是鲁迅，还是周作人，都对"为艺术而艺术"的口号保持了警惕。周作人说："有别说焉，其义亦正，而为众所可认者，谓著作极致在怡悦读者，令得兴趣、有美感也。理固纯定，亦为文章所当有事，第复失于偏，未能圆满……若文章为用唯观听之娱，则其流甚易入于纯艺派。"而从鲁迅和周作人晚年的回忆文章看，他们之投身于文学运动，最初目的本来就是要靠文学来改良社会。鲁迅在《域外小说集》的再版序言里说："我们在日本留学时候，有一种茫漠的希望：以为文艺是可以转移性情，改造社会的。因为这意见，便自然而然的想到介绍外国新文学这一件事。"②周作人也承认，他们兄弟早年的文学主张和梁任公相比，"只是不侧重文学之直接的教训作用，本意还没有什么变更，即仍主张以文学来感化社会，振兴民族精神，用后来的熟语来说，可说是属于为人生

① ［日］坪内逍遥：《小说神髓》，刘振瀛译，人民文学出版社1991年版，第22页。
② 鲁迅：《域外小说集序》，《鲁迅全集》第10卷，人民文学出版社1982年版，第161页。

的艺术这一派的"①。

周氏兄弟之所以在文学功用问题上持调和立场，有多个方面的原因。首先一个原因，是他们所受的明治时期日本文艺理论的影响。明治时期的很多日本文艺理论家，如坪内逍遥、太田善男等，在文学的价值功用问题上本来就持一种调和立场，即兼顾审美主义与实用主义，既强调审美是文学的根本目的，又不排除文学的教谕功能。坪内逍遥曾经说过，小说能够给人带来两种利益，"一种是直接的利益，一种是间接的裨益"，"直接的利益，就在于娱悦人心"，"间接裨益是多种多样的，如可以使人们的品味高尚，可以对人进行劝善惩诫，可以补正史的缺遗，可以成为文学的楷模"。② 日本影响之外，还有一个更重要的原因，就是周氏兄弟所要承担的救亡图存的爱国使命。周作人说："巨浸稽天，民胡所宅？为今之计，窃欲以虚灵之物为上古之方舟焉。"③面对故国风雨飘摇的局势，想要以文学来感化民众，救国救民，这个时候，不可能把文学仅仅作为游戏的赏玩，而是必然在文学的审美功能之外，更加注重其教化价值。周氏兄弟之注重摩罗派诗人，并不是偶然的。《摩罗诗力说》："今且置古事不道，别求新声于异邦，而其因即动于怀古。新声之别，不可究详。至力足以振人，且语之较有深趣者，实莫如摩罗诗派。"④摩罗派诗人的特点是"力足以振人"，能够转移风气，感化愚顽，同时又"语之较有深趣"，也就是说具有审美价值，能够发扬神思，怡情悦智。周氏兄弟对摩罗派诗人的赞赏，充分表现出他们的调和主义的文学观。

20世纪初，现代纯文学观念逐渐在中国确立。纯文学观念确立过程中，很多人都起到了作用。周氏兄弟之外，王国维、黄人等人也都倡导纯文学观。有意思的是，这些人中除王国维的纯文学观较为圆融外，其他人的纯文学观都颇多内在矛盾。以黄人为例，黄人在理论上赞成纯文学观，但在文学史的实际编纂中却背离了纯文学观。在黄人的《中国文学史》中，论述了大量的杂文学甚至非文学的作品。这种背离，换一种角度看，可以看成是对于纯文学观的灵活处理：纯文学观是后起的，古人并没有纯文学的观念，纯文学、杂文学处于共生的状态。黄人实际从中国文学的现实出发，进行了灵活处理：一方面从纯文学出

---

① 周作人：《鲁迅的青年时代·附录三》，河北教育出版社2002年版，第125页。
② ［日］坪内逍遥：《小说神髓》，刘振瀛译，人民文学出版社1991年版，第63、64页
③ 周作人：《论文章之意义暨其使命因及中国近时论文之失》，《河南》第4、5期，日本东京河南发行所1908年版。
④ 鲁迅：《摩罗诗力说》，《河南》第2、3期，日本东京河南发行所1908年版。

发，来写作文学史，另一方面具体写作中，又不固守纯文学，适当论述杂文学、非文学，以使文学史更加丰富、完整。

如果说黄人的《中国文学史》向我们展示了纯文学概念输入中国后所遭遇的第一个挑战——中国古代纷纭复杂、变动不居的艺文实践——的话，那么周氏兄弟的早期论文则向我们展示了纯文学概念所遭遇的另一困境：近代知识分子所面对的启迪民众、教化国民的历史使命。面对这样一个必须要承担的历史使命，纯文学是否还能够存在，以什么样的方式存在？王国维说："文学者，游戏的事业也……民族文化之发达非达一定之程度，则不能有文学，而个人之汲汲于争存者，绝无文学家之资格。"①个人之汲汲于争存者无文学家之资格，民族之汲汲于争存者是否也无文学之资格呢？回答这个问题的关键是如何理解文学。如果把文学理解为纯粹意义上的无目的游戏，那么正在为生存而奋斗的民族的确没有从事文学的资格。如果认为文学除了游戏审美之外，还有教化民众、鼓舞国民的功用，那么为生存而奋斗的民族也有从事文学的权力。周氏兄弟的理解是后者。

《摩罗诗力说》与《论文章之意义》这两篇文章，除了论述文艺的功利性与超功利性之外，实际还触及了现代美学中的另一重要理论——美育。周氏兄弟认为，文艺的本质是求美，但是尽管如此，文艺仍然有其不用之用，这种不用之用即通过涵养人类之神思，趣人生进于高尚之境，从而实现人的健全发展，"特世有文章，而人乃以几于具足"。所谓"具足"，即全面、健全。通过审美，实现人的全面健康发展，这正是现代美育理论的核心主张。《摩罗诗力说》强调摩罗派诗人的特点是"以殊特雄丽之言"，振奋其国民之精神，提升其国民之人格，使即于"诚善美伟强力敢为之域"。文章号召中国的诗人、文士向摩罗派诗人学习，以文学为媒介，致力于国民人格的培育与塑造，"宣彼妙音，传其灵觉，以美善吾人之性情，崇大吾人之思理"，"作至诚之声，致吾人于善美刚健"，"作温煦之声，援吾人出于荒寒"。② 诸如此类的论述中，显然都包含着美育的主张。

紧随《论文章之意义》之后发表的两篇文章《文化偏至论》以及《科学史教篇》，同样涉及了美育的问题。发表于 1908 年 8 月的《文化偏至论》中，鲁迅提

---

① 王国维：《文学小言》，《王国维遗书》第 5 卷，上海古籍出版社 1983 年影印版，第 27、28 页。
② 鲁迅：《摩罗诗力说》，《河南》第 2、3 期，日本东京河南发行所 1908 年版。

出了一个观点：一种文化或文明发展到极致时就会产生许多偏颇（鲁迅称其为
"偏至"），为了矫正这些偏颇，一种新的文明出现；新文明发达到极致，又会产生
偏颇，于是又有一种更新的文明出现，此种更新的文明在某种程度上是过去已
经消亡的旧文明的复归——通过恢复过去的旧文明来矫正当前新文明所带来
的偏颇。人类社会发展的过程，就是一个钟摆状的不断纠偏的过程，通过不断
地以偏纠偏，人类努力追求着"全"，即文明的健康与健全。以 18 世纪以来欧洲
文明的发展为例，18、19 世纪欧洲文明的特点是强调物质与众数（所谓物质即功
利主义，所谓众数即多数人意志，少数服从多数），之所以标举物质与众数，是为
了矫正此前中世纪文明的教权专制与君权专制。但是物质与众数发展到极致，
又产生了新的弊端，物质崇拜导致人的主观精神的萎缩、创造力的枯竭，众数崇
拜导致庸人社会和多数人的专制。为了矫正这些偏颇与弊端，19 世纪末期以来
欧洲思想界出现了一股新的潮流，这股新潮流的核心主张有两个："曰非物质，
曰重个人。"非物质即否定物质的优先性，强调人的主观内面精神的重要，重个
人即质疑群体的合法性，强调个体的尊严与价值。之所以提出非物质与重个人
两个主张，是为了消除前此的物质与众数所带来的人性的压迫与扭曲，实现人
类社会的健康发展。论述完欧洲思想界的最新趋势后，鲁迅话题一转，谈到了
时下中国的问题。他认为中国人自古以来，就崇尚功利而疾视天才，现在受到
西方人船坚炮利、上下一心的刺激，短视之徒纷纷鼓吹效仿西方，追逐物质与众
数，此种论调若广泛流行，中国将陷入万劫不复之境地。鲁迅认为，物质也好，
众数也好，其道皆"偏至"，在西方早就是已陈之刍狗，现在将它们原封不动地引
入中国，只会加重中国原有的问题。他提醒人们，在物质与众数之外，中国人更
应该重视西方 19 世纪末期以来的新思潮，通过引入重个人、张精神的新思潮，
来振奋国人的精神，培育合格的国民，实现民族的复兴："诚若为今立计，所当稽
求既往，相度方来，掊物质而张灵明，任个人而排众数。人既发扬踔厉矣，则邦
国亦以兴起。"①

　　可以看出，在《文化偏至论》中，鲁迅的出发点有两个：文化、文明的健全发
展以及人的健全发展。理想的文化应兼顾众数与个人、精神与物质两方面，理
想的人格也应包含群体与个性、外在与内面两方面的因素，不能顾此而失彼，偏

---

① 鲁迅：《文化偏至论》，《河南》第 7 期，日本东京河南发行所 1908 年版。

于一极而忘记另一极。此种论调,显然容易让人联想起席勒关于人的全面发展的理论。而在文章中,鲁迅也的确提到了席勒,他引席勒的观点,来说明 18、19 世纪"神思宗"的人格理想:"往所理想,在知见情操,两皆调整……希籁(Fr. Schiller)氏者,乃谓必知、感两性,圆满无间,然后谓之全人。"①种种迹象表明,在写作《文化偏至论》的时候,鲁迅对席勒所代表的西方美育理论有所了解,美育理论是鲁迅《文化偏至论》的一个重要思想来源。

《文化偏至论》批判的对象有两个——物质与众数,《科学史教篇》则将矛头专门对准物质。文章从梳理科学发展的历史入手,批评科学崇拜与物质至上主义。文章认为,18 世纪以来科学的进步带来了经济的繁荣与物质的增长,但同时也滋生了一部分人的科学崇拜与物质崇拜,认为科学与物质可以解决一切问题,科学之外的其他学科如哲学、文学等都是无用之学,不值得探究。文章认为,这是一种错误的观念。文章提醒人们注意以下三点。第一,从科学发展的历史看,科学的发展常受科学之外的道德、文艺等因素的推动,"盖科学发见,常受超科学之力,易语以释之,亦可曰非科学的理想之感动,古今知名之士,概如是矣"。科学、宗教、文艺三者互相羽翼,互相促进,不能厚此薄彼,执一而忘其余。第二,科学发展为人们带来了物质上的利益,但科学家研究科学的初衷却是为追求真理,功利只是科学不期然的成果。世间有很多事物,其价值并不显现于当前,而是彰显于后世,因此不应该要求所有人都汲汲于当世之务,应该允许一部分人从事那些在当前看来没有实用价值的工作。第三,过度重视科学,而忽略人文学科,会导致社会的片面发展和人性的扭曲变形,"使举世惟知识是崇,人生必大归于枯寂,如是既久,则美上之感情漓,明敏之思想失,所谓科学,亦同归于无有矣"。而文学、艺术的功用即在于丰富人的精神生活,促进人性的健全发展。人类社会不仅需要牛顿、玻尔式的科学家,还需要莎士比亚式的诗人,拉斐尔式的画家,"凡此者,皆所以致人性于全,不使之偏倚,因以见今日之文明者"。②

从《摩罗诗力说》到《文化偏至论》到《科学史教篇》,有一个一以贯之的理论出发点,这个出发点用鲁迅的话说就是"立人",即培育国民健全的人格,鼓舞国

---

① 鲁迅:《文化偏至论》,《河南》第 7 期,日本东京河南发行所 1908 年版。
② 鲁迅:《科学史教篇》,《河南》第 5 期,日本东京河南发行所 1908 年版。

民奋斗的精神。从"立人"的理想出发，鲁迅论述了文学艺术的价值，肯定了文学在培育健全人格方面的独特功效。显然，鲁迅已经触及了美育理论的核心，阐发出了美育理论的基本原理。因此，虽然没有明确拈出"美育"这样一个词，但是将鲁迅看成是美育理论在中国的一个早期传播者，相信不会引起太大争议。不过，需要注意的是，和席勒所代表的西方美育理论相比，鲁迅的美育主张有很强的属于自己的特色：

首先，鲁迅并未原封不动地系统引入西方美育理论，而只是借用了西方美育理论中的一个重要命题，来展开自己的论述，这个命题就是审美促进人的全面自由发展。席勒认为，"政治方面的一切改善都应该从性格的高尚化出发"①，而审美可以培育人的高尚健全的性格。鲁迅也认为，"将生存两间，角逐列国是务，其首在立人，人立而后事举"②，而文学有助于立人。但是仅仅如此而已，除此之外，鲁迅并未过多地照搬西方美育理论，而是大胆地进行了自己的创造。比如，在人的全面发展之外，鲁迅还论述了文化、文明的全面发展，论述了文化发展过程中的"偏至"现象，谈到了文化发展中创新与复古的问题，所有这些现象与问题都是超出席勒美育理论之外的。

其次，审美可以培育健全理想的人格，这一点是鲁迅和西方美育理论家们所共同承认的，但是在何谓健全理想的人格以及审美如何培育健全理想的人格的问题上面，鲁迅和席勒所代表的西方美育理论家们的理解大不相同。在席勒看来，健全的理想的人格应该是理性与感性、主观与客观、精神与物质、自由与必然、判断力与想象力等一系列对立因素的完美统一。而在鲁迅看来，席勒所设想的理性与感性、主观与客观完美统一的人物只是一个空想，很难在现实世界中实现，"明哲之士，反省于内面者深，因以知古人所设具足调协之人，绝不能得之今世"③。正如文化发展的理想是群体与个体、精神与物质的完美结合，但现实中文化的发展却往往趋于"偏至"，人们只能以偏救偏，在偏中求"全"一样，人格发展的理想是理性与感性、主观与客观、内在与外在的完美统一，但现实中此种理想也很难达到，现实中人们往往趋向于某一特定方向发展，为了避免在

① ［德］席勒：《审美教育书简》，张玉能译，译林出版社 2009 年版，第 23 页。
②③ 鲁迅：《文化偏至论》，《河南》第 7 期，日本东京河南发行所 1908 年版。

此歧途上越走越远，人们只能选择趋于另一相反方向来发展，以此来矫正之前人格发展的缺陷。也就是说，人格的健全发展只能是相对的，不可能是绝对的，绝对健全的人格永远不能实现。那么，对于 20 世纪初的中国人来讲，应该选择一个什么样的人格发展方向呢？鲁迅的答案是：高扬人的主观内面精神，抗拒世俗功利的诱惑，刚毅不挠，勇猛奋进，向不合理的外部世界开战。鲁迅认为，长久以来，中国人受君主专制与实利主义的毒害，精神本已极度颓靡萎弱，现在西方物质文明滚滚而来，形势更是岌岌可危。当此之时，唯有矫枉过正，高扬人的主观精神，鼓舞国人以主观精神对抗外部世界，则国人庶几还有一线生机，否则只有日趋沦亡而已。他赞美摩罗派的诗人，号召国人向摩罗派诗人学习。摩罗派诗人的特点是精神发皇，意志坚强，不屈从于众，不随顺于俗，"立意在反抗，旨归在动作"，"不为盛世和乐之音，动吭一呼，闻者兴起，争天拒俗，而精神复深感于后世人心，绵延至于无已"。他称赞英国诗人拜伦文章"函刚健抗拒破坏挑战之声"，"所遇常抗，所向必动，贵力而尚强，尊己而好战"，称赞雪莱"神思之人，求索而无止期，猛进而不退转"，称赞俄国诗人莱蒙托夫力抗社会，"奋战力拒，不稍退转"。一句话，席勒要培育的，是内外兼修、文质彬彬的君子，而鲁迅所欣赏的，是意力超群、百折不挠的斗士，这是他们之间最大的区别。

第二节　李叔同的"绘画论"

和文学专业相比，美术（这里指的是狭义的美术，主要包括绘画和雕塑）专业的留日学生数量相对较多。辛亥之前，就有李叔同、曾孝谷、黄辅周、谈谊孙、白常龄、何香凝、高剑父、高奇峰、陈树人等至少十余人留学日本专习美术。辛亥之后，又有陈抱一、王悦之、卫天霖、许敦谷、俞寄凡、胡根天等相继留日学习美术。在留学西方的美术生大批回国之前，留日学生较早地把现代美术思潮引入中国，引发了中国近代美术的变革运动。

在早期留日美术生当中，李叔同是时间较早、影响又较大的一个。并且李叔同的特殊性在于，他不仅实际地学习美术、改良中国传统的美术教育，更撰写专门的文章，试图从理论上阐明美术特别是绘画到底为何物，美术改良的方向是什么,等等。① 下面,以李叔同最早的一篇美术理论文章《图画修得法》为中心,概述李叔同的美术思想及其美学史意义。②

(一) 中国近代第一次对"图画"的定义

《图画修得法》是李叔同留学日本后发表的第一篇文章。他于 1905 年 8 月孤身赴日留学,在抵日四个月后(12 月)即在留学生杂志《醒狮》③第二期与第三期上连载了《图画修得法》。这一时期李叔同还没有进入东京美术学校对油画进行系统的学习。④《图画修得法》的内容共三章⑤,第一章"图画之效力",第二章"图画之种类",第三章"自在画概说",其中第三章"自在画概说"最后附有五页画法示意图。

在文章开篇的第一段,即相当于全篇序言的部分,李叔同这样写道:

> 我国图画,发达盖早。黄帝时,史皇作绘,图画之术,实肇乎是。有周肇兴,司绘置专职,兹事寖盛。汉唐而还,流派灼著,道乃烈矣。顾黫序杂遝,教授鲜良法,浅学之士,靡自窥测。又其涉想所及,狃于故常,新理眇法,匪所加意,言之可为于邑。不佞航海之东,忽忽逾月,耳目所接,辄有异想。冬夜多暇,掇拾日儒柿山、松田两先生之言,间以己意,述为是编。夫唯大雅,倘有取于斯欤?

李叔同开篇并没有解释什么是"图画",而是简略地介绍了中国图画的历史。在它的产生与发展阶段,他没有用"图画"而是"绘",指出绘产生于黄帝时代发展于汉代唐代,历史悠久,流派众多,但秩序杂沓,教授起来缺乏良好的方法。接

---

① 李叔同之外,也有其他个别留日学生写过美术理论方面的文章。陈树人曾经在《真相画报》第 17 期(1913 年出版)发表过《图画教法》,在这篇文章中陈树人提出图画与言语"同为发表思想之要具",不同的是言语以知识概念发表思想,图画以具象发表思想,图画属平面艺术,等等。但总起来看,陈树人的这篇文章内容较为简单,在论述的深度与广度上不能与李叔同相比。

② 李叔同早年专论美术的文章除《图画修得法》外,还有《水彩画法说略》。《水彩画法说略》主要介绍了水彩画所需的材料,如颜色、笔、纸、画板,水彩画常用临本(作品集)等,技术性较强,理论性几乎没有,所以这里基本不涉及。

③ 《醒狮》创刊于 1905 年 9 月,是在日本东京出版的月刊。编辑兼发行者署李累,实为高旭(天梅)。参考上海图书馆编撰的《中国近代期刊篇目汇录 第二卷》,上海人民出版社 1976 年版,第 1700 页。

④ 翌年 9 月,李叔同考入东京美术学校西洋画科选科开始了系统的油画学习。

⑤ 目前看到的《图画修得法》共三章,也许还有其他章。但由于《醒狮》杂志目前只能找到 1 至 4 期,所以不能判断。以下相关引文均出于此,不再一一标注。

着说"浅学之士"因为拘泥于常规，所以不足以自创出优秀新颖的教授方法（"新理妙法"）。做了如上铺垫后，接下来他引出这一段非常重要的内容，即关系到这篇文章来源的话。他说自己来到日本数月，种种耳闻目睹后有了新的想法（"异想"）。于是在这漫长而又难眠的冬夜，"拾掇"了柿山与松田两位日本学者的言论，其间加以自己意见的补充，写成了这一篇《图画修得法》。

　　李叔同提到的柿山与松田的言论究竟是什么？经过笔者最初步的调查得知，李叔同提到的柿山与松田两先生的言论，实际上是李叔同赴日的两年前即1903年东京三省堂出版的柿山蕃雄与松田茂合著的一部名为《普通教育之图画教授法》的教材。虽然在这本书的封面上赫然写着柿山蕃雄与松田茂同为东京高等师范学校的教师，但实际上他们二人是执教于东京高等师范学校附属小学的美术教师。在《普通教育之图画教授法》（以下简称《图画教授法》）一书的《凡例》中，柿山与松田这样说明编写这本书的目的："本书为资小学教师及培养小学教师之各学校教师参考而编，准据现行小学校令实行规则，避免空理空论以实际为旨。"①由此可见，《图画教授法》是为从事小学美术教育的教师以及培养小学美术教师的师范教师而写的教材。1905年来到日本后的李叔同，最初关注的就是这种美术教学法性质的著作。李叔同以《图画教授法》为基础，结合自己对绘画的理解，写出了《图画修得法》。因此，《图画修得法》本身也是一篇美术教学法方面的论文。有意思的是，正是在这篇美术教学法性质的论文中，李叔同在中国历史上首次对绘画做了现代意义上的界定。

　　《图画修得法》的第一章"图画之效力"的主题，是图画对人类社会整体的效力。李叔同在大方向上，指出图画具有两个方面效力：一、实质上；二、形式上。然后，再细分，把"实质上的效力"又分为两方面：一、作为"普通技能"的图画；二、作为"专门技能"的图画。这种逐步分项具体说明的方法，遵循的是西方逻辑学的说理方式。我们先看图画实质上的两个效力：一作为普通的技能，二作为特殊的技能。李叔同认为，作为普通技能的图画，与人类的语言和文字一样，是人类表达思想情感的工具。李叔同从人类"说的语言"与"写的文字"的产生说起：人类为了表达复杂的思想感情而发明了"语言"与"文字"这两种符号。但随着社会的进步，人类思想感情也日益复杂，"语言"与"文字"意图要完全表达

----

① 柿山蕃雄、松田茂：《普通教育における圖畫教授法》，东京三省堂1903年版，第1页。

人类的思想感情时,就会面临"冗长"且"粗略"两个缺陷,而图画作为同样可以表达人复杂的思想与感情的符号则简明而且具体:

> 图画者,为物至简单,为状至明确。举人世至复杂之思想感情,可以一览得之。晚近以还,若书籍,若报章,若讲义,非不佐以图画。匪文字语言之不逮,效力所及,盖有如此。[①]

看到这里后,我们便可以知道李叔同选择在开篇说明"图画之效力"的目的了。这里虽然说的是图画的效力,但实质上是为"图画"做了不同于中国传统的、西方符号学的定义。中国的传统是将图画视为文人墨客闲暇时的娱乐。而在这里图画被定义为与语言文字一样反映人复杂的思想与感情的符号。作为符号,图画的意义与价值超越于娱乐之上:

> 说者曰:图画者,娱乐的,非实用。虽然,图画之范围綦广,匪娱乐的一端所能括也。夫图画之效力,与语言文字同,其性质亦复相似。脱以图画属娱乐的,又何解于语言文字? 倡优曼辞,独非语言? 然则闻倡优曼辞,亦谓语言属娱乐的乎? 小说传奇,独非文字? 然则诵小说传奇,亦谓文字属娱乐的乎?[②]

接下来,李叔同继续通过与语言的比较,来说明图画作为人类"普通技能"的效力。既然图画与语言都是表达人类思想感情的符号,既然语言的发达被认为与社会的发达有关,那么图画的发达同样与社会的发达有关。图画越发达,说明人类思想感情精密表达的能力越强。因此,为人类社会的发达进步考虑,应大力发展图画。

论述完图画作为"普通技能"的功效后,李叔同进而论述图画作为"专门技能"的功用。他指出,作为"专门技能",图画是现代美术工艺的源本。他举 1851 年"英国设博览会"为例,在这次博览会上,英国人意识到自己国家工艺品的低劣现状,于是定图画为国民教育的必修课。不过数年,英制的工艺品变得优美,

---

①② 李叔同:《图画修得法》,《醒狮》第 2 期,醒狮杂志社 1905 年版。

让欧洲各国震惊。又提到法国举办"万国大博览会"后，政府投入财力劳力发展图画教育，遂成为美术大国，美国日本向法国学习，这两个国家的美术工艺也日益进步。

——在这里，李叔同从世博会召开后的西方的视点，也可以理解为"近代的视点"，来重新定义图画，阐述图画与一个国家的近代化程度的关系。图画是衡量一个国家近代化程度的标志。很显然，这里的"图画"是不同于中国传统的"绘"的，它是象征着"近代"的名词。前引《图画修得法》的序言中，李叔同一开始提到了"绘"（"史皇作绘"），但接下来他没有用"绘"，而是使用了"图画"。"绘"是中国的传统概念，孔子早就说过"绘事后素"。而"图画"这个概念虽然对于现今的我们已经非常熟悉了，但在《图画修得法》写成的 1905 年，这个词还是很新鲜的。追溯它的来历，应该是在清末随着日本的教育制度被介绍到中国，从日本传到中国来的。在李叔同的《图画修得法》发表的三年前，即 1902 年的《教育世界》（罗振玉创刊）里的《小学校拟章》可以找到这个词①。而《小学校拟章》就是按照当时的日本明治时期的小学教育章程编写的。李叔同用的是"图画"而不是"绘"，这是因为"图画"是一个有着近代意义的概念，可以说是中国传统的"绘"的近代的新定义。《图画修得法》的目的不仅在于说明如何修得图画，还在于提出"图画"这个具有近代意义的新的美术概念并对其进行阐释。《图画修得法》是中国近代第一次对"图画"进行了准确定义的文章。

李叔同的学生丰子恺曾发表过的一篇题为《图画与人生》的文章。在这篇文章中丰子恺提到，不应把"图画"等同于"琴棋书画"的"画"，不应把画画儿当作一种娱乐，一种游戏，认为是用来消遣的。中国有许多人把音乐、图画看成与麻将相似的东西，这是由于"琴棋书画"这个词的流弊。丰子恺区别"图画"与琴棋书画的"画"，指出音乐与图画都不是娱乐消遣，这一观点的源头应该是丰子恺的老师李叔同。

（二）美育视野下的绘画功用观

从李叔同对图画作为"普通技能"与"专门技能"的论述看，他所说的图画的

---

① "图画以使生徒看取通常之形体，而能正画之，兼养其美感为要旨。于寻常小学校之教科书加图画时，须自单形，始渐及简易之形体。于高等小学校初以前项为准，渐进其程度，又就实物或标本，使常以自己之心思画之，又依土地之情况，得授简易几何画。"《小学校拟章》，《教育世界》1902 年第 25 号。

"实质上的效力"，指的是图画在实用方面的效力。相应地，他所说的"形式上的效力"指的是图画的非实用性的效力。李叔同认为，图画在形式上具有智育、德育、体育三个方面的效力：

> 图画家将绘某物，注意其外形姑勿论，甚至构成之原理，部分之分解，纵极纤屑，靡不加意。故图画者，可以养成绵密之注意，锐敏之观察，确实之知识，强健之记忆，着实之想象，健全之判断，高尚之审美心。此图画之效力关系于智育者也。
>
> 若夫发扬审美之情操，图画有最大之伟力。工图画者其嗜好必高尚，其品性必高洁，凡卑污陋劣之欲望，靡不扫除而淘汰之，其利用于宗教教育道德上为尤著。此图画之效力关系于德育者也。
>
> 又若为户外写生，旅行郊野。吸新鲜之空气，览山水之佳境。运动肢体，疏曜精气。手挥目送，神为之怡。此又图画之效力关系于体育者也。①

李叔同从德、智、体三个方面，来论述图画对于人的健康发展的意义。显然，这是一种基于美育理论的论述。而在图画可以养成人的"高尚审美心"的后面，李叔同也的确用小字注释的方式，提到了现代西方美育理论，他说："今严冷之实利主义，主张审美教育，即其美之情操，启其兴味，高尚其人品之谓也。"在李叔同的论述中，图画作用于人的德、智、体，而其发挥作用的媒介则是真、善、美。智育的效力上，绵密之注意、敏锐之观察、确实之知识、健全之判断，这些都是有关获得真正的知识。德育方面，"审美之情操"则是有关美好的情感。前者是"真"的范畴，后者是"美"的范畴。还是在德育方面，正如最后说的那样，图画是与宗教道德有关的，也就是"善"的范畴。也就是说，图画作用于人的德、智、体，可以满足人真、善、美的追求。

　　李叔同对"图画之效力"的论述，大量参考了前面我们提到的柿山蕃雄与松田茂合著的《图画教授法》。具体地说，是参考了《图画教授法》的第二章"图画于人世之价值"。通过比较可以发现，有一些句子，李叔同几乎原封不动地忠实翻译了《图画教授法》的论述，甚至在句式上也沿用了《图画教授法》的对偶句

① 李叔同：《图画修得法》，《醒狮》第2期，醒狮杂志社1905年版。

式。但是同时，李叔同也并没有仅仅是照搬日本学者的观点。正如他自己所说的，很多地方，他都"间以己意"进行了引申和发挥。特别是在图画的"形式上的效力"部分，李叔同的即兴发挥尤其突出。《图画教授法》原文对于图画在形式上的效力只涉及了"智育"与"德育"两方面，而李叔同则补充了第三方面，"体育"的方面。

细细体味李叔同对于图画体育方面效力的论述，会发现他在文字修饰上花了不少心思。"户外写生""旅行郊野""吸新鲜之空气""览山水之佳境"上下句基本对仗，"运动肢体，疏曜精气"还押了韵，并且"手挥目送，神为之怡"还用了典。三国魏嵇康在其《赠秀才入军第四首》里有"目送归鸿，手挥五弦。俯仰自得，游心泰玄"句。[①] 嵇康说的是目送远飞的鸿雁，手挥五弦的古琴，身心自得愉悦，与自然造化融为一体。李叔同的"手挥目送"是对"目送归鸿，手挥五弦"的概括，而"神为之怡"则是对下一句"俯仰自得，游心泰玄"的概括。嵇康说的是弹琴，而李叔同说的是在户外写生的挥动画笔，嵇康的户外奏琴被李叔同发挥为户外写生，李叔同巧妙地化用了嵇康的诗。通过《图画修得法》，李叔同试图向国内的学堂教育提供西方主导的现代艺术观念，但透过他的文体，我们还可以感受到他对中国传统文学、传统文化的执着与深爱。在他看来，中国传统文化与现代绘画艺术之间并没有截然的界线，二者之间可以互通。"手挥目送，神为之怡"，既是嵇康等魏晋名士的精神境界，也是现代绘画艺术所追求的境界。向西方学习，建立现代绘画艺术，并不必然意味着背弃传统，相反倒可以重温中国人自古以来追求的融于自然、解脱自我的审美理想。

（三）"自在画"的界说

以上是对《图画修得法》第一章"图画之效力"的分析，下面陆续分析第二章"图画之种类"、第三章"自在画概说"。第二章"图画之种类"内容非常简短。在这一部分，李叔同先从性质上区分了"图"与"画"。图跟美术没有关系，比如建筑图、地图、解剖图等。而额面、轴物、画帖则是画，只有画与美术有关系。然后，李叔同又从描写方法上区分了"用器图"与"自在画"：借助器械（比如尺、圆

[①] 全诗为："息徒兰圃，秣马华山。流磻平皋，垂纶长川。目送归鸿，手挥五弦。俯仰自得，游心泰玄。嘉彼钓翁，得鱼忘筌。郢人逝矣，谁与尽言。"参考《文选》卷24，上海古籍出版社2007年点校本，第1129页。

规)的就是用器图,相反不借助器械的就是自在画。

> 凡知觉与想象各种之象形,假自力及手指之微妙以描写者,曰自在画。依器械之规矩而成者,曰用器图。[①]

接下来,李叔同用非常简洁而一目了然的图表的方式,对用器图与自在画做了进一步的分类。对于用器图,李叔同将其分为几何图、投影图、阴影图、透视图四种。对于自在画,李叔同先将其分为西洋画与日本画两类。然后,将西洋画分为铅笔画、擦笔画、钢笔画、水彩画、油绘五种。对于日本画,先指出是从中国传来的,后在日本形成了诸流派,包括土佐派、狩野派、南宗派、岸派、圆山派,以及"汇集诸派,参集西洋派之长"的新派。

在以图表方式对图画进行分类后,李叔同对图画的各种类并没有继续做详细的解释,而是马上完结了第二章"图画之种类",进入了第三章"自在画概说"。从内容看,这一章应当是《图画修得法》中最重要的一章,也就是应题的一章。因为所谓"图画修得法",即学习图画的方法,或图画创作中应当注意的方法,而这一章介绍的三个方法——精神法、位置法、轮廓法——组成了李叔同要说明的"修得法"。我们先来看第一法"精神法",李叔同说:

> 吾人见一画,必生一种特别之感情,若者严肃,若者滑稽,若者激烈,若者和霭,若者高尚,若者潇洒,若者活泼,若者沉着。凡吾人感情所由发即画之精神所在。精神者,千变万幻,匪可执一以搰之者也。竹茎之硬直,柳枝之纤弱。兔之轻快,豚之鲁钝。其现象虽相反,其精神正以相反而见。妹于成心求之,俱矣。故作画者,必于物体之性质、常习、动作,研核翔审,握笔搆写,庶几近之。[②]

李叔同先从欣赏者(看画的人)的体验说起,认为"吾人见一画,必生一种特别之感情"。然后,有了第一次追溯,即从欣赏者的体验追溯到在欣赏者体验之前就存在的画自身。欣赏者"感情的发"是由于画里"精神的在",欣赏者感到的"感

---

① ② 李叔同:《图画修得法》,《醒狮》第 3 期,醒狮杂志社 1905 年版。

情"是来自画里存在的"精神"。接下来是第二个追溯，从画具有的精神追溯到画家作画时面对的描写对象所具有的精神："竹茎之硬直，柳枝之纤弱。兔之轻快，豚之鲁钝。其现象虽相反，其精神正以相反而见。"画的精神是来自描写对象之精神。画家在对物体的"性质""常习""动作"等认真观察审视的基础上，把握住物体的精神，然后将此精神表现于绘画作品，这就是"精神法"。

再看第二法"位置法"。李叔同说：

> 论画与画面之关系，曰位置法。普通之式，画面上方之空白，常较下方为多。特别之式，若飞鸟轻气球等，自然之性质，偏于上方，宜于下方多留空白，与普通之式正相反。又若主位偏于一方，有一部歧出，其歧出之地之空白，宜多于主位。其他向左方之人物，左方多空白。向右方之人物，右方多空白。位置大略，如是而已。①

可以看出，所谓位置法，即作画时要注意画面的空间布局。再看第三法"轮廓法"：

> 大宙万类，象形各殊。然其相似之点，正复不少。集合其相似之点，定轮廓法凡七种。②

所谓"轮廓法"，即作画时注意观察和表现对象的几何轮廓。李叔同列举了常见的七种轮廓——竿状体、正方体、球、方柱、方锥、圆柱、圆锥，并分别举了一些物体作为例子，认为不同种类的物体可以利用不同的几何图形来把握。

李叔同的图画修得三法中，第二法"位置法"与第三法"轮廓法"，基本上可以说是来自西方绘画的方法。而第一法"精神法"，虽然也包含了西方绘画写实的方法在里面——"于物体之性质、常习、动作，研核翔审"——但总起来看中国画论的味道更浓一些，更容易让人联想起中国古代画论中的"气韵生动""传神写照"等命题。实际的情形到底是怎样的呢？李叔同到底因何而提出这样一个似乎带有中国色彩的概念的呢？

---

①② 李叔同：《图画修得法》，《醒狮》第 3 期，醒狮杂志社 1905 年版。

从现有的材料来看,李叔同"精神法"的来源,应当还是前面提到的柿山与松田的《图画教授法》。《图画教授法》第六章"小学应教授之图画之形式"中,提到图画作为技术学科,在教授上主要应该注意的是眼与手的练习,而眼与手的练习应该遵循一定的顺序方法,而作为顺序方法的前三个方法就是李叔同在《修得法》里列举的精神法、位置法与轮廓法。① 关于精神法,《图画教授法》的日文原文及参考译文如下:

今一枚の圖畫を取って此れを檢するに,必ずや先づ一種の靈感を看る者に興ふるものあるべし,靈感とは即ち畫者の精神なり。或る畫を見ては極めて謹嚴なる感を起し,或る者に對しては極めて崇高の感を生じ,或るひは感藹然たる和氣に對して燻ぜられ,或るひは壯烈なる和氣に動かされ,或るものは滑稽,或るものは清洒,皆是れ畫者精神出現にあらざるはなし,而して畫者の精神は描くべき物體の心なり。描くべき物體の心とは,其の物體の性質・常習及び活動をいふ。(取一幅画仔细端详之,此时观者必会兴发出一种灵感,灵感即画之精神。或起极谨严之感,或生极崇高之感,或熏染蔼然之和气,或被壮烈之和气所动,有滑稽者,亦有清洒者,诸般皆为画者精神之出现,而画者精神即是描绘物体之心。描绘物体之心即是物体之性质、常习及活动。)

将这段文字与李叔同关于"精神法"的论述相对照,可以看出意思大致相同,但李叔同的文字表述更充实、丰富一些。李叔同在《图画教授法》的基础上,增加了一些例证,补充了自己的看法("姝于成心求之,僶矣"等),最后形成了自己对于"精神法"的表述。

那么,《图画教授法》的"精神法"又是如何形成的呢? 关于这个问题,首先需要指出一点:虽然《图画教授法》是柿山蕃雄与松田茂的合著,但"精神法"出现的第六章"小学应教授之图画之形式"是出自柿山蕃雄一人的笔下。因为这一部分的内容也曾出现在其他教科书中,作者的署名是柿山蕃雄。其次,柿山

---

① 《图画教授法》里在这三个方法以后还详细介绍了骨格法,远近法(三原则,四现象),描线法(点,线,运笔的方向,主线及辅线,阳线及阴线,远线及近线),浓淡法,平涂法,渲晕法,彩色法(色的种类),记名法,美的要素(何为美,何为统一,主眼,照应,比例,均齐,何为变化)。

作为一名30岁的小学教员，独创出"精神法"的可能性也是很低的。他的这个"精神法"，也是有理论源头的。在《图画教授法》的第四章"图画教授法之沿革"中，提到明治时期掀起了日本传统美术复兴运动的一位重要人物，而这位重要人物也是柿山的老师，他就是冈仓天心。柿山的"精神法"，就来自冈仓天心。

在此有必要对冈仓天心及对冈仓美术思想影响很深的冈仓的老师菲诺罗萨做简单的说明。菲诺罗萨是明治政府从美国聘请来的东京大学的哲学教授，赴日后他游历了古都奈良及京都。在日本这两个古都他造访古寺考察古建筑艺术品，而这个经历给他带来了震撼，他深感日本传统美术的价值可以匹敌古希腊罗马艺术。从此，作为一个外国人的菲诺罗萨，开始倡议明治政府不应一味引进西方美术而摒弃日本的传统艺术，因为在他眼里日本艺术有着西方艺术所不具有的"妙味"。冈仓天心就是菲诺罗萨在东京大学教授的得意门生。冈仓与菲诺罗萨曾远赴欧洲实地考察，发现法国美术也借鉴了日本美术的布局与画风，从而认识到日本传统美术是有自己独特价值的。回国后他们向政府汇报实地考察后得到的对日本美术价值的确信，他们提出的一个重要观点就是日本画所用的工具毛笔要比西方素描用的铅笔有价值。具体地说便是毛笔可以"自在"地表现线的肥瘦，以及墨的清润，而相比之下，铅笔的线缺乏变化。从此明治政府也在他们的倡议下调整图画教育的大方向，在明治十九年（1886）先是在东京的两所师范学校实行了毛笔教育，获得成功后逐渐在全国的小学推行毛笔画，在明治二十三年（1890）终于过半，而最近才普及。

在《图画教授法》的第四章"图画教授法之沿革"中，柿山对明治初期从重视铅笔画到明治中后期重视毛笔画的这一转变过程予以了勾勒。对于这一转变，他是持支持态度的。柿山毕业于东京美术学校。东京美术学校创建于1887年，各学科起步于1889年，主创人就是倡议日本传统美术复兴的菲诺罗萨与冈仓天心。日本美术学校的宗旨是保存日本传统美术以及把日本美术推向世界，1889年开设传统日本画学科、木雕学科，一年之内又设立了铸金、雕金、漆艺等工艺学科，而西洋画科是直到1896年才设立的。柿山就读于1892年至1897年，他的专业就是日本画，他也曾经接受过冈仓的日本美术史的讲义。

阅读柿山曾经接受过的冈仓的日本美术史讲义，可以发现冈仓对于日本美术的定位是"亚洲美术的一分子"，他最为推崇的画论是"亚洲最为重要的"画论，南北朝时代谢赫的画六法（《古画品录》）。冈仓高度评价画六法是"真正的古今通用的画论"，他特别推崇的就是第一法"气韵生动"。他这样说：

> 第一法，气韵生动是指表现出高尚之思想。把它置于第一位是因为应以气韵为画之本意。六朝是形成唐宋文化源流之时代，气韵生动可谓道破了东洋文化第一义。若当时之画不重气韵而重写生主义，今日东洋美术之体系便会截然不同。①

这里冈仓说的是"气韵生动"是表现出"高尚之思想"，在柿山的精神法里，强调画里存在"精神"。冈仓的"思想"与柿山的"精神"虽然不完全相同，但无论思想还是精神都是与人的内心有关的，这两个词具有共通性。柿山之所以选择"精神"一词应该是结合了冈仓阐释的画六法的第二法"骨法用笔"。冈仓这样分析第二法骨法用笔：

> 第二，骨法用笔即是画的组织及用笔，画里须有筋有骨。若是西洋画论，诸如用笔会被置于末端论述，之所以被放在第二位，是因东洋画与书法有关联，其用笔是画之精神，不止于形似之妙，以为笔亦有妙味。②

　　画六法中，谢赫接着第一法的气韵生动，第二法就举出了骨法用笔。冈仓分析骨法用笔之所以被如此重视是因为画与书法有关联。在东方艺术中，绘画与书法密不可分。作为绘画工具的毛笔，最初是作为书写工具而诞生的，它的书写职能甚至要比它的作画职能更普遍更广泛。在书法中，毛笔传导了用笔者手腕的力度，而这个力度又传达着用笔者的日积月累的功夫的沉淀与书写那一时刻的情感波动。书法与画不同在于画有具体表现的主题，即是描写的对象，因此画不能完全放弃形似，而书写不然。虽然最早是象形字，但随着书法的演变，出现草书后，已经没有了象形的局限。于是书法具体表现的对象就可以是写字的人。自古就有"文如其人，字如其人"的说法，用毛笔写的字，反映的是写字的人的精神。那么，用毛笔画的画反映的也是画家的精神。

　　柿山的"精神法"正是源于冈仓对于谢赫的画六法的阐释，具体地说他综合

──────────

①② 冈仓觉三：《天心全集 日本美术史》，日本美术院 1922 年版，第 342 页。

了冈仓阐释的第一法气韵生动与第二法骨法用笔。图画的首要目的不是追求形似，而是表现"精神"。这个"精神"不仅是画的精神，同时也是画家的精神。而之所以可以表现出画家的精神，是因为绘画与书法共用的工具毛笔所具有的精神属性。《图画教授法》中有一段关于毛笔与铅笔不同表现效果的话："毛笔画的线变化无穷，细则微于毛发，大则粗过棍棒，一扬一抑一张一弛一浓一淡一润一渴，殆语言不可尽数。"①这个观点，正是冈仓在给明治政府提交的欧洲美术考察的报告书中写下的。柿山对毛笔独特功能的自信与赞赏的态度是来自冈仓的。相应地，他也接受了冈仓对谢赫"气韵生动""骨法用笔"的阐释，并将其概括为"精神法"。

从最初源头上说，"精神法"本来就源于中国古代画论。李叔同身为中国人，自幼又浸淫于中国书法与绘画艺术之中，艺术修养深厚②，自然会对其感到亲切、认同。而从《图画修得法》的最后李叔同亲手绘制的位置法与轮廓法的示意图看，他不仅在理论上认可"精神"，而且在绘画实践中，比柿山与松田更深刻地体会和践行了"精神"。虽然是在效仿《图画教授法》里的示范图，但李叔同的笔迹与《图画教授法》里的示范图完全不同。比如飞行中的燕子，李叔同勾画燕子身体形状的线具有很强的流线感，可以感到燕子飞翔的速度。还有站立的鸟，它的眼睛的线表现出了鸟的眼神，要比原图的眼神深邃而有力。比较《图画教授法》里的示范图与李叔同的示范图，可以看出李叔同的线具有力度与韧性，洋溢着遒劲飙烨之感。李叔同的线就是李叔同的，它体现的是李叔同的"精神"。

当然，正如我们前面提到的，"精神法"既有东方画论的色彩，也融入了西方绘画的元素，是中西艺术精神的融合。李叔同提到的对于"物体之性质、常习、动作，研核翔审"中，包含着西方绘画的精神与方法。另外，"位置法"与"轮廓法"，更是基本上来自于西方。因此，李叔同将"精神法""位置法""轮廓法"三种方法并置，表现出的是一种开放的艺术观念：不是简单地引入和模仿西方绘画，也不是单纯地继承中国古典绘画，而是将中西绘画传统结合在一起，推陈出新。而从李叔同后来的美术教学以及美术创作实践来看，他也的确具有一种融汇中

---

① 原文：毛筆畫は其の點並びに線が變化極まりなく，一畫線と雖も細は毛髮の微より大は棒にも餘らしむべく，一揚・一抑・一張・一弛・一濃・一淡・一潤・一渴殆ど言語に盡すべからざるものあり。

② 赴日本留学前，李叔同已在金石、书画方面有相当修养。21岁时，便与著名书画家任伯年、高邕之等组织上海书画公会，在上海有一定名气。

西的艺术信念与追求。在《浅谈西画》与《浅谈国画》两篇教学讲稿中,他对中西绘画的历史与成就均作了肯定性的描述。在《中西绘画比较谈》中,他简要比较了中西绘画的不同,认为中国画注重写神,注重主观的心理描写,西方画重在写形,在写形的基础上追求形神一致,二者可以互相补充,特别是中国画应向西方画学习、借鉴:"观察事物与社会现象作描写技术的进修,还须与时俱进,多吸收新学科,多学些新技法,有机会不可错过。"①毕克官分析李叔同 1912 年为《太平洋报》所作的图案设计后认为,李叔同的广告及美术设计作品中"书法和金石气息很重",这一特点"与他的书法家和金石家的气质和特征有关"。另外,可能是李叔同晚年作品的《白描佛像》,也被认为是"以作书之笔写佛",既能看出作者运用中国传统书画笔墨的功力,也能看出作者对西洋绘画技法的吸收与消化。②在融汇中西绘画艺术之长、为中国绘画开辟新路径方面,李叔同是有明确的自觉的。而这一自觉的开始,就是《图画修得法》。

(五) 结论:近代美术改良运动的第一人

虽然《图画修得法》并非完全出于李叔同的原创,而只是他基于柿山与松田《普通教育之图画教授法》的一部编译之作,但在那个时代依然具有重要的启蒙意义。如前所示,在《图画修得法》中,李叔同从符号学角度,阐述了一个崭新的图画概念,这一概念区别于中国传统的"绘(画)"的概念,是一个具有近代意义的概念。在导入具有近代意识的图画概念的同时,他还积极介绍绘画艺术在西方及日本的发展历史及现状,传播西方及日本关于绘画创作的"新理妙法"。有意思的是,这些"新理妙法"是明治后期东西方美术思想融汇后的结晶,本身带有中国文化的基因。通过学习域外的"新理妙法",并将这些"新理妙法"与个人的艺术修养、心得体会相结合,李叔同又实现了对中国传统文化的认同与回归。在提倡改革、向西方学习的同时,李叔同没有忘记传统的价值。因此可以说,《图画修得法》这篇文章一方面揭开了中国美术现代化的序幕,另一方面又标志着中国近代美术思想的"自我意识"的萌发。李叔同是中国近代美术改良运动的当之无愧的第一人。

---

① 李叔同:《中西绘画比较谈》,《李叔同谈艺术》,行痴编,陕西师范大学出版社 2007 年版,第 23 页。
② 毕克官:《近代美术的先驱者李叔同》,《美术研究》1984 年第 4 期。

第三节　留日学生群体的音乐观

20 世纪初，一场主要由留日学生发起并推动的学堂乐歌运动，颇受社会各界的瞩目。学堂乐歌运动的宗旨，是在中小学学堂中引入西式音乐课程，以音乐、唱歌来教育启迪学生，培养未来的合格国民。一百年后的今天，回顾这一场运动，会发现这场运动的意义不仅仅是将西方的歌曲形式和音乐基础理论引入中国，从更深层次的音乐文化而言，学堂乐歌运动标志着国人音乐观念、音乐思想由传统到现代的转移。音乐不再是礼之附庸、文人之消遣和市井之娱乐，音乐开始担负起对新的社会成员进行文化启蒙的使命。由学堂乐歌而引发的理论探究，成为中国近代新音乐美学思想诞生的起点。

（一）音乐启民思潮与乐教传统结合下的音乐价值重估

学堂乐歌运动中，最响亮、最突出的一个口号，是以音乐为工具，对国人进行思想启蒙，锻造新的国民：

> 盖欲改造国民之品质，则诗歌、音乐为精神教育之一要件，此稍有识者所能知也。[1]
> 有一事而可以养道德、善风俗、助学艺、调性情、完人格，集种种不可思议之支配力者乎？曰有之，厥惟音乐。[2]
> 惟唱歌则以道德与优美之理想化合，以激天良……昔孔子以诗教人，实为深得教育之原理。[3]

从上述引文中可以发现，音乐被赋予了造国民、养道德、完人格等新的社会功能，尽管其中能清楚地看到中国传统乐教观念的影响，但这种源自日本明治

---

[1] 梁启超：《饮冰室诗话》，《饮冰室文集点校》第 6 集，云南教育出版社 2001 年版，第 3820 页。
[2] 黄子绳等：《教育唱歌·叙言》，张静蔚编《中国近代音乐史料汇编（1840—1919）》，人民音乐出版社 1998 年版，第 147 页。
[3] 沈心工：《小学唱歌教授法》，王宁一、杨和平主编《二十世纪中国音乐美学（文献卷）》第 1 卷，现代出版社 2000 年版，第 26 页。

维新、被梁启超称之为"精神教育"的音乐教育观念，同中国传统的乐教观念还是存在差异的。如果说传统的乐教理论要求音乐传递的主要是封建伦理道德和纲常礼教的话，"音乐启民"说所传递的则是体现其新民宗旨的现代民主主义价值观念和改良主义社会精神，正是这种新的精神内涵为新的音乐形式的存在与传播提供了合法性的辩护。也正因如此，学堂乐歌的文化意义绝不亚于近代文学领域的"诗界革命"与"小说界革命"，完全可以称之为近代的"乐界革命"。当然这场革命与前者一样，是不彻底的革命，同其所革命的对象始终存在着千丝万缕的关系。学堂乐歌的编创本身和当时有关的理论阐述也体现了这样的特点，可以看作传统乐教观念同新的音乐价值观念的媾和。但是，这种对音乐功能价值的重新体认与阐释，显然已经初步摆脱了传统音乐美学思想的藩篱。

学堂乐歌运动的几个代表人物中，曾志忞的经历与观点尤其具有代表性。曾志忞，号泽民，上海人，1901 年留日，1903 年进入东京音乐学校学习。梁启超在《饮冰室诗话》中提到："去年闻学生某君入东京音乐学校，专研究乐学，余喜无量。"这里提到的"学生某君"，就是曾志忞。在《音乐教育论》一文中，曾志忞这样写道：

> 今试就教育者而叩之曰："公等日孜孜于音乐，究竟目音乐为何物？ 音乐之存于世其价值如何？ 其功用如何？"此问题固更其难决。试更叩问之曰："西人之视音乐为何物？ 其国之有音乐究与其国有何等之关系？"此问题范围太广，非一二语所能了结。①

尽管该文在其后的论说中，仍然没有摆脱"以乐助风教，尧舜以来之治道也"的传统乐教观念，但不管怎样，这篇文章思考音乐的出发点已经指向了音乐本身：音乐是什么？ 音乐对于国家、社会的特殊价值何在？ 这样一种提出与思考问题的方式，显然已经与传统的乐教理论拉开了一定距离。

总起来看，这一时期对音乐功能价值的体认与阐发，都带有强烈的功利性色彩。这一方面反映了转型中的音乐观念与古代音乐理论难以割裂的血缘关

---

① 曾志忞：《音乐教育论》，王宁一、杨和平主编《二十世纪中国音乐美学（文献卷）》第 1 卷，现代出版社 2000 年版，第 11 页。

系,一方面也是当时社会现实的影响与制约使然。就理论层面而言,此时一般知识精英和专门的音乐家并未将音乐看作具有独立审美价值的美学对象,而是将其看成教育国民的手段;从实践层面而言,具有纯粹音乐审美价值的、基于西方作曲原则的纯音乐创作也还没有发展起来。学堂乐歌最根本的目的在于开启民智,鼓吹维新与革命,以音乐为载体宣扬新观念、新思想,这也就使针对新音乐的价值解读具有了功利性的倾向,特别增强了社会价值与道德价值的负荷。曾志忞说:"海内达者,皆以为知教育上音乐之功用矣;然亦知音乐为最有普及性之物,于何种方面上皆有效用,且用焉而其效立见乎? 今就吾国时势,择其尤要者,特揭于左:一、音乐于教育上之功用;二、音乐于政治上之功用;三、音乐于军事上之功用;四、音乐于家族上之功用。"① 上述关于"音乐之功用"的论断,完全是这种功利性音乐价值观的体现,其中难以见到对音乐审美价值的直接阐述。

总之,由于国之时势和新音乐实践发展的限制,面向音乐审美价值的美学思考,此时并没有进入近代知识分子的理论视野之中。这样一种关于音乐功能与价值的重估和思考,尽管相对于中国传统音乐美学思想中将音乐作为礼之附庸、道德教化之载体的观念有了较大的进步,但近代中国救亡图存的社会主题所赋予的不可推卸的文化使命,文化血脉中无法摆脱的传统音乐美学思想的影响,最终使中国近代音乐美学从萌生伊始就浸染了功利主义与实用主义的学术底色。

(二)音乐感性审美体验激发面向新音乐的理性反思

尽管学堂乐歌时期针对音乐价值的重估并未凸显音乐的审美价值,但新的音乐感性样式却不可避免地激发了针对新的感性体验的美学反思。学堂乐歌的迅速推广和普及,绝不纯粹是社会思潮推动和功利价值判断之下的理性筛选,它是这种理性选择同新的音乐形式所引发的新的审美意识合力推进的结果。正如有学者指出的:"西方音乐本身所给中国人带来的新鲜的审美体验,也是其中一个非常重要的原因。作为音乐功能之重要方面的审美功能,总是以其

---

① 曾志忞:《音乐教育论》,王宁一、杨和平主编《二十世纪中国音乐美学(文献卷)》第1卷,现代出版社2000年版,第11页。

最为直接、最为感性的方式迅速地影响着欣赏者的感官和心灵世界。"①在强烈的审美愉悦中,审美主体便会极易对审美对象作出充满肯定与富于同情的价值判断,从而进一步促使审美主体对审美对象的接受。这一现象与当时的功利性音乐功能观并行不悖。甚至可以这样认为,对音乐感性审美体验的充分肯定,是构成近代知识分子不遗余力推广学堂乐歌、鼓吹音乐启民的最真切的感性理由和情感起点,是近代音乐美学思想萌生的情感基础。

沈心工和李叔同在论及乐歌时都认识到音乐所具有的审美功能:

> 唤小儿之美情,而敏锐其感受性者,美育之事也。②
> 陶冶性情,感精神之粹美,效用之力,宁有极欤!③

学堂乐歌现实性的影响在于对西方乐理与音乐形式的推广,并且将西方音乐美的式样从理论形态转化为实际的艺术实践,它与中国传统音乐最大的区别也正是在于音乐形式的差异。主要以西乐曲调填词或运用西乐语汇探索性创作的原创乐歌,以新的音乐形式美推动了中国近代知识分子阶层音乐审美品味的转变。而新的音乐审美体验触发了对新音乐的理性思考,这首先导致了对音乐概念的重新定义。曾志忞认为,"近世既认音乐为一科学,夫既曰学,则研究是者,安可不知其定义。"④这一为音乐正名的举动,体现的正是近代音乐学者面向新的音乐实践而进行抽象思考和理性辩护的迫切意愿。作者历数了古今中外八种对于音乐的定义后认为,"古今东西达者之解释音乐,大都重于本质,注意于一方一部,不足窥全豹。或自宗教方面,或自理学方面,或自技术方面,或自哲学方面,或自社会学方面,各下其说,此非不得其当,然断不得许其说为完全无缺。"⑤在批评各种成说的基础上,曾志忞为音乐下了一个新的定义:

> 音乐者,以器为本,以音为用,音器相和,是为神乐。

---

① 冯长春:《中国近代音乐思潮研究》,人民音乐出版社 2007 年版,第 18 页。
② 沈心工:《小学唱歌教授法》,张静蔚编《中国近代音乐史料汇编(1840—1919)》,人民音乐出版社 1998 年版,第 219 页。
③ 李叔同:《音乐小杂志·序》,《李叔同音乐集》,苏州大学出版社 2017 年版,第 3 页。
④⑤ 曾志忞:《音乐教育论》,王宁一、杨和平主编《二十世纪中国音乐美学(文献卷)》第 1 卷,现代出版社 2000 年版,第 15 页。

音乐者,信之声,法之音,充于天地,实情的化身,生的具体也。①

这个定义还谈不上是严谨的学术界定,但从中已能明确感受到作者对音乐关切角度的改变:宗教伦理、礼法谶纬均不构成音乐定义的来源,对于音乐的感性审美体验却成为音乐定义之核心要素。曾志忞的这些论述,体现了新音乐的感性审美样式对近代知识分子审美观念的影响。如前所述,尽管这种审美观念的改变尚未达到一种美学意识的自觉,并未改变此时音乐价值判断中的功利性倾向,但这一基于音乐审美体验而产生的理论反思不啻为近代音乐美学之一先声,是近代音乐美学思想最具光彩的理论星火。

总之,学堂乐歌的感性体验,提升了人们对于新音乐形式美的认同感,从而使音乐的审美价值隐含于社会价值的诠释与解读,缓慢渗入中国近代音乐学者的理论视域。基于感性审美体验而进行的理性思辨成为音乐思想发展的必然逻辑结果,这向我们昭示了近代音乐美学思想诞生的潜在的必然性。中国近代新音乐的发展,正在尝试中小心翼翼地呵护着朦胧的、纯粹的音乐美感意识,为寻求自己合适的理论表述做着最初的准备。

从整体来看,真正美学意义上的言说在学堂乐歌时期尚无法形成,稍具音乐美学意味的论乐文章呈现出在传统音乐美学思想同西方音乐美学思想之间碰撞与徘徊的姿态。用中国传统音乐思想解读新的音乐现象,呈现出一种对象错位和目的分歧带来的理论尴尬,而运用西方音乐思想来解读中国音乐现象却又存在着一种接受语境和传播土壤水土不服的矛盾。当然,这一切都不妨碍学堂乐歌运动成为中国近代音乐美学思想发展的逻辑起点。没有这样的徘徊和迷惑,就不会有去蔽、解释、揭示、总结甚至创造。中国近代音乐美学思想正是在这样的尴尬中得以艰难萌生。

第四节　留日学生群体的戏剧观

19世纪末至20世纪初,中国戏剧界经历了一场重要的变革。这场变革的

---

① 曾志忞:《音乐教育论》,王宁一、杨和平主编《二十世纪中国音乐美学(文献卷)》第1卷,现代出版社2000年版,第16页。

酝酿和发生,是由当时中国戏剧的内外生态环境决定的:一方面,中华民族正处于生死危亡的特殊时期,在政治、文化、思想领域均洋溢着进步知识者变革图治、弃旧求新的强烈呼声,作为回应,戏剧必须从"艺术与社会""艺术与人生"等新型外部关系中确立自己的位置和发展方向;另一方面,在世界戏剧艺术现代化进程的大格局中,中国传统戏曲已鲜明呈现出价值观念落后、精神内涵萎缩、人物形象体系模式化和舞台表演方式固化等负面特征,这促使人们从戏剧的艺术本体层面重新审视和改变传统戏曲。正是在上述两种动力的驱使下,晚清以来戏曲改良运动的掀起和文明新戏的建立发展成为历史必然。它们以积极的姿态为五四戏剧观念的革新提供了理论支持和实践准备,并对 20 世纪中国戏剧创作的整体风貌和戏剧美学思想的发展产生了深远的影响。

戏剧革新理论主张的先锋代表当推梁启超,他最初看中戏剧在西方社会中的地位和教育功能,进而把文艺、戏剧的功能与变法维新、救国图强联系起来。他在《论小说与群治之关系》(1902)等文中视戏剧为"文学之最上乘",重视戏剧开启民智、移风易俗的审美教育作用,不遗余力地鼓吹戏曲改革,呼唤提高戏剧的社会地位。[①] 在其影响下,以 1903 年底蔡元培与陈去病等创办《俄事警闻》(次年改为《警钟日报》)、1904 年 9 月柳亚子与陈去病联合戏剧家汪笑侬创办中国文学史上第一个戏剧杂志《二十世纪大舞台》为标志,戏剧革新运动提倡者们创建了自己的理论阵地。同时,随着陈去病《论戏剧之有益》(1904)、蒋智由《中国之演剧界》(1904)、陈独秀《论戏曲》(1904)、王钟麒《剧场之教育》(1908)、欧榘甲《观戏记》(1908)等文章的发表,各种新编"传奇""杂剧"的出现,以及文明新戏(新型话剧)的风生水起,戏剧革新运动的规模和影响得到迅速扩大。

近代中国戏剧革新的实质是效仿西方戏剧,改造传统戏曲,建立和发展中国现代戏剧。值得注意的是,由于戊戌维新失败以后留学日本的中国人一时剧增,西方思潮主要是经由日本而不是直接从欧美进入中国这一历史事实,西方戏剧主要是通过当时留日学生的"中转"得以进入中国,从而对中国戏剧产生了"非直接的、变异的西方影响"[②]。在此过程中,以陈独秀、欧阳予倩、陈去病、蒋智由、王钟麒等为代表的留日学生积极发表文章,对晚清以来的"戏曲改良"进

---

① 梁启超:《论小说与群治之关系》,《新小说》第一号,横滨新小说社 1902 年版。这里的"小说",按照当时的习惯,包括戏曲——笔者注。
② 孙玫:《非直接的、变异的西方影响——清末"戏曲改良与日本关系初探"》,《艺术百家》2011 年第 5 期。

行舆论助威和理论推动。同时在以春柳社、春阳社为代表的"新兴话剧"活动中,他们将戏剧革新理念与戏剧创作、演剧实践结合起来,对中国戏剧的现代形态转型发挥了突出而重要的作用。尽管留日学生群体中的多数人并非专门研究戏剧,对戏剧社会功利性的强调经常大于对戏剧艺术本身的思考,有关戏剧理论的文字表述也往往趋于零碎,但通过对相关文献的梳理,可以看出他们在现代戏剧观念的探索上作出过相当的努力,并在总体上形成了较为完备的体系。下面,从戏剧功用观、戏剧创作观、戏剧审美观这三个相互联系的方面,简述留日学生群体的戏剧观念。

（一）戏剧功用观:"转移风气""开通智识""鼓舞精神"

与世纪初中国知识精英关于政治与社会的现代性诉求相一致,留日学生群体戏剧理论与实践的根本目标是改良社会、救亡图强、建立现代民族国家,从而,其戏剧功用观一开始便带有强烈的社会功利色彩——他们看重的主要是戏剧在社会变革中独特的"宣教"作用。在众多艺术种类里,戏剧为什么如此不可替代? 这源于戏剧艺术的综合特性。如李叔同说:"第演说之事迹,有声无形;图画之事迹,有形无声;兼兹二者,声应形成,社会靡然而响风,其惟演戏欤?"[1]由于戏剧在表现上形象直观、通俗易懂,较其他艺术而言,容易对接受者形成强大的情感冲击力。陈独秀认为:

> 戏曲者,普天下人类所最乐睹、最乐闻者也,易入人之脑蒂,易触人之感情。故不入戏院则已耳,苟其入之,则人之思想权未有不握于演戏曲者之手矣。使人观之,不能自主,忽而乐,忽而哀,忽而喜,忽而悲,忽而手舞足蹈,忽而涕泗滂沱,虽些少之时间,而其思想之千变万化,有不可思议者也。故观《长板坡》[2]《恶虎村》,即生英雄之气概;观《烧骨记》《红梅阁》,即动哀怨之心肠;观《文韶关》《武十回》,即起报仇之观念;观《卖胭脂》《荡湖船》,即长淫欲之邪思;其他神仙鬼怪、富贵荣华之剧,皆足以移人之性情。由是观之,戏园者,实普天下人之大学堂也;优伶者,实普天下人之

---

[1] 李叔同:《春柳社演艺部专章》,《北新杂志》1907 年第 30 卷。
[2] 原文为"板",一般作"坂"。

大教师也。①

陈去病则有此表述：

> 惟兹梨园子弟，犹存汉官威仪；其间所谱演之节目、之事迹，又无一非吾民族千数百年前之确实历史；而又往往及于夷狄外患，以描写其征讨之苦、侵凌之暴，与夫家国覆亡之惨、人民流离之悲；其词俚，其情真，其晓譬而讽喻焉，亦滑稽流走而无有所凝滞。举凡士庶工商，下逮妇孺不识字之众，苟一窥睹乎其情状，接触乎其笑啼哀乐、离合悲欢，则鲜不情为之动，心为之移，悠然油然，以发其感慨悲愤之思而不自知；以故口不读信史，而是非了然于心，目未睹传记，而贤奸判然自别。②

联系上下文可知，这两段论述主要针对传统戏曲而言，是基于作者对戏剧艺术普遍特性（主要是剧场性）的理解，可以看成对传统戏剧活动中"观演关系"的一般性把握，而对于戏剧在近代中国社会语境中具体功用的阐释尚未充分展开。

在《〈二十世纪大舞台〉招股启并简章》里，陈去病、汪笑侬等人主张："本报以改革恶俗，开通民智，提倡民族主义，唤起国家思想为唯一之目的。"③与这种表述接近，李叔同在《春柳社演艺部专章》中提及"本社以研究各种文艺为目的，创办伊始骤难完备，兹先立演艺部，改良戏曲，为转移风气之一助"。又云"本社无论演新戏、旧戏，皆宗旨正大，以开通智识，鼓舞精神为主"。④ 这里，"转移风气""开通智识"和"鼓舞精神"作为春柳社的演剧宗旨，均从戏剧功用层面表达了其戏剧活动的革新意识和现代性追求，因其内涵不同程度地散见于当时留日学生的相关论述，亦可看成该群体戏剧功用观的集中概括。鉴于此，下文借用这三点"宗旨"作为线索分述。

1. 关于"转移风气"。留日学生普遍认为戏剧活动在"移风易俗""开通风气"上具有独特而重要的作用，并因此忧虑中国戏剧社会地位的低下和发展的

---

① 三爱（陈独秀）：《论戏曲》，阿英编《晚清文学丛钞·小说戏曲研究卷》，中华书局1960年版，第52页。
② 陈佩忍（陈去病）：《论戏剧之有益》，《二十世纪大舞台》1904年第1期。
③ 《〈二十世纪大舞台〉招股启并简章》，《二十世纪大舞台》1904年第1期。
④ 李叔同：《春柳社演艺部专章》，《北新杂志》1907年第30卷。

滞后。如陈独秀认为"人类之贵贱，系品行善恶之别，而不在于执业之高低。我中国以演戏为贱业，不许与常人平等；泰西各国则反是，以优伶与文人学士同等，盖以为演戏事，与一国之风俗教化极有关系，决非可以等闲而轻视优伶也"。（《论戏曲》）王钟麒在《剧场之教育》中说："国之兴亡，政之理乱，由风俗生也。风俗之良窳，由匹夫匹妇一二人之心起也。此一二人之心，由外物之所濡，耳目之所触，习而成焉者也……其始也起点于一二人，其终也被于全国。造因至微，而取效甚巨。"因而，他得出"吾国风俗之弊，其关系于戏剧者，为故非浅鲜矣"的认识。① 欧榘甲在《观戏记》中援引了这种观点，他同样看重戏剧在"移风易俗"方面的重要作用，并得出"演戏之移易人志，直如镜之照物，靛之染衣，无所遁脱"的结论。② 这些认识可以看成留日学生群体戏剧功用观的起点。

2. 关于"开通智识"。如果说对戏剧能"转移风气"的认识仍然主要是从戏剧活动的一般性特点出发，并未体现出新旧戏剧的根本差异，那么，"开通智识"的提出则表明留日学生们已经初步将西方现代启蒙意识引入了对戏剧功用的阐释，从而在戏剧观念的革新上迈出了重要一步。它主要体现在相互联系的两个层面：第一，强调戏剧对下层民众心智学识的"开通"作用，即戏剧可以启蒙下层社会。如王钟麒认为，古人之所以重视演剧，是因为社会上观剧的人以"妇人""孺子"及"细民"占多数，而这三种人"脑海中皆空洞无物"，在观剧过程中，"施者既不及知，而受者亦不自觉，先入为主，习与性成。"（《剧场之教育》）陈独秀也认为"国势危急，内地风气不开"的情况下，与"编小说、开报馆"相比，戏剧的优势主要在于"能开通不识字人"。（《论戏曲》）陈去病也是在"人民屈伏""风俗萎靡"的情况下论述戏剧的"有益"，并在《告女优》中呼吁演员"人人都能识字，人人都有爱国的心"，要通过戏剧"开通这班痴汉，唤醒那种迷人"，③等等。第二，受近代西方自由平等思想和革命成功的影响，留日学生在鼓吹戏剧改良时始终不忘将西方（包括日本）文明作为正面参照物，因而他们的戏剧启蒙观初具一定的世界眼光。如云"晚近号文明者，曰欧美，曰日本。欧美优伶，靡不学，博洽多闻，大儒愧弗及……"（《春柳社演艺部专章》），"方今各国之剧界，皆日益

---

① 天僇生（王钟麒）：《剧场之教育》，《月月小说》1908年第2卷第1期。
② 失名（欧榘甲）：《观戏记》，阿英编《晚清文学丛钞·小说戏曲研究卷》，中华书局1960年版，第72页。该文最初发表时署名"无涯生"。王立兴考证出"无涯生"系欧榘甲的笔名，参见王立兴：《晚清戏剧理论探考》，《中国近代文学考论》，南京大学出版社1993年版，第158—163页。
③ 醒狮（陈去病）：《告女优》，《二十世纪大舞台》1904年第2期。

进步，务造其极而尽其神。而我国之剧，乃独后人而为他国之所笑，事稍小，亦可耻也"①，"同人痛念时局沦滑，民智未迪，而下等社会犹如睡狮之难醒，侧闻泰东西各文明国，其中人士注意开通风气者，莫不以改良戏曲为急务"②等。柳亚子在《〈二十世纪大舞台〉发刊辞》中忧虑"欧亚交通，几五十年，而国人犹茫昧于外情"，并展望"他日民智大开，河山还我，建独立之阁，撞自由之钟，以演光复旧物、推倒房朝之壮剧快剧"。③ 在上述文章中，"自由""民主""文明"等关键词间或出现，并被与"民智"联系在一起讨论，表明留日学生已经初具戏剧启蒙的现代意识。应看到，这里"启蒙"的对象仍然是作为民族群体的"国人"，主要指向国家民族意识，因此与五四时期以"人的觉醒"为要义的文化启蒙有很大不同。

3. 关于"鼓舞精神"。这里的"精神"可以理解为奋发有为、直面人生的个体精神和抵御外侮、图存自强的国家民族精神。在戏剧改革的意义上，它的对立面是旧剧中的"红粉佳人、风流才子、伤风之事、亡国之音"。与前两者相比，"鼓舞精神"更为直接地体现出留日学生对现实政治的关注，它在表述中通常体现出对国家和民族的严重关切。如在民族危亡的关头，陈去病痛觉"且夫今者外祸之来……而吾黄种同胞，沉沉黑狱……彼其见解、其理想，以为吾自祖宗以来，知有珠甲，生世以降，即蒙辫发；明社虽屋，吾仍有君，黄帝其谁，何关血统；凡此鸩毒，深入脑筋，非极惨睹，不能转变"。他热情鼓舞道："我青年之同胞，赤手擎鲸，空拳射虎，事终不成，而热血陡冷。则曷不如一决藩篱，遁而隶诸梨园菊部之籍……要反足以反舒其民族主义，而一吐胸中之块垒。"在他看来，由于戏剧"可以对同族而发表宗旨，登舞台而亲演悲欢。大声疾呼，垂涕以道"，其奏效之快捷，比演《革命军》之类的著作要高出千万倍。他这样总结：戏剧能"随俗嗜好，徐为转移，而潜以尚武精神、民族主义，一一振起而发挥之，以表厥目的。夫如是而谓民情不感动，士气不奋发者，吾不信也"。（《论戏剧之有益》）此文值得注意的是，与旧戏的"粉饰太平"不同，新戏"鼓舞精神"得以实现的起点是直面社会生活的种种惨痛，从而激发族人之同情、抗争之愿望。这种倾向在其他人的论文中也有体现，如欧榘甲在《观戏记》里谈到"法国败于德国，法人设剧场

---

① 蒋观云（蒋智由）：《中国之演剧界》，《新民丛报》1904 年第 17 号。
② 《〈二十世纪大舞台〉招股启并简章》，《二十世纪大舞台》1904 年第 1 期。
③ 柳亚子：《〈二十世纪大舞台〉发刊辞》，《二十世纪大舞台》1904 年第 1 期。"发刊辞"虽为柳亚子执笔，但因为该刊为陈去病、汪笑侬等主办，亦在很大程度上反映了陈去病的思想，故可援为留日学生观点。

于巴黎"一事：法国人在剧场里模写法人被杀、流血之惨状以及"孤儿寡妇、幼妻弱子之泪痕"，促使人们追问国家破败的原因，以唤起"誓雪国耻、誓雪公仇"的决心。另在王钟麒《剧场之教育》里也可看到同样的事例、类似的表述。

应该看到，上述三点尽管各具内涵，但在留日学生群体的戏剧功用观里是相辅相成、互为建构的。从戏剧艺术的基本特征出发，呼应戏剧革新的时代要求，留日学生上述对戏剧功用的探索是第一步；而真正发挥戏剧在改良社会中的特殊作用，完成中国戏剧现代形态的转变，还必须切实地从戏剧创作观念的革新出发。

（二）戏剧创作观："组织关于戏剧之文字""养成演剧之人才"

若立足于戏剧活动的全过程，将剧作家、导演、演员等视为戏剧活动不同阶段的创作主体，则"戏剧创作"包括剧本创作（内容）和舞台演出（形式）两个基本层面。顺此思路来考察留日学生的戏剧创作观，可以从相互联系而侧重点不同的"戏曲改良派"和"文明戏实践派"两个方面来进行。

从注重"戏剧宣教"的效果出发，陈独秀在《论戏曲》中提出对传统戏曲的五项改良主张："宜多新编有益风化之戏，采用西法，不可演神仙鬼怪之戏，不可演淫戏，除富贵功名之俗套。"这可以看成留日学生早期戏曲改良派的代表性言论。除对戏剧创作题材进行规定（这是"主张"的主要内容）外，关于"采用西法"，作者有进一步的论述："戏中有演说，最可长人之见识；或演光学、电学各种戏法，则又可联系格致之学。"①这里的"演说"和"光学、电学"之法，均来源于西方戏剧创作和演剧实践。尽管"采用西法"的提法比较粗略，甚至因其包含对传统戏曲演剧形式的否定意味而失之武断，但它至少表明，在戏曲改良的意义上，留日学生关注的不仅仅是内容方面，还有戏剧表现形式的革新；在戏剧创作的意义上，他们已经把戏剧当成综合艺术来看待，也初步触及了戏剧艺术的本体特征问题。

讨论戏剧创作问题不离开"戏曲改良"的框架，这种情况在当时国内的戏剧理论界一度占据主流；而立足于社会改良的意愿，重视戏剧题材对"时事"或"史实"的运用又成为留日学生理论表述中的主要倾向。除了上述的陈独秀以外，

---

① "格致之学"是清代末年对声光化电等自然科学部门的统称。

其他如王钟麒在《剧场之教育》里明确反对"淫亵""劫杀""神仙鬼怪"之类旧戏曲中的常见题材,提出戏剧在题材选择上要尽量选择(西方的)"国家思想"①和"文明思想",并认为戏剧中"引证的事实"不能与时局无涉。欧榘甲在《观戏记》里反对旧剧中充斥的"红粉佳人、风流才子、伤风之事、亡国之音",并从内容和形式出发,呼唤戏曲"一曰改班本,二曰改乐器"。其中,"改班本"即为剧本创作内容的革新,它提示创作者要重视戏剧活动中的"事实"和"精神"。蒋观云在《中国之演剧界》中反对旧剧中"以舞洋洋,笙锵锵,荡人魂魄而助其淫思"的现象,以西方反映现实悲剧的创作为例证,呼唤触动人心的"悲剧"作品的诞生。陈去病则立足于参与社会政治的戏剧思维,重视历史题材(史实)的运用和发挥,强调借"确实历史"和"活历史"的权威性来涤荡世俗人心、树立民族观念。如他在《论戏剧之有益》中呼唤"苟有大侠,独能慨然舍其身为社会用,不惜垢污,以善为组织名班,或编明季稗史,而演汉族灭亡记,或采欧、美近事,而演维新活历史",以使民众"通古今之事变,明夷夏之大防,睹故国之冠裳,触种族之观念",等等。

在创作观念上真正突破"戏曲改良"框架,并正式确立话剧这一中国戏剧现代形态的当属以春柳社②成员为代表的留日学生。尽管前期春柳的戏剧革新主张与国内的戏剧改良运动有一脉相承之处,且高举"研究新旧戏曲,冀为吾国艺界改良之先导"③的旗帜,但从春柳社理论与实践的实际情况来看,其艺术思想和戏剧观念受日本新剧的影响颇大,而日本新剧一开始就是以欧洲近代戏剧理论和思潮为指导的。因而有论者认为,"春柳社的所谓'新戏',则是指'欧美所流行'的'以言语动作感人为主者',显然就是西方戏剧。而春柳社所说的'旧戏',才是国内的'改良新戏'"。④ 春柳社同人早就认识到戏剧是一种综合艺术,他们对"欧美所流行"的"新戏"情有独钟,且始终认为"戏剧是神圣的"⑤,决心在

---

① 这里的"国家思想"主要是指"国民"要担负起"国家的责任"。参见天僇生(王钟麒):《中国无国民说》,《安徽白话报》1908 年第 2 期。
② 春柳社被视为中国早期话剧的第一个艺术团体,1906 年底创建于日本。从日本东京时期的"春柳社文艺研究会"(一般称"前期春柳"),至上海春柳剧场时期的"新剧同志会"(一般称"后期春柳"),前后活动近十年。
③ 《春柳社开丁未演艺大会之趣意》,《中国话剧运动五十年史料集》第 1 辑,中国戏剧出版社 1958 年版,第 14 页。
④ 黄爱华:《中国早期话剧与日本》,岳麓书社 2001 年版,第 199 页。
⑤ 欧阳予倩:《自我演戏以来》,《欧阳予倩全集》第 6 卷,上海文艺出版社 1990 年版,第 49 页。

戏剧活动中"以庄严的态度实现艺术的理想"①。作为演剧团体，春柳社在其长约十年的活动期间并无系统的戏剧理论建树，其戏剧创作观念主要散见于其演剧主张及一些传单、海报等，也体现在剧本的"结撰"和选用上。撷其要者有：1. 在戏剧创作的诸要素中，认为剧本最重要，所谓"剧必有所本，则剧本尚已"②。前期春柳对待剧本有这样的自我要求："本社所出脚本，必屡经社员排演后，审定合格，始传习他人。"③后期春柳则追求"剧本之高尚"，他们认为："以嬉笑怒骂，皆成文章为遁词，弃剧本不讲，而信口开河者，同人所不取，抑亦不敢出，以与演剧远离背也。"④并强调："本剧场所用剧本，除采用名人笔记及选译东西洋著名剧本外，凡有编著莫不由会员精心结撰而成，绝不肯撷拾毫无价值之弹词小说。"（《传单》）在剧本为先的思想指导下，春柳剧场的演剧"或依据译本，或采取时事以及历史、科学、社会、政治、家庭、教育等，无不词旨芬芳，寄情深远，优美高尚，兼而有之"，一时引起"新剧莫不曰春柳第一""新剧为春柳第一高尚"等赞誉。⑤ 2. 重视演员的自身修养和舞台创造意识。春柳社认为，戏剧的艺术要素包括文学、美术、音乐以及人的动作语言等，而演员"即以穷此数部之艺术，其轻重取舍有不当者，即不足以言剧"。演员在表演时，应注意避免人物塑造的脸谱化、类型化，追求"艺术之老练"。（《传单》）3. 重视演员服饰、舞台音乐和背景的制作。前期春柳提出："舞台上所需之音乐、图画及一切装饰，必延专门名家者平日指导，临时布置，事后评议，以匡所不逮。"⑥后期春柳则在舞台设置上明确了"布景之优美""衣装之适宜""剧场之精洁"等要求。（《传单》）

春柳社对待戏剧创作这种"庄严的态度"和"艺术的理想"虽然没能挽回文明戏的衰落，但它和春阳社等其他早期文明戏社团一起作为中国话剧早期探索的主体，对话剧这一舶来艺术品种在中国土壤的移植和发展作出了重要贡献。留日学生创建的春柳社虽然解散，但其理论成果却集中体现在欧阳予倩（"春柳

① 欧阳予倩：《回忆春柳》，《欧阳予倩全集》第 6 卷，上海文艺出版社 1990 年版，第 174 页。
② 《春柳剧场开幕传单》，《中国话剧运动五十年史料集》第 1 辑，中国戏剧出版社 1958 年版，第 22—23 页中插图。以下采用文中注释，简称《传单》。
③ 李叔同：《春柳社演艺部专章》，《北新杂志》1907 年第 30 卷。
④ 《春柳剧场开幕宣言》，《申报·自由谈》1914 年 4 月 17 日。
⑤ 春柳社上演广告，转引自黄爱华：《中国早期话剧与日本》，岳麓书社 2001 年版，第 205—206 页。
⑥ 李叔同：《春柳社演艺部专章》，《北新杂志》1907 年第 30 卷。

四友"之一)的论文《予之戏剧改良观》(1918)里。鉴于作者在春柳戏剧活动及至整个世纪初戏剧革新运动中的突出地位,这篇论文既是五四戏剧论争中新青年派戏剧理论的重要文献,也可以看成是春柳留日学生戏剧创作主张的一种深化和总结。

在该文中,欧阳予倩立足于世界艺术的发展进程,振聋发聩地对中国戏剧界发出改革的呼声:

> 试问今日中国之戏剧,在世界艺术界,当占何等位置乎!吾敢言中国无戏剧,故不得其位置也。何以言之? 旧戏者,一种之技艺……戏剧者,必综文学、美术、音乐及人身之语言动作,组织而成。有其所本焉,剧本是也。剧本文学既为中国从来所未有,则戏剧自无从依附而生。元明以来之剧、曲、传奇等,颇有可采,然决不足以代表剧本文学。其他如皮簧唱本,更无足道。盖戏剧者,社会之雏形,而思想之影像也。剧本者,即此雏形之模型,而此影像之玻璃版也。剧本有其作法,有其统系。一剧本之作用,必能代表一种社会,或发挥一种理想,以解决人生之难问题,转移误谬之思潮。[①]

作者认为,要创造"真戏剧",则需要"组织关于戏剧之文字"和"养成演剧之人才"。这里有几点值得注意:1. 明确剧本创作在戏剧活动中的重要性,强调剧本文学对社会人生的独特作用,并立足于当时中国戏剧发展的现实状况,在创作内容上建议从"试行仿制"外国剧本入手,在语言和格式上提出"(语言)不必故为艰深;贵能以浅显之文字,发挥优美之思想。无论其为歌曲,为科白,均以用白话,省去骈俪之句为宜。盖求人之易于领解,为效速也。惟格式作法,必须认定"。2. 进而认为演剧应该从剧本出发,注重演员、舞台形式与剧本"精神"上的一致性,如云"演剧者,根据剧本,配饰以相当之美术品(如布景衣装等),疏荡以适宜之音乐,务使剧本与演者之精神一致表现于舞台之上,乃可利用于今日鱼龙曼衍之舞台也"。3. 特别强调戏剧评论对创作的促进作用:"必有精确之剧论,能获信于社会,则不近人情,与无价值之戏,当然渐就澌灭,同时真戏剧亦因

---

① 欧阳予倩:《予之戏剧改良观》,《欧阳予倩全集》第5卷,上海文艺出版社1990年版,第1—3页。

之而生。"他抨击了评论界"对于伶人，非以好恶为毁誉，则视交情为转移；剧本一层，在所不问；而人情事理，亦置诸脑后"的时弊，指出"所谓正当之剧评者，必根据剧本，必根据人情事理以立论"。出于对戏剧审美特征和巨大社会影响的认识，他要求剧评家"必有社会心理学、伦理学、美学、剧本学之智识"，并指出剧评家具有参与戏剧创作的功能："剧评有监督剧场及俳优，启人猛省，促进改良之责；决不容率尔操觚，卤莽从事也"。这种关于戏剧评论重要性的理解和剧论家的要求已经非常成熟，对当时及至现今的戏剧活动都具有普遍性的指导意义。

（三）戏剧审美观：写实主义审美原则与悲剧审美意识

戏剧审美观作为一种（群体）对待戏剧艺术的意识范畴或精神意向模式，应包括"审美形态""审美功能（效果）""审美精神"等层面。上文论述的两点已经触及或包含了留日学生群体的戏剧审美意识：虽然以社会改良为现实矢的，但他们戏剧革新理论的起点是戏剧艺术具有独特的审美教育功能，而其"戏曲改良"和"新戏"的理论与实践已经包含着戏剧审美形态转变的诉求，其戏剧创作观念也必然离不开主体的审美生活实践和审美精神的注入。那么，留日学生的戏剧审美观对 20 世纪初的戏剧革新运动究竟有何独特贡献？下文仅就两个主要方面作简要论述。

1. 写实主义戏剧审美原则的探索

这里的"写实主义"，在内容上主要指向以易卜生为代表的现实主义戏剧创作观念，即主张理想的、写实的现代戏剧应该表现出社会人生的真实状态；在形式上主要指向舞台演剧审美上的"求真"意识，即追求演员表演中语言和动作的现实生活化，以及舞台设计中为演员表演提供符合生活逻辑的支点（如门窗、山坡、桌椅）等。① 写实主义作为一种审美原则进入中国现代戏剧创造，与留日学生群体的早期探索是分不开的。

---

① 在当时中国人的观念中，以西方戏剧为摹本的现代戏剧最重要的审美特征便是写实、求真。随着健鹤在 1904 年提出演剧的价值在于"写真"和"纪实"、1916 年南开新剧团明确将"占有写实剧中之写实主义"作为其美学追求，及至五四新文化运动前后欧阳予倩、傅斯年等人相关论文的发表，写实主义成为讨论现代戏剧审美特征的出发点，并成为人们区别新旧戏剧的重要美学标准。参见健鹤：《戏剧改良之计画》，《警钟日报》1904 年 5 月 31 日、1904 年 6 月 1 日；周恩来：《吾校新剧观》，南开《校风》1916 年第 38—39 期。

李涛痕在 1918 年撰文认为："旧戏之佳处，在使人知其假，即于假处而娱人耳目，新戏之佳处，在使人疑为真，即于真处而动人哀乐。"①这里的"真"显然包含着对于"新戏"写实性较为宽泛的理解，是从内容和形式两方面着眼的。何为"真"？综观留日学生的理论与实践，可以从以下方面理解：

（1）在题材、语言和结构等剧本要素上求真。首先，戏剧选材要立足于表现历史生活的"事实"，关注当下的社会与人生。陈独秀、欧榘甲等人提出摒弃"神仙鬼怪"等虚幻的、远离人类生存实际的题材，而要表现与"时事""时局"密切相关的真实事件（包括"确实历史"）②；传统戏曲并非全不重视审美教育作用，其选材也并非全无生活基础，但其中的"事实"大多数或因社会的变迁而变得失真，或因时间的流逝而与观众的当下生活产生了隔阂，从而不能产生预期的效果。如王钟麒在《剧场之教育》中认识到"古人之于戏剧，非仅以怡耳而怪目也，将以资劝惩、动观感，迁流既久，愈变而愈失真"。欧榘甲在《观戏记》里指责"潮州班"的演剧"守其方音，不能通行于全省，且专演前代时事，全不知当今情形，其于激发国民之精神，有乎古而遗乎今者也"等。其次，戏剧要表现平常人的日常生活，从而，戏剧语言也应是平常人的生活语言，"大团圆"也不应该是戏剧当然的结构原则。如陈独秀、王钟麒等人明确反对"淫亵""劫杀""富贵功名"等非日常生活内容，对于佳人才子、帝王将相这一类戏曲选材模式也持全面的否定态度。欧阳予倩表示戏剧语言要用人人能懂的白话（上文论及），而在上述王钟麒、欧榘甲、蒋观云等人论文中，反对"大团圆"结构模式、直面悲惨人生已经成为显在的戏剧审美追求。

（2）在演员表演和服饰等方面求真。首先，演员要通过平常人的动作和语言进入角色，重视对现实生活关系中"人情事理"的客观呈现。如欧阳予倩在《予之戏剧改良观》中提出期望："如俳优能勉守人情事理之范围，庶几真戏剧有养成之希望焉"。其次，在拒绝戏剧人物脸谱化、类型化的同时，认为人物性格和形象的展露需要一个过程，而非一蹴而就，且演员服饰上亦应符合时代特征。如春柳社认为"英雄圣贤神奸巨盗……其面目初非有特异，欲一一状而出之，不能仅恃绘抹，则语言动作姿势神情，不容顾此失彼明矣"，"凡演一剧必研究一剧之时代及人物，而后制定其衣装，否则年龄、习惯、品性、境地等等，即不能吻合"

①② 李涛痕：《论今日之新戏》，《春柳》创刊号，1918 年 12 月。

等(《传单》)。第三，从现代演剧写实性的审美特征出发，从舞台表演上质疑中国古代演剧中的写意手法。如蒋观云在《中国之演剧界》中认为："中国戏剧界演战争也，尚用旧日古法，以一人与一人，刀枪对战，其战争犹若儿戏，不能养成人民近世战争之观念。"

(3) 在舞台设计上求真。受欧美和日本现代演剧的影响，李叔同在《春柳社演艺部专章》提出中国旧戏的"场面布景必须改良"，反对旧戏"一桌二椅"的程式化舞台场面布置方法。自此，借助现代绘画和科技手法来制造貌似逼真的舞台幻觉空间，一直是春柳社孜孜以求的目标。如春柳剧场《爱欲海》(1914)一剧广告"新制奇巧布景：海天荒岛，触目凄凉，渔火夕阳，荧荧景色。观此，如身历其境矣"，《新不如归》(1914)一剧广告"战地，恍若千军万马，声势汹然；雪景，天半飞花，一白无际，洵大观也"等，都将舞台布置写实作为广告宣传中的亮点。①同时，春柳社对舞台设计的细节真实也有充分考虑，如云"剧中布景，断不能因陋就简，甚至一剧之中甲家与乙家房屋用具不稍更易，以致炫乱观者目光"等。(《传单》)

2. 现代悲剧审美意识的觉醒

在留日学生中，蒋观云是将悲剧作为一种戏剧审美形态进行专门论述的第一人。他在《中国之演剧界》中首先以拿破仑为例强调悲剧的重要性：

> 拿破仑好观剧，每于政治余暇，身临剧场，而其最所喜观者为悲剧。拿破仑之言曰："悲剧者，君主及人民高等之学校也，其功果盖在历史之上。"又曰："悲剧者，能鼓励人之精神，高尚人之性质，而能使人学为伟大之人物者也，故为君主者不可不奖励悲剧而扩张之。"……吾不知拿破仑一生，际法国之变乱，挺身而救时艰，其志事之奇伟，功名之赫曜，资感发于演剧者若何？第观其所言，则所以陶成盖世之英雄者，无论多少，于演剧场必可分其功之一也。剧场亦荣矣哉！虽然，使剧界而果有陶成英雄之力，则必在悲剧。②

---

① 春柳社上演广告，转引自黄爱华：《中国早期话剧与日本》，岳麓书社 2001 年版，第 215 页。
② 春柳社上演广告，转引自黄爱华：《中国早期话剧与日本》，岳麓书社 2001 年版，第 434 页。

进而认为：

> 剧界佳作，皆为悲剧，无喜剧者。夫剧界多悲剧，故能为社会造福，社会所以有庆剧也；剧界多喜剧，故能为社会种孽，社会所以有惨剧也。其效之差殊如是矣。嗟呼！使演剧而果无益于人心，则某窃欲从墨子非乐之议。不然，而欲保存剧界，必以有益人心为主，而欲有益人心，必以有悲剧为主。[①]

该文中，蒋观云在痛陈中国戏剧发展滞后之余，认为"我国之剧界中，其最大之缺憾"为"无悲剧"。应该看到，他推崇悲剧的初衷仍然主要停留在社会政治层面，即试图通过舞台上战争场景、生命毁灭情状的展示，消除旧戏中粉饰太平之弊端，激发民众的生存危机和抗争意识，以唤起变革社会所需要的"陶成英雄之力"。这种将现实悲剧的感染力与社会变革诉求结合起来的努力在陈去病、欧榘甲、王钟麒等人的论文中亦有投影。因为在他们看来，民众蒙昧最直接的体现便是对国家发展落后、民众生存不幸的麻木，而悲剧的意义恰恰在于可以引领民众正视种种苦难，改变民众的精神现状（即"有益人心"）。

而对于文学中"悲、喜"这两种情感或心理，蒋观云并无偏重，他甚至还认为"悲与喜合并而为一种之心理，此最能感人之深，而使人有不能自已之概者也。盖人之心，专于悲则其气易郁，而专于喜则其气又易散……"[②]那么，他何以得出"剧界佳作，皆为悲剧，无喜剧者"的结论呢？这显然取决于他对戏剧艺术本体特征的认识。或者说，蒋氏关于悲剧的论述除了来自社会改良、戏剧革新的现实需要，还在于他认为悲剧在审美上具有独特性，在"撄人心"的意义上喜剧无法取代之。如果说他批评中国无一部剧能"委曲百折，慷慨悱恻，写贞臣孝子仁人志士困顿流离，泣风雨动鬼神之精诚者"的着眼点仍然是"为社会造福"，那么他认为悲剧能"造人心"和"道人心"、能"启发人广远之理想，奥深之性灵"则可视为超越了戏剧的社会功利性，而指向戏剧对于人生、人性的深层关注，初步进入对悲剧审美心理和悲剧精神的探讨。

---

① 蒋观云（蒋智由）：《中国之演剧界》，《新民丛报》1904 年第 17 号。
② 蒋观云（蒋智由）：《维朗氏诗学论按语》，黄霖等主编《中国历代文论选新编》（精选本），上海教育出版社 2008 年版，第 263 页。

　　虽然作者在文中并没有令人满意地界定悲剧的内涵，且过分贬低喜剧的审美效果和社会价值，但他毕竟较早从悲剧、喜剧的角度来看待戏剧作品，打破了明清以来以"神仙道化""忠臣烈士"等，或以"本色派""骈丽派"进行戏剧分类的模式，唤醒人们直面现实不幸的审美眼光，探讨悲剧与社会政治、人生人性的关系，这丰富和深化了现代戏剧的审美内涵。

　　留日学生中重视悲剧审美的还有春柳社同人。李叔同在《春柳社演艺部专章》就春柳社的演剧倾向曾说："偶有助兴会之喜剧，亦必无伤大雅，始能排演。"言外之意，即春柳社主要排演悲剧，且只有悲剧才能实现"开通智识、鼓舞精神"的演剧宗旨。事实上，受欧洲浪漫主义戏剧和日本新派悲剧的影响，春柳排演的戏大多数是悲剧："悲剧的主角有的是死亡、被杀或者是出家，其中以自杀为最多。"[1]这里有三点值得注意：（1）尽管受西方悲剧的影响颇深，春柳社并不热衷于表现"重要人物"或"非凡人物"的悲剧，[2]也不热衷于通过悲剧呼唤蒋观云所谓"陶成英雄之力"，而是多以爱情婚姻、家庭伦理为题材表现普通人的悲剧生存和命运，这一点恰与王国维所谓悲剧要描写"通常之道德，通常之人情，通常之境遇""示人生之真相，又示解脱之不可已"[3]相通，体现了对人生和生命价值的近代思考。（2）春柳社的悲剧很多是"一悲到底"的大悲剧，使人产生类于"吾观春柳之侠恋记，而叹善人之不获善果"[4]的观剧体验。这来自对人类、对现实人生的悲剧认识和幻灭感，在戏剧实践上反思了中国传统民族心理结构中的"乐天之色彩"，改变了传统戏剧中"大团圆"的结构意识和美学致思模式，从而显示了较强的悲剧审美的主动性和西方式的现代悲剧意识。（3）从审美主体的角度来看，初步实现了从"类主体"（国家民族主体）向"自我主体"（个人主体）的转变，戏剧主角的悲剧或缘起于社会和历史，但最终指向人生、人性的悲剧，在观演关系层面体现了与观众现实心理和情感的"共通性"，从而增强了戏剧审美的延伸力。至此，春柳社的悲剧观念标志着中国戏剧已初步确立起了现代悲剧意识，也标志着留日学生群体在中国戏剧现代化进程中迈出了关键性的一步。

---

① 欧阳予倩：《谈文明戏》，《欧阳予倩全集》第 6 卷，上海文艺出版社 1990 年版，第 196 页。
② 朱光潜在解读西方美学时认为崇高是悲剧的主要美学特征，就悲剧主人公来说，崇高首先体现在地位的重要；其次，崇高意味着悲剧主角"往往是一个非凡的人物，无论善恶都超出一般水平，他的激情和意志都具有一种可怕的力量"。朱光潜：《悲剧心理学》，人民文学出版社 1983 年版，第 88—89 页。
③ 王国维：《红楼梦评论》，浙江古籍出版社 2012 年版，第 14 页。
④ 雪泥：《春柳社之侠恋记》，《繁华杂志》1914 年第 2 期。

综上，留日学生群体的戏剧观虽基于当时改良社会的现实诉求，却不乏对戏剧艺术本体内容的思考。它既在戏剧功用和创作理念上显示出对于艺术与政治、社会、人生关系的多方位关注，又在戏剧审美价值和精神内涵等方面体现出对中国现代戏剧发展方向的主动探索。作为20世纪初中国戏剧观念现代化的重要组成部分，留日学生的戏剧观念有力地推动了中国现代戏剧的发展。

小　结

20世纪初留日学生在文学、音乐、美术、戏剧等方面的探索，在当时具有先锋、试验的性质。留日学生对于各门艺术的理解，也代表着近代国人对于各门类艺术的最新的现代的理解，这种理解大不同于传统，但又与传统保持着千丝万缕的联系。这种理解严格地说不是美学理论，却与美学理论的发展有着密切的关系，构成了美学理论发展的基础：由对某一门艺术的性质、地位、功用、发展方向的思考，很自然地会产生对于艺术本身是什么、艺术何为、艺术发展的趋向、不同门类艺术的关系等问题的思考，而这些问题正是美学理论所要面对的问题。另外我们看到，在讨论文学、音乐、美术等的性质、功用时，留日学生们运用了很多现代西方美学的概念，引入了现代西方美学的诸多观点，这一现象本身，也在事实上促进了中国现代美学的发生与发展。

第七章

五四新文学
与中国现代美学新趋势

1915 至 1921 年间,以《新青年》杂志的创办与改组为标志,中国出现了一场规模巨大的思想、文化变革运动,这场运动后来被称为五四新文化运动。在五四新文化运动中,新文化的倡导者从西方的科学、民主、自由等观念出发,对中国传统的伦理、风俗、文学、哲学、宗教以及社会制度等,作了空前激烈的批判,希望能够以西方文化为参照,建设全新的中国文化、文明。关于五四新文化运动的历史意义,学术界存在不同的声音。自由主义者认为,五四运动是一场启蒙运动、文艺复兴运动,是中国文化走向新生的开始。马克思主义者认为,五四运动是反帝反封建运动,是无产阶级登上历史舞台的开始,五四倡导的新文化为共产主义文化在中国的发展铺平了道路。而在一些文化保守主义者看来,五四新文化运动是一场灾难,是中国后来一系列不幸的开端。① 但是不管怎样,大家都普遍承认,五四新文化运动是一场重要的运动,对中国现代文化、思想和社会政治的发展,都具有深远的影响。可以说,不了解五四新文化运动,就不能透彻地理解 20 世纪中国历史。

五四新文化运动的一个重要方面,是新文学的倡导与创作。新文化的倡导者们认为,文学是文化的非常重要的一个方面,通过文学的"革命"可以有力地推进中国社会文化的全面革新。以《新青年》《新潮》《每周评论》等杂志为平台,新文化倡导者发表了一大批讨论文学与艺术的文章,以此推动新文学运动的发展,希望能在中国文坛上造成一种与过去一切文学都截然不同的"新文学"。② 在这些文章中,新文化倡导者提出并讨论了几个重要的文学理论问题,如文学进化问题,文学语言的现代化问题,文学与现实人生的关系问题,国语文学与文学的国语的问题,国民文学的问题,等等。从文学史的角度来看,对这些问题的讨论,指明了新文学发展的方向,搭建了新文学发展的广阔平台。而从美学史的角度来看,这些讨论也具有重要的意义。这些讨论的发生,带动了中国现代美学的进一步发展。以这些讨论为契机,中国现代美学出现了一些新趋势。

---

① 关于五四新文化运动历史意义的争论,参考周策纵在《五四运动史》(岳麓出版社 1999 年版)第十四章的梳理。
② 五四新文学是否是一种全新的文学,五四新文学与古典文学、近代文学的关系等等,都是非常复杂的。但不可否认的一点是,五四新文学掀开了中国文学史的新的一页。

第一节　进化论与反传统:现代审美理想的确立

五四新文学运动令人瞩目的一点,是它的彻底、激烈的反传统姿态。中国古代文学中,摹古、复古是一个悠久的传统。但另一方面,强调通变、变易,也是一个悠久的传统。刘勰在《文心雕龙·通变》中,总结不同时代文章的特点,指出"黄唐淳而质,虞夏质而辨,商周丽而雅,楚汉侈而艳,魏晋浅而绮,宋初讹而新",文章变迁的总的趋势是"从质及讹,弥近弥淡"。① 胡应麟《诗薮》考察《诗经》以来诗歌变迁的历史,得出的结论是:"四言变而离骚,离骚变而五言,五言变而七言,七言变而律诗,律诗变而绝句,诗之体以代变。"近代,黄遵宪提出了"我手写我口,古岂能拘牵"的口号,梁启超提出了"诗界革命""文界革命""小说界革命"的主张。古代、近代的这些文学变革思想,一方面强调文学因时变化、不可机械模仿古人,另一方面,也并不否认古代文学的光辉与伟大。"复古""拟古"作为文学发展的一个可能的选项,在五四之前从来没有被彻底否定过。五四新文学阵营的不同之处在于,在否定旧文学的毅力与韧性、坚定与果决方面,都远远超出前人,达到了空前的程度。由于新文学阵营彻底而毫不妥协的态度,使得源远流长、根底深厚的"复古""拟古"主张面临着前所未有的根本性的危机,一种求新、求变的现代审美理想得到越来越多人的认可。

在中国现代文化史上,陈独秀是以一个不妥协的斗士形象为大家所知的。不论在文化思想方面,还是文学方面,对于旧传统,陈独秀的态度都是坚决、彻底否定,毫不妥协。陈独秀花了大量的精力不断地反复论证儒家传统思想与西方先进的民主思想的尖锐矛盾,得出的结论是:中国要革命,要强大,要适应现代社会发展的进程,自立于世界民族之林,必须彻底抛弃儒家思想。思想变革如是,文学变革亦如是。必须以疾风暴雨之势,扫荡一切旧文学。在《文学革命论》中,陈独秀提出了著名的"三大主义":

曰,推倒雕琢的阿谀的贵族文学,建设平易的抒情的国民文学;曰,推

---

① 刘勰:《文心雕龙·通变》,黄叔琳注《增订文心雕龙校注》,中华书局 2016 年版,第 400 页。

倒陈腐的铺张的古典文学,建设新鲜的立诚的写实文学;曰,推倒迂晦的艰涩的山林文学,建设明了的通俗的社会文学。

细读《文学革命论》全文,会发现"贵族文学""古典文学""山林文学"的内涵极宽,范围极广:汉赋、魏晋六朝诗、骈体文、律诗、唐宋八大家、明代前后七子、桐城派等,皆囊括在内。可以说,除了《诗经·国风》《楚辞》、元明剧本、明清白话小说之外,中国古代、近代其他所有作家作品皆在三种文学的范围之内。陈独秀历数三种文学的种种弊端,指出:

> 贵族文学,藻饰依他,失独立自尊之气象也;古典文学,铺张堆砌,失抒情写实之旨也;山林文学,深晦艰涩,自以为名山著述,于其群之大多数无所裨益也。其形体则陈陈相因,有肉无骨,有形无神,乃装饰品而非实用品;其内容则目光不越帝王权贵,神仙鬼怪,及其个人之穷通利达。所谓宇宙,所谓人生,所谓社会,举非其构思所及,此三种文学公同之缺点也。①

和陈独秀否定一切的决绝态度不同,胡适对于古典文学的态度相对温和。他并不全盘否定古典文学,而是认为唐诗、宋词、元曲、明清小说都是一代之文学,都具有不朽的价值。但是尽管如此,他仍然坚持文学的出路在于创新,认定"复古""拟古"没有任何的前途。《文学改良刍议》提出文学改良的"八事",其第二事是"不模仿古人","文学者,随时代而变迁者也。一时代有一时代之文学。周秦有周秦之文学,汉魏有汉魏之文学,唐宋元明有唐宋元明之文学"。《历史的文学观念论》提出,"居今日而言文学改良,当注重'历史的文学观念'。一言以蔽之,曰:一时代有一时代之文学。此时代与彼时代之间,虽皆有承前启后之关系,而决不容完全抄袭;其完全抄袭者,决不成为真文学。愚惟深信此理,故以为古人已造古人之文学,今人当造今人之文学"②。

文学因时代而变化,原因何在呢? 胡适指出,原因在"文明进化之公理"。进化不仅是自然界规律,也是文学界规律,各体文学发展都遵循进化的规律:

① 陈独秀:《文学革命论》,《新青年》1917年第2卷第6号。
② 胡适:《历史的文学观念论》,《中国新文学大系·建设理论集》,上海文艺出版社2003年影印版,第57页。

即以文论：有尚书之文，有先秦诸子之文，有司马迁班固之文，有韩柳欧苏之文，有语录之文，有施耐庵曹雪芹之文，此文之进化也。试更以韵文言之：击壤之歌，五子之歌，一时期也；三百篇之诗，一时期也；屈原荀卿之骚赋，又一时期也；苏李以下，至于魏晋，又一时期也……

文学"因时进化"，所以不应模仿古人，"今日之中国，当造今日之文学，不必模仿唐宋，亦不必模仿周秦也。"①

"进化"概念是从生物学中来的。在生物学中，进化往往意味着进步、增长、向上。文学是进化的，是不是意味着后来的文学胜过之前的文学呢？答案是肯定的。《文学改良刍议》：

吾辈以历史进化之眼光观之，绝不可谓古人之文学皆胜于今人也。左氏史公之文奇矣，然施耐庵之《水浒传》视《左传》《史记》，何多让焉？《三都》《两京》之赋富矣，然以视唐诗宋词，则糟粕耳。此可见文学因时进化，不能自止。

接下来，胡适又说：

吾每谓今日之文学，其足与世界"第一流"文学比较而无愧色者，独有白话小说（我佛山人，南亭亭长，洪都百炼生三人而已）一项……施耐庵、曹雪芹、吴趼人皆文学正宗，而骈文律诗乃真小道耳。②

唐诗宋词超越汉赋，曹雪芹、吴趼人为文学正宗，为世界第一流文学家，显然，文学是进化的，越往后，文学的水平越高、价值越高。

在另一篇文章《国语的进化》中，胡适论证白话、文言的优劣。胡适认为，语言有四大功能，一是表情达意，二是记载人类生活的过去经验，三是教育的工具，四是人类共同生活的唯一媒介物。"我们研究语言文字的退化进化，应该根

---

① ② 胡适：《文学改良刍议》，《新青年》1917 年第 2 卷第 5 号。

据这几种用处。"①不论是表情达意的能力方面，还是在记载人类生活经验方面，作为教育的工具方面，作为人与人沟通的媒介方面，白话都远优于古文，因此白话是古文的进化。白话优于古文，同样，使用白话的白话文学也优于古文文学。后起的白话文学优于古文文学，显然，文学的发展是进化的、后胜于今的。

文学发展后胜于今，今日之白话文学，必胜过去之古文文学，这是五四新文学阵营的共识。那么，今天大家所创造的白话文学，有朝一日会不会也被后来的文学超越呢？答案也是肯定的。刘半农《我之文学改良观》："即吾辈主张之白话新文学，依进化之程序言之，亦绝不能视为文学之止境，更不能断定将来之人不破坏此种文学而建造一更新之文学。吾辈生于斯世，惟有尽思想能力之所及，向'是'的一方面做去而已。"②在五四新文学的倡导者看来，五四新文学并不试图给后世留下某种永恒的、不可超越的传统，如果非要说它给后世文学留下了某种传统的话，那么这种传统就在于"反传统"。文学因时变化，永不停止，永远没有尽头，永远不要向后看，这就是五四的传统。

卡林内斯库在《现代性的五副面孔》中指出，艺术上的现代性首先意味着一种新的美学纲领、审美理想的出现。这种审美理想否定不变的、超验的美的理想的存在，转而崇尚变化和新奇。现代性最显著的特征是其"趋于某种当下性的趋势"，是其"认同于一种感官现时的企图"，用波德莱尔的话说，"现代性是短暂的、易逝的、偶然的，它是艺术的一半，艺术的另一半是永恒和不变的"。③当五四新文学阵营宣称文学应当不断进化、不断创新时，他们实际宣告了一种新的审美理想的来临。这种新的审美理想，对于后来美学理论的发展起到了推动作用。至少，在创造社"没有创造，就没有世界"的美学宣言中，在朱光潜的直觉主义、表现主义以及宗白华的"生生主义"美学思想中，我们都看到一种对于创造、想象、突破的认同。艺术体现人的生生不息的创造力，艺术要创造、突破，艺术与生命的机械化格格不入，是朱光潜和宗白华共同强调和认可的。而这种对于创造、想象、突破的认同，一方面固然与他们所受的西方美学的影响有关，另一方面不能不说与五四新文艺运动有密切关系。

① 胡适：《国语的进化》，《中国新文学大系·建设理论集》，上海文艺出版社 2003 年影印版，第 237 页。
② 刘半农：《我之文学改良观》，《新青年》1917 年第 3 卷第 3 号。
③ ［美］马泰·卡林内斯库：《现代性的五副面孔》，顾爱彬、李瑞华译，商务印书馆 2004 年版，第 9、55 页。

第二节　写实主义与浪漫主义

写实主义与浪漫主义的论争与交锋，是贯穿五四新文学运动的一条重要线索。

自一开始，五四新文学就与写实主义结下了不解之缘。早在1915年的《现代欧洲文艺史谭》中，陈独秀就表达了对于写实主义以及由写实主义衍生出来的自然主义的浓厚兴趣。陈独秀指出，18、19世纪之交欧洲文艺思潮由古典主义变而为理想主义，19世纪末科学大兴，"宇宙人生之真相日益暴露"，文学艺术顺此潮流由理想主义变而为写实主义以及自然主义。现代欧洲文艺"无论何派，悉受自然主义之感化"，写实主义与自然主义的信条是"凡属自然现象莫不有艺术之价值梦想，理想之人生不若取夫世事人情诚实描写之"。① 1917年2月，在《文学革命论》中，陈独秀再次祭出"写实"的大旗。"三大主义"中的第二项，便是"推倒陈腐的铺张的古典文学，建立新鲜的立诚的写实文学"。陈独秀批评贵族文学、古典文学、山林文学，认为三者的重要缺陷是缺乏写实精神，"所谓宇宙，所谓人生，所谓社会，举非其构思所及，此三种文学公同之缺点也"。他还批评魏晋以来的五言诗："抒情写事，一变前代板滞堆砌之风，在当时可谓为文学一大革命，即文学一大进化，然希托高古，言简意晦，社会现象，非所取材。"

五四新文学的另一位领袖胡适，也对写实主义情有独钟。胡适很少直接提"写实主义"四字，但他关于文学的系列文章中，皆包含写实主义的精神。《文学改良刍议》提出的文学改良"八事"中，第五条是"务去滥调套语"，要求"人人以其耳目所亲见亲闻所亲身阅历之事物，一一自己铸词以形容描写之，但求其不失真，但求能达其状物写意之目的"。《建设的文学革命论》认为，"《儒林外史》所以能有文学价值者，全靠一副写人物的画工本领"。胡适指出，为了把人物、故事写得活灵活现，作家必须实际观察："真正文学家的材料大概都有'实地的观察和个人自己的经验'做个根底。不能做实地的观察，便不能做文学家；全没有个人的经验，也不能做文学家。"有了观察与经验后，还要讲描写的方法，"写

---

① 陈独秀：《现代欧洲文艺史谭》，《新青年》1915年第3、4号。

人要举动，口气，身分，才性……都要有个性的区别"，"写境要一喧，一静，一石，一山，一云，一鸟……也都要有个性的区别"，"写事要线索分明，头绪清楚，尽情尽理，亦正亦奇。写情要真，要精，要细腻婉转，要淋漓尽致"。①

陈独秀、胡适对写实主义的强调，为新文学的未来发展定下了原则性的基调。之后，文学研究会将这一基调进一步发扬光大。文学研究会的核心刊物《小说月报》在其《改革宣言》中宣称："写实主义文学，最近已见衰歇之象，就世界观之立点言之，似已不应多为介绍；然就国内文学界情形言之，则写实主义之真精神与写实主义之真杰作实未尝有其一二，故同人以为写实主义在今日尚有切实介绍之必要。"②稍后，茅盾在《文学与人生》中详细阐释写实主义："西洋文学研究者有一句最普通的标语：是'文学是人生的反映'。人们怎样生活，社会怎样情形，文学就把那种种反映出来。譬如人生是个杯子，文学就是杯子在镜子里的影子。所以可说'文学的背景是社会的'。'背景'就是所从发的地方。譬如有一篇小说，讲一家人家先富后衰的情形，那么，我们就要问讲的是哪一朝。如说是清朝乾隆的时候，那么，我们看他讲的话，究竟像乾隆时候的样子不像。要是像的，才算不错。"③茅盾认为，"真的文学也只是反映时代的文学"，为了更好地反映时代、生活，作家有必要深入社会："国内创作小说的人大都是念书研究学问的人，未曾在第四阶级社会内有过经验，像高尔基之做过饼师，陀斯妥耶夫斯基之流过西伯利亚。印象既然不深，描写如何能真？"④

写实主义强调文学再现客观的现实人生，这一主张与强调文学是作家的自我表现的浪漫主义形成了鲜明对立。一般认为，是创造社率先提出了浪漫主义的文学主张。但实际上，浪漫主义的理论基础，在陈独秀、胡适的文学变革宣言中已经奠定。陈独秀《文学革命论》标举"写实文学"的同时，还提出"国民文学""社会文学"的口号，"国民文学"的完整表述，是"平易的、抒情的国民文学"，"抒情"二字，已经蕴含浪漫主义的意味。胡适强调作家要自铸新词，以求其"状物写意"之目的，要"自己铸词造句以写眼前之景，胸中之意"，"写意""胸中之意"等等，也已经暗示浪漫主义的可能性。

---

① 胡适：《建设的文学革命论》，《新青年》1918年第4卷第4号。
② 《小说月报改革宣言》，《小说月报》1921年第12卷第1号。
③ 茅盾：《文学与人生》，《松江第一次暑期学术演讲会演讲录》第1期，《文学运动史料选》第一册，上海教育出版社1979年版，第186、187页。
④ 郎损：《社会背景与创作》，《小说月报》1921年第12卷第7号。

陈独秀、胡适的文学主张中，为浪漫主义预留出了一定的位置，但他们并未直接提出浪漫主义的口号。创造社成立之后，彻底的浪漫主义的文学主张才正式被提出。成仿吾《新文学之使命》："文学上的创作，本来只要是出自内心的要求，原不必有什么预定的目的"，"如果我们把内心的要求作一切文学上创造的原动力，那么艺术与人生便两方都不能干涉我们"①。郭沫若说："我们的主义，我们的思想，并不相同，也并不必强求相同。我们所同的，只是本着我们内心的要求，从事于文艺的活动罢了。"②从自我内心要求出发，创造世界，是创造社的核心主张。"创造""自我""美善"等词，是创造社作家笔下经常出现的热词。创造社认为，文学的根本不是外在的社会，而是作家自我，不是物质，而是作家主观的精神。郭沫若《我们的文学新运动》："我们要自己种棉，自己开花，自己结絮。我们要自己做太阳，自己发光，自己爆出些新鲜的星球。"③这一创作态度，与文学研究会显然是有重大区别的。总起来看，创造社是偏于浪漫主义的。郑伯奇在《中国新文学大系·小说三集导言》中指出，在尊重主观、否认现实上，创造社诸作家是一脉相通的，总的说来，创造社的文学主张是倾向于浪漫主义的。

文学研究会的写实主义与创造社的浪漫主义的对立发展，是现代中国文坛上值得注意的有趣的现象。但实际上，两者之间的关系不仅仅是对立，对立之外，它们之间也有一些共同点。

首先，不论是写实主义，还是浪漫主义，都反对文学成为空洞的道德说教。对于写实主义者来说，文学的任务是描写现实，不是"载道"，能将现实真实地呈现出来，文学的任务已经完成，文学"不是以教训、以传道为目的"，文学家"不必，而且也不能，故意地在文学中去灌输什么教训"。④ 茅盾《什么是文学》："道义的文学界限，说得太狭隘了。他的弊病尤在把真实的文学弃去，而把含有重义的非纯文学当作文学作品……把文学的界说缩得小些，还没有大碍，不过把文学的范围缩小了一些，要是把文学的界说放大，将非文学的都当作文学，那么

---

① 成仿吾：《新文学之使命》，《创造周报》1923 年第 2 号。
② 郭沫若：《编辑余谈》，《创造季刊》1922 年第 1 卷第 2 期。
③ 郭沫若：《我们的文学新运动》，《中国新文学大系·文学论争集》，上海文艺出版社 2003 年影印版，第 186 页。
④ 郑振铎：《新文学观的建设》，《文学旬刊》1922 年第 37 期。

非但把真正的文学埋没了，还使人不懂文学的真义，这才是遗害不少哩。"①对于浪漫主义者来说，文学的任务是表达情感，能将情感完全地表达出来就是好文学，情感本身是病态还是健康，无关文学的高低。郁达夫的《沉沦》大肆描写性欲，甚至是病态的性欲，但作者并未认为不妥。不管是写实主义还是浪漫主义，都对中国传统的"载道""劝惩"等观念嗤之以鼻。

其次，不论是写实主义还是浪漫主义，都将文学所使用的语言、文字理解为某种"透明的东西"②。文学的价值在于忠实的传达，因此文学语言本身要尽量朴素。茅盾反对文学成为消遣，成为文字游戏，主张"文学以求真为唯一目的"，文学重"客观的描写"，"眼睛里看见的是怎样一个样子，就怎样写。"③成仿吾《新文学之使命》也说："我们的新文学运动，自从爆发以来，即是一个国语的运动……我们这运动的目的，在使我们表现自我的能力充实起来，把一切心灵与心灵的障碍消灭了。"④对于写实主义者来说，语言应尽量成为社会人生的镜子。对于浪漫主义者来说，语言应成为人的内在情感、思想的镜子。在要求文学的语言要尽量朴素，尽量减少语言自身的存在感方面，二者是完全一致的。

事实上，这样一种对待语言的态度，在"文学革命"初期就已经出现。在《文学改良刍议》《建设的文学革命论》中，胡适要求作者"有什么话，说什么话，话怎么说，就怎么说"，反对用典，反对套话。为什么不能用典故、套话呢？胡适解释说，典故、套话反映的是作者状物写意能力的贫弱："吾所谓用典者，谓文人词客不能自己铸词造句以写眼前之景，胸中之意，故借用或不全切，或全不切之故事陈言以代之，以图含混过去。"因为不能实写眼前之景、胸中之意，所以用典故、套话来蒙混。这一因果关系，反过来也可以成立：因为使用了太多典故、套话，所以不能很好地实写眼前之景、胸中之意。因此，为写景、抒情计，必须摒除典故与套话，有什么话就说什么话。周作人《平民文学》提出："平民文学应以真挚的文体，记真挚的思想与事实……我们说及切己的事，那时心急口忙，只想表出我的真意实感，自然不暇顾及那些雕章琢句了。"胡适、周作人都将文字的单纯、

---

① 沈雁冰(茅盾)：《什么是文学》，《中国新文学大系·文学论争集》，上海文艺出版社 2003 年影印版，第153、154 页。
② 日本学者柄谷行人语，参考其《日本现代文学的起源》，赵京华译，三联书店 2006 年版，第 51 页。
③ 茅盾：《文学与人生》，《松江第一次暑期学术演讲会演讲录》第 1 期，《文学运动史料选》第一册，上海教育出版社 1979 年版，第 189 页。
④ 成仿吾：《新文学之使命》，《创造周报》1923 年第 2 号。

朴素作为文学抒情、状物的前提。从他们的主张中，既可以引申出写实主义的观点，也可以引申出浪漫主义的观点。

写实主义也好，浪漫主义也好，其实都有一个共同的哲学基础——认识论哲学。它们都把文学视为人类认识世界的一个工具。只不过对于写实主义来说，"世界"指的是客观的现实世界，而对于浪漫主义者来说，"世界"指的是人的主观精神世界。蔡仪《新艺术论》指出："浪漫主义和旧现实主义的根本的区别，是浪漫主义在艺术的认识上重视主观，而现实主义则相反，在艺术的认识上重视客观……容易陷于偏重客观。"①这一判断是正确的，在将艺术视为对于现实（这里的现实包括外在与内在两方面）的认识、反映上面，浪漫主义和写实主义是一致的。不论是写实主义还是浪漫主义，都持一种认识论的艺术观。

从认识论的角度出发讨论艺术，强调艺术、审美的认识价值，是 20 世纪中国美学的一个强有力的传统。20 世纪 40 年代，在《新艺术论》及《新美学》中，蔡仪将认识论的原则贯穿始终，建构了一整套的认识论美学。蔡仪认为，美的本质在于典型，美感活动是人对于现实的认识，是人对于客观存在的美的反映与摹写。艺术是客观实在的反映，艺术"以现实为对象而反映现实"，艺术与科学的不同在于艺术对现实的认识是由感性来完成的，"是以个别显现着一般"。②1949 年之后，由于马克思主义成为官方权威学说，认识论在美学研究中跃居统治地位。50、60 年代的美学大讨论中，各家各派的美学学说实际都或多或少地受认识论哲学的影响。蔡仪的客观论美学固然一如既往地以认识论为基础，朱光潜、李泽厚甚至吕荧的美学学说同样也带有浓厚的认识论色彩。吕荧一方面主张美的主观性，一方面又不忘强调这种主观是"客观决定的主观"，美是一种观念，而任何一种观念都是以现实生活为基础的，是一定历史条件下"社会存在的反映"。③ 一直到 80 年代，关于"形象思维"的讨论中，我们仍然能感受到认识论的强有力存在。今天，当我们梳理认识论美学的变迁时，不应忘记五四时期现实主义与浪漫主义的论争。正是这场论争，实际构成了后来认识论美学、反映论美学的先导。

---

① 蔡仪：《新艺术论》，上海商务印书馆 1947 年版，第 162、163 页。
② 关于蔡仪的美学思想及其评价，参考本书第二卷之第八章"蔡仪的美学思想与艺术观"。
③ 关于美学大讨论中各家各派的美学观点，参考本书第三卷。

第三节 "为人生"与"为艺术"

五四新文学运动既是文学运动，也是思想启蒙运动。新文学倡导者之所以提倡新文学，一个重要目的是用文学来启发教育国民。当然，这种启发、教育通常被认为应该以文学特有的方式来进行，而不是违背文学的本性，进行生硬的教训与灌输。蔡元培在《中国新文学大系》总序中指出："为怎么改革思想，一定要牵涉到文学上？ 这因为文学是传导思想的工具。"①陈独秀《文学革命论》认为，中国政治腐朽黑暗，一个重要原因是中国人在精神上、思想上尚未经彻底革命，文学革命的目的就是通过改变中国人的精神、思想来改变中国社会："今欲革新政治，势不得不革新盘踞于运用此政治者精神界之文学。"傅斯年《白话与文学心理的改革》认为，真正的中华民国必须建筑在新思想的上面，新思想必须放在新文学的里面。李大钊《"晨钟"之使命》则指出，"由来新文明之诞生，必有新文艺为之先声，而新文艺之勃兴，尤必赖有一二哲人，犯当世之不韪，发挥其理想，振其自我之权威，为自我觉醒之绝叫，而后当时有众之沉梦，赖以惊破"。②

新文学阵营的这一启蒙主义立场，在周作人《人的文学》一文中得到最完整的表达。什么是"人的文学"？ 周作人首先从何为人，人的理想生活是怎样的谈起。他说：

> 我们要说人的文学，须得先将这个人字，略加说明。我们所说的人，不是世间所谓"天地之性最贵"，或"圆颅方趾"的人。乃是说，"从动物进化的人类"。其中有两个要点，（一）"从动物"进化的，（二）从动物"进化"的……这两个要点，换一句话说，便是人的灵肉二重的生活。③

灵与肉本是一物的两面，并非对抗的二元。正常的人性，是灵与肉、神性与兽性的结合。正常的人类生活，是灵肉一致的生活。在这种生活中，人们"彼此都是

---

① 蔡元培：《中国新文学大系·建设理论集·总序》，上海文艺出版社 2003 年影印版，第 9 页。
② 李大钊：《"晨钟"之使命》，《文学运动史料选》第一册，上海教育出版社 1979 年版，第 10 页。
③ 周作人：《人的文学》，《中国新文学大系·建设理论集》，上海文艺出版社 2003 年影印版，第 194 页。

人类,却又各是人类的一个。所以须营一种利己而又利他,利他即是利己的生活"。在道德方面,理想的人须"革除一切人道以下或人力以上的因袭的礼法,使人人能享自由真实的幸福生活"。

解决了何为人,人的理想、正常生活怎样的问题后,周作人正面论述了何谓"人的文学"。所谓"人的文学",即从人的理想状态出发,对于人生问题加以记录、研究,旨在改善提高人的生活状况的文学。他说:

> 这种"人的"理想生活,实行起来,实于世上的人无一不利。富贵的人虽然觉得不免失了他的所谓尊严,但他们因此得从非人的生活里救出,成为完全的人,岂不是绝大的幸福么?这真可说是二十世纪的新福音了。只可惜知道的人还少,不能立地实行。所以我们要在文学上略略提倡,也稍尽我们爱人类的意思。[①]

他又进一步将"人的文学"分为两种:

> (一)是正面的,写这理想生活,或人间上达的可能性。(二)是侧面的,写人的平常生活,或非人的生活,都很可以供研究之用。这类著作,分量最多,也最重要。因为我们可以因此明白人生实在的情状,与理想生活比较出差异与改善的方法。[②]

"人的文学"通过对人的理想生活或非人生活的揭示、描写,引起人们对现实生活的反思、不满,最终达到对于现实人生的改善。这一对文学的理解,包含两个值得注意的方面:第一,文学应当并且能够改变现实人生;第二,文学改善现实人生,是通过文学的表现,而不是道德的说教。

文学研究会成立后,"人的文学"的主张被进一步发展为"为人生"的主张。

周作人起草的《文学研究会宣言》这样写道:"将文艺当作高兴时的游戏或失意时的消遣的时候,现在已经过去了。我们相信文学是一种工作,而且又是

[①②]　周作人:《人的文学》,《中国新文学大系·建设理论集》,上海文艺出版社 2003 年影印版,第 195—196 页。

于人生很切要的一种工作。"①茅盾后来解释周作人的这段话："这一句话，不妨说是文学研究会集团名下有关系的人们的共通的基本的态度。这一个态度，在当时是被理解作'文学应该反映社会的现象，表现并且讨论一些有关人生一般的问题'。这个态度，在冰心，庐隐，王统照，叶绍钧，落华生，以及其他许多被目为文学研究会派的作家的作品里，很明显地可以看出来。"

稍后，周作人在《新文学的要求》中，正式提出了"为人生"的口号。周作人指出，从来关于艺术的主张，大概可以分为艺术派与人生派两派，这两派观点各有缺点，艺术派"重技工而轻情思，妨碍自己表现的目的"，人生派"容易讲到功利里边去"。正确的态度是在两派中适当折衷，"仍以文艺为究极的目的，但这文艺应当通过了著者的情思，与人生的接触。换一句话说，便是著者应当用艺术的方法，表现他对于人生的情思。"这篇文章中，虽然周作人给人的感觉是力求折衷，但实际上，他的态度更倾向于为人生。对于唯美主义思潮，他给予了更多的批评："背义过去的历史，生在现今的境地，自然与唯美及快乐主义不能多有同情。这感情上的原因，能使理性的批判更为坚实，所以我们相信人生的文学实在是现今中国唯一的需要。"②

在"为艺术"还是"为人生"上，茅盾的倾向更加明显。《新文学研究者的责任和努力》指出，欧洲文学的发展历史是由古典之浪漫，由浪漫之写实，由写实之新浪漫，"这样一连串的变迁，每进一步，便把文学的定义修改了一下，便把文学和人生的关系束紧了一些"，"这一步进一步的变化，无非欲使文学更能表现当代全体人类的生活，更能宣泄当代全体人类的情感，更能声诉当代全体人类的苦痛与期望，更能代替全体人类向不可知的运命作奋抗与呼吁"。茅盾说："'艺术为艺术呢，艺术为人生'的问题尚没有完全解决，然而以文学为纯艺术的艺术我们还是不承认的。"他尤其对王尔德的唯美主义进行了尖锐批评，认为唯美主义绝对不能成为中国新文学借鉴的对象："英国唯美派王尔德的'人生装饰观'的著作，也不是篇篇可以介绍的。王尔德的'艺术是最高的实体，人生不过是装饰'的思想，不能不说他是和现在精神相反；诸如此类的著作，我们若漫不分

---

① 《文学研究会宣言》，《小说月报》1921 年第 12 卷第 1 号。
② 周作人：《新文学的要求》，《中国新文学大系·文学论争集》，上海文艺出版社 2003 年影印版，第141、142 页。

别地介绍过来,委实是太不经济的事——于成就新文学运动的目的是不经济的。"①

　　文学研究会这种偏重人生,反对唯美的态度,遭到创造社的激烈反对。创造社认为,艺术固然有益于人生,但这并非艺术的首要目的,艺术的首要目的,仍然是美,是艺术自身;艺术首先对自己负责,其次才对人生、社会负责。成仿吾《新文学之使命》:"不论什么东西,除了对于外界的使命之外,总有一种使命对于自己。文学也是这样……艺术派的主张不必皆对,然而至少总有一部分的真理。不是对于艺术有兴趣的人,决不能理解为什么一个画家肯在酷热严寒里工作,为什么一个诗人肯废寝忘餐去冥想。"成仿吾认为,除去一切功利的打算,专求文学的全与美有值得"终身从事的价值之可能性","一种美的文学,纵或它没有什么可以教我们,而它所给我们的美的快感与慰安,这些美的快感与慰安对于我们日常生活的更新的效果,我们是不能不承认的。"同一篇文章中,成仿吾还指出,中国目前正在建设的新文学,应当有三种使命:第一,对于时代的使命;第二,对于国语的使命;第三,对于文学本身的使命。成仿吾认为,过去几年里,新文学的倡导者、参与者们过分重视了前两个使命,而忽略了第三个使命,而这个使命恰恰是文学之为文学最为重要的,现在是时候纠正这个错误了。

　　针对创造社的批评,文学研究会积极进行了反批评。在《什么是文学》中,茅盾对中国历史上的"名士"现象进行了尖锐批判,他指责名士把文学当作游戏,当作不关人生的饰物。他认为,名士派文学现在有了新的变种,这个变种穿上了洋装,这就是"文学上的颓废主义或唯美主义"。《"大转变时期"何时来呢》一文中,茅盾干脆不避功利主义的嫌疑,直接对文坛上的浪漫唯美风气发动了总攻击:"反对'吟风弄月'的恶习,反对'醉呀,美呀'的所谓唯美的文学,反对颓废的,浪漫的倾向的文学,这是最近两三月来常常听得的论调……我们自然不赞成托尔斯泰所主张的极端的'人生的艺术',但是我们决然反对那些全然脱离人生的而且滥调的中国式的唯美的文学作品。我们相信文学不仅是供给烦闷的人们去解闷,逃避现实的人们去陶醉;文学是有激励人心的积极性的。尤其在我们这时代,我们希望文学能够担当唤醒民众而给他们力量的重大责任……现代

① 茅盾:《新文学研究者的责任与努力》,《中国新文学大系·文学论争集》,上海文艺出版社 2003 年影印版,第 145、146 页。

的活文学一定是附着于现实人生的，以促进眼前的人生为目的的。"①

"为人生"主张与"为艺术"主张的交锋，是 20 世纪 20 年代初文坛上的一道亮丽风景。这一场论争，正如双方当事人后来指出的，有许多为世人所误解的地方。文学研究会同人主张文学为人生，但并未否定文学的艺术性，他们也承认文学首先是艺术，以艺术的方式干预人生。同样，创造社也并未否定艺术的社会责任，而是一再强调"既是真的艺术，必有它的社会的价值"②。但总起来看，双方的观点还是有着巨大的差异的，这是一场真正意义上的文学论争。

"为艺术"与"为人生"的论争，对于世纪初梁启超美学与王国维美学的论争来说，是一种延续。所不同的是，在世纪初功利主义与超功利主义美学的论争中，两种美学观点其实只是互相对立，并未形成你来我往的真正交锋。而在"为艺术"与"为人生"的论争中，双方唇枪舌剑，互相辩难，上演了一出热闹的文坛大戏。而再往后看的话，对于 30 年代"京派"与左翼的论争来说，"为艺术"与"为人生"又是一场预演。不同的是，在"京派"与左翼的论争中，"为人生"的涵义有了进一步的拓展——艺术被认为要为革命服务，为阶级斗争服务。还有一个悖谬之处在于，在"京派"与左翼的论战中，当年主张艺术独立的人，纷纷跑到了"为艺术而艺术""超功利主义"的对立面，成为"革命文学"的坚决拥护者。

第四节　"国民文学"与"国语文学"

陈独秀"三大主义"的第一条，是"推倒雕琢的阿谀的贵族文学，建设平易的抒情的国民文学"。何谓"国民文学"呢？陈独秀没有明确解释。但就上下文来看，可以理解为属于国民的、平易通俗的文学。国民文学针对贵族文学而言，但又不仅仅针对贵族文学，同时也针对古典文学、山林文学。细读《文学革命论》会发现，陈独秀笔下的贵族文学、古典文学、山林文学三者之间并非截然分离，

---

① 茅盾：《"大转变时期"何时来呢》，《文学旬刊》1923 年第 103 期。
② 成仿吾：《艺术之社会的意义》，《中国新文学大系·文学论争集》，上海文艺出版社 2003 年影印版，第191 页。

而是互相交叉，具有一些共同的特征。贵族文学顾名思义，属于贵族，当然是少数人的艺术，古典文学、山林文学同样也是。陈独秀批评山林文学"艰深晦涩，自以为名山著述，于其群之大多数无所裨益也"，针对的就是山林文学的脱离大众。显然，贵族文学也好，古典文学、山林文学也好，都是脱离大众的，是少数人的赏玩。而国民文学则与它们相反，国民文学是属于国民的，是为大多数国民服务的。

与"国民文学"口号相映成趣的，是胡适"国语文学"的提法。胡适《建设的文学革命论》提出，文学运动的目标是"国语的文学，文学的国语"。"国语的文学，文学的国语"有两层意思：第一，文学要使用国语来写作，要借助于国语；第二，国语又依赖于文学，文学可以促进国语的成立与成熟。胡适重点论述了第二层意思，他说："我们所提倡的文学革命，只是要替中国创造一种国语的文学。有了国语的文学，方才可有文学的国语。有了文学的国语，我们的国语才可算得真正国语。"为什么有了国语文学才有真正的国语呢？胡适解释，因为文学是语言的生命，"国语没有文学，便没有生命，便没有价值，便不能成立"。国语不是单靠几位语言学家就能造得成的，也不是单靠国语教科书和国语字典就能造得成的。若要造国语，先须造国语的文学，"有了国语的文学，自然有国语"。他举英国国语的形成为例子：

> 现在通行全世界的"英文"，在五百年前还只是伦敦附近一带的方言，叫做"中部土话"。当十四世纪时，各处的方言都有些人用来做书。后来到了十四世纪的末年，出了两位大文学家，一个是赵叟（Chaucer，1340—1400），一个是威克列夫（Wycliff，1320—1384）。赵叟做了许多诗歌、散文，都用这"中部土话"。威克列夫把耶教的《旧约》《新约》也都译成"中部土话"。有了这两个人的文学，便把这"中部土话"变成英国的标准国语……到十六、十七两世纪，萧士比亚和"伊里沙白时代"的无数文学大家，都用国语创造文学。从此以后，这一部分的"中部土话"，不但成了英国的标准国语，几乎竟成了全地球的世界语了！

胡适认为，欧洲各国国语的形成，都是依靠文学的力量。中国要想创造标准的统一的国语，也须依靠文学，"国语的小说、诗文、戏本通行之日，便是中国国语成立之时"。①

"国民文学"与"国语文学"的共同点是"国"。需要注意的是，这里的国，不是"文章，经国之大业"意义上的"国"，而是现代意义上的民族国家。民族主义与民主主义是近现代中国的主流社会思潮，在民族主义、民主主义的影响下，近现代国人，特别是近现代中国的知识分子对于国家的理解，相对于古人来说发生了很大变化。当近现代知识分子提到"国家"时，他们对其有这样一套约定俗成的理解：国家是建立在民族的基础上的，民族的所有成员都是平等的，都是这个国家的国民，每一个国民作为国家的主人翁、国家的一分子，都应该对国家尽自己的责任和义务。关于这一点，本书第三章、第五章中已有论述，这里不再赘言。② 这里要说的是，当陈独秀和胡适提出"国民文学""国语文学"的口号时，他们共同强调的是，文学要服务于现代民族国家的建设。对于陈独秀来说，文学要成为国民的共同读物，为国民提供共同的精神食粮。对于胡适来说，文学要致力于国语的建设，为国民提供沟通联系的纽带。

"国民文学"与"国语文学"这两个口号，是陈独秀与胡适从建构现代民族国家的需要出发，对文学提出的要求。要理解这两个口号，须从分析现代民族国家的本质入手。

现代民族国家是如何诞生的，民族主义思潮从何而来？关于这个问题，有许多解释。我们从英国学者厄内斯特·盖尔纳的解释入手。盖尔纳认为，现代民族国家是工业时代的产物，是工业社会特有的结构性要求，催生了现代民族国家与民族主义。工业社会使劳动分工达到前工业时代的人们无法想象的一个水平，"这种劳动分工要求参与者在一代人与另一代人之间，甚至在自己的一生里，时刻准备从一种职业转换到另一种职业"，"要求他们在同任何人的面对面的短暂接触当中，用抽象的交流方式进行不受语境限制的、准确的交流"③。为此，劳动分工的参与者需要共享一种相同的文化，一种识字的、普遍的高层次文化。为了满足这一需要，工业社会发展出一套庞大的、标准化的教育体系，这套教育体系向受教育者灌输一种同质的文化，其中包括共通的、标准的口语与

---

① 胡适：《建设的文学革命论》，《新青年》1918 年第 4 卷第 4 号。胡适文中提到的"赵叟"今通译乔叟，"威克列夫"今通译威克利夫，"沙士比亚"今通译莎士比亚，"伊里沙白"今通译伊丽莎白。

② 参考本书第三章第一节以及第五章第三节。

③ Ernest Gellner, *Nations and Nationalism*, Ithaca and London：Cornell University Press, 1983, pp. 140 - 141.

书面语,通俗的科学知识与历史常识,以及基本的工作习惯与社会技能。通过普遍性大众文化的黏合作用,分散的个人被连接成为一个紧密的整体,陌生人之间持续、经常和直接的交流成为可能。于是,民族国家诞生了。现代民族国家从根本上讲,是建立在普遍性大众文化的基础上的,民族主义的实质,是将一种普遍性大众文化全盘强加于整个社会之上,与此同时整合、排除、过滤掉前工业社会中多样性、异质性的民间文化与地方文化。民族主义,盖尔纳强调,"意味着一种匿名的、非个人化的社会的建立"①。

盖尔纳关于民族国家发生发展的理论模型,是从西方历史经验中抽绎而出的。因此,当我们试图用他这套理论来阐释近代以来中国的民族主义运动时,会发现许多矛盾与错位之处。这其中最重要的一点是,在近代中国,民族主义运动发生的动力根源,不是中国本土的工业资本主义,而是西方民族国家的经济、军事扩张主义。在近代,促使人们认为必须按照民族主义的原则改造中国的最主要因素,是上上下下都感觉到的来自西方民族国家的强大军事、政治压力。之所以要将中国改造成一个民族国家,是因为中国面对的竞争对手是民族国家,要与它们抗衡,中国必须首先把自己也变成一个民族国家。不过,尽管在民族主义的动力方面,近代中国的情况与盖尔纳的理论模型并不吻合,但是在民族建国诉诸的方法、手段方面,近代中国的民族主义却与盖尔纳的论述高度契合。和西方原发型的民族国家致力于将一种普遍高层次文化施加于全体国民一样,近代中国也出现了旨在打破文化的等级制度,将知识与学问普遍施加于整个社会之上的文化普及运动,这就是晚清、民国知识界轰轰烈烈开展的以"开民智""鼓民气"为目标的思想启蒙运动。启蒙知识分子认为,除非设法开通风气,启发民智,使人人皆具备普通之知识与相当之文化,否则中国难以成为一个真正意义上的"国家"。与开通民智、普及知识的要求相对应,晚清知识分子还提出了改革学校教育的口号。教育的宗旨,被认为是"造就多数之国民",而不是"少数之人才"。教育的根本目标,是将知识与文化普及于全民,"令全国人民无人不学"。

陈独秀"国民文学"的口号,就是在这样的历史背景下提出的。"国民文学"的实质,是要求文学承担起普及知识文化的任务,将一种普遍性的文化施加于

①　Ernest Gellner，*Nations and Nationalism*，Ithaca and London：Cornell University Press，1983，p. 57.

全体国民，使全体国民皆具备相当的知识与觉悟。与"国民文学"属于同一性质的，还有周作人的"平民文学"口号。和"国民文学"一样，"平民文学"所追求的目标，也是文化的民主化、普遍化。周作人说："我们说贵族的平民的，并非说这种文学是专做给贵族或平民看，专讲贵族或平民的生活，或是贵族或平民自己做的。不过说文学的精神的区别，指他普遍与否，真挚与否的区别"，"平民文学应以普通的文体，写普遍的思想与事实"。① 需要注意的是，"国民文学"也好，"平民文学"也好，并不是简单地将某种已经存在于广大民众中的文学，提升至民族、国家的层次，而是创造一种新的文学，用这种新的文学来教育启发民众，做广大国民的精神食粮。周作人说："平民文学绝不单是通俗文学。白话的平民文学比古文原是更为通俗，但并非单以通俗为唯一之目的。因为平民文学不是专做给平民看的，乃是研究平民生活——人的生活——的文学。他的目的，并非要想将人类的思想趣味，竭力按下，同平民一样，乃是想将平民的生活提高，得到适当的一个地位。"

实际上，以文学启迪、教育国民，并最终服务于民族国家的建设，这样一种观念并非始于五四新文学。晚清的"新小说"变革运动中，就已经出现了这样的口号。晚清"新小说"运动的倡导者们认定，小说是开通民智、普及知识的重要津梁。梁启超在《新小说》创办伊始，便宣称："今日提倡小说之目的，务以振国民精神，开国民智识，非前此海淫海盗诸作可比。"②《绣像小说》创办之初，也鼓吹"妇女与粗人，无书可读，欲求输入文化，除小说更无他途"。③《月月小说》的创办者于《月月小说》创刊号中声称，编辑小说杂志的目标是以小说"输入知识"，"补助记忆力"。④ "新小说"运动的后期，"新小说"倡导者将小说与学校教育直接联系起来，主张"以小说辅教育之不足"。吴趼人《月月小说序》："吾发大誓愿，将遍撰译历史小说，以为教科之助。"⑤《新世界小说社报发刊辞》："二十世纪之民族，必无不学而能幸存于地球之理。然则以至浅极易小说之教育，教育吾愚民，又乌可缓哉！乌可缓哉！"⑥更有甚者，还有人奉小说为"教科书之圭臬"，主

① 周作人：《平民文学》，《文学运动史料选》第一册，上海教育出版社 1979 年版，第 114、115 页。
② 梁启超：《〈新小说〉第一号》，《新民丛报》1902 年第 20 号。
③ 别士：《小说原理》，《绣像小说》1903 年第 3 期。
④⑤ 吴趼人：《月月小说序》，《月月小说》1906 年第 1 号。
⑥《新世界小说社报发刊辞》，《新世界小说社报》1906 年第 1 期。

张全国各中小学立即"推广以小说为教科书"①。总之，小说能够开通民智、普及教化，铸造现代意义上的合格"国民"，在 20 世纪初是一个广为人接受的观点。五四时期"国民文学"的口号，只是进一步发展了这一观点而已。小说"开国民智识"也好，建设"国民文学"也好，都是在回应建构现代意义上的民族国家这样一个20 世纪上半叶中国最为紧迫的社会议题。

"国民文学"的实质，是营造现代民族国家所必须的"普遍性大众文化"。"国语文学"亦如是。

在厄内斯特·盖尔纳的民族主义理论体系中，语言文字的地位非常突出。在盖尔纳看来，语言——一套标准的、同时满足口头与书面交流需要的语言，既是普及性大众文化的重要组成部分，又是这种文化得以传播的前提条件，当且仅当一个群体使用同一种语言，并且用这同一种语言进行书面交流时，这个群体才能够被称为一个民族，民族主义"意味着一套由学校调节、由专家管理的，适用于比较精确的官僚和技术沟通的习惯用语的广泛传播"。统一的、标准的民族共同语，对民族主义者来说至关重要。民族主义者不希望也不容许在本民族的内部出现语言的多样性与异质性。欧洲近代各主要民族国家形成之际，都发生过异质语言的合并统一运动，这就是所谓的"言文一致"。"言文一致"正如日本学者柄谷行人早就已经指出的，是一个非常容易引起误解的词，因为所谓"言文一致"，并非真的如字面所显示的那样，完全废弃原来的书写语言拉丁文，采用本地的某种方言俗语进行写作，然后将这种方言俗语上升为本民族的通用语。"言文一致"的实质，是同时摆脱拉丁文与俗语，在吸收拉丁文与俗语成分的基础上创造一种新的书写语言，然后将这种新的书写语言推广使其成为本民族的共同语言。

和西方国家一样，近现代中国在试图将自己变成一个现代意义上的民族国家的时候，也发生了"言文一致""国语统一"的运动。运动的倡导者们主张废除文言，使用白话或注音字母来写作，实现言文一致；在言文一致的基础上，进一步实现国语统一——选定一种俗语或白话，将之推向全国，使其成为整个民族的通用语言。胡适"国语文学"的口号就是这样产生的。胡适自觉地将文学运动与"国语统一"的目标联系起来，他敏锐地抓住了以下要点：国语不是现成的，

---

① 老棣：《学堂宜推广以小说为教书》，《中外小说林》1908 年第 18 期。

而是待创造的，并不是说随意地选定一种俗语，将它推向全国，就可以成为国语，国语没有这么简单。理想的国语应该基于俗语、白话，但又高于现实中的任何一种现成的俗语、白话，国语是有待创造的，是"重新规定的"。而正是在创造、规定国语方面，文学可以发挥自己独特的作用。《建设的文学革命论》："我以为我们提倡新文学的人，尽可不必问今日中国有无标准国语。我们尽可努力去做白话的文学。我们可尽量采用《水浒》《西游记》《儒林外史》《红楼梦》的白话。有不合今日的用的，便不用它；有不够用的，便用今日的白话来补助；有不得不用文言的，便用文言来补助。这样做去，决不愁语言文字不够用，也决不用愁没有标准白话。中国将来的新文学用的白话，就是将来中国的标准国语。造中国将来白话文学的人，就是制定标准国语的人。"①

胡适敏锐地把握住了"国语运动"的实质，对于文学与国语的关系、文学对国语的意义等问题进行了深刻的阐发。但实际上，在他之前，已经有不少人提出了文学与国语建设的关系问题，只不过他们的论述没有胡适那么深入、全面而已。1905 年，佚名的《〈母夜叉〉闲评八则》就这样写道："现在的有心人，都讲着那国语统一……我这部书，恭维点就是国语教科书罢！"②1915 年，许与澄在《关于小说月报之一得》中也提出："小说能转移社会，而《月报》之短篇小说，尤能为学校国文之助手。"③稍后，恽铁樵的以下一段话，则比较详细地阐发了自己对小说与"国语"关系的看法：

> 小说之为物，其力量大于学校课程奚啻十倍。青年脑筋对于国文有如素丝，而小说力量伟大又如此，则某等滥竽小说界中者，执笔为文，宜如何审慎将事乎？尝谓谓小说仅所以消遣，未足尽小说之量；谓小说仅所以语低等社会，犹之未尽小说之量。谓撰小说宜多用艳词绮语，于是以雕辞琢句当之，吾期期以为不可；谓撰小说宜浅俗，浅则可，俗则吾尤期期以为不可。吾国文之为物至奇，字之构造为最有条理，若句之构造，则无一定成法。有之，上焉者为模仿诗书六艺，下焉者为依据社会通用语言。语言因地而异，故白话难期尽人皆喻。正当之文字，以模仿诗书古籍为必要。古

---

① 胡适：《建设的文学革命论》，《新青年》1918 年第 4 卷第 4 号。
② 佚名：《〈母夜叉〉闲评八则》，《母夜叉》，小说林社 1905 年版。
③ 许与澄：《关于小说月报之一得》，《小说月报》1915 年第 6 卷第 2 号。

籍之字,有现时不常用者,用之将无从索解,则去之,是之为浅;有现时所有古籍中不能求相当之字以写之者,参用新造名词,是之为新……故曰国文之为物甚奇也。就以上所言观之,小说不止及于低等社会,实及于青年学子。青年于国文为素丝,而小说之力大于教科,实能染此素丝。①

这段今天读来缺乏条理、颠三倒四的文字,主要表达了以下两层意思:第一,"国文"不是单纯的白话,也不是单纯的古文,而是综合了白话、古文以及外来新名词的一种新的语言;第二,在帮助青年学子学习掌握这种新语言方面,小说能够起到重要的作用。可以看出,胡适《建设的文学革命论》中的主要观点,都已经包含在内,只是不系统、不明确而已。

综上,"国民文学""国语文学"口号的提出,是民族国家思潮影响新文学的结果。五四新文学倡导者从建构现代意义上的民族国家的需要出发,要求文学服务于国民的启蒙,致力于国语的建设。"国民文学""国语文学"的实质,是文学理论话语、美学话语对近代民族国家话语的回应与借鉴。这种回应与借鉴,在西方是早已发生的事实。17、18 世纪以来,伴随近代民族观念的确立以及民族国家的兴起,"国家""民族""民族精神"等概念纷纷进入文学与艺术批评领域。西方文学批评界和美学界形成了这样一个共识:每一个独立的民族国家都有其独特的民族文学,每个民族的文学都使用自己本民族的语言,表现本民族的民族精神或"国民精神"。歌德认为伟大艺术作品的特质"属于并且流行于那整个时代和整个民族"②,黑格尔主张艺术的使命在于"替一个民族的精神找到适合的艺术表现"③,丹纳提出艺术是"整个民族的出品",等等。如果我们将他们的上述观点视为现代美学理论的一部分的话,那么,陈独秀的"国民文学"以及胡适的"国语文学"主张,也应被看成现代中国美学的一部分。

面对西方列强的强势入侵,如何唤起中国人的民族意识、民族认同,如何更好地维护民族的生存与独立?在这样一个过程中,文学或者艺术能够起到什么样的作用?这是 19 世纪末以来中国几乎所有文艺运动都必须面对的问题。对这个问题,五四新文学运动给出了自己的回应。五四之后的知识分子、文艺工

① 陈光辉、树珏:《关于小说文体的通信》,《小说月报》1916 年第 7 卷第 1 号。
② 〔德〕歌德:《歌德谈话录》,爱克曼辑录,朱光潜译,人民文学出版社 2003 年版,第 139 页。
③ 〔德〕黑格尔:《美学》第 2 卷,商务印书馆 1997 年版,第 375 页。

作者,也都试图对这个问题给予回应。20 世纪 30 年代末、40 年代初,一场关于"民族形式"的论争在左翼艺术界兴起。在这场论争中,一种主流的观点认为,当代中国文艺应该充分地大众化与民族化,应该具有鲜明的"中国气派与中国作风",为了达到这一目的,文艺工作者应该更多地从民间文艺、通俗文艺中吸取营养,在批判地利用旧形式的过程中创造新形式。① 20 世纪 50 年代,发生了一场关于新民歌以及新诗的讨论。参加讨论的人几乎一致认为,五四以来新诗的根本问题是脱离群众、西化,因此有必要重塑新诗传统。在这个重塑的过程中,民歌尤其是新民歌以及古典诗歌应该起到重要作用。② 在"民族形式"论争以及"新民歌"运动中问世的文艺作品,不论是内在精神还是外在形式上都与五四时期的文艺作品相差甚远,但是至少在自觉服务于民族国家建设、召唤民族认同这一点上,它们是一脉相承的。

小　结

综上,在五四新文学运动中,针对文艺的地位、功能,文艺与人生的关系,文艺的发展等问题,参与者提出了许多新命题,发起了许多新争论。这些命题与争论一直延续到后来的文艺运动以及文艺论争中去。因此,对这些命题与争论产生发展的过程进行梳理,有助于我们更好地理解 20 世纪中国文学艺术,也有助于我们更好地理解 20 世纪中国美学。

---

① 关于"民族形式"论争,可以参考《文学运动史料选》(上海教育出版社 1979 年版)第四册收录的一系列文章。
② 关于新民歌运动以及新诗问题讨论,参考洪子诚、刘登翰《中国当代新诗史》,人民文学出版社 1994 年版。

结　语

　　19世纪最后的几年,到20世纪最初的20年,是中国美学发展史上非常特殊的一个时间段。盘点这段时间里发生的重要事情,必须首先提及的,是现代意义上的美学学科的建立。美学作为学科的建立,至少表现在以下几个方面。第一,重要美学概念的传播与确立。"美学""审美""艺术""美术"等概念从引入到最终确立,经历了一些波折。第二,美学进入大学的课程设置。从1904年美学被列入《奏定大学堂章程》工科建筑学门的课表,到1913年《教育部公布大学规程》美学被列为文学科大学必修课程,到1921年蔡元培在北大讲授《美学通论》,美学在中国大学中的命运也经历了一段曲折的历程。第三,美学学科规范的建立。世纪初的美学研究者,不仅仅满足于输入、介绍、研究美学,更注重美学学科规范的建立。1916年起,蔡元培连续撰写了《康德美学述》《美学的进化》《美学研究法》《美学讲稿》《美学的趋向》《美学的对象》等著作,在这些著作中,蔡元培从学科规划的高度,讨论了美学的学科地位、研究对象、研究范畴、研究方法。蔡元培的这些努力,使得美学作为一门学科在近代中国得以完全成立。虽然并非一帆风顺,但是短短的20余年时间里,美学由籍籍无名,到成为万众瞩目的显学,这一现象令人吃惊。这一现象的背后,是近代中国学人对于美学的格外厚爱,美学被期待承担某些重大的社会使命。

　　美学学科基础的奠定之外,这一时期的美学研究,还贡献了若干具有深远影响的美学命题、学说。王国维的"境界"说,蔡元培的美育理论、以美育代宗教说,都产生了重要的影响,直到今天仍引发人们的讨论和思考。这些命题、学说的提出,说明了这一时期美学研究的深度与活力。另外,还有个别的美学命题、学说,虽然一直没有产生太大的影响,但现在看内涵丰富,值得深入挖掘、阐释,比如梁启超晚年提出的趣味论。趣味论一方面强调艺术的本质在趣味,趣味的特性在超功利,"无所为而为";另一方面,又反对艺术成为独立王国,强调艺术与现实生活的连续性。艺术的本质是趣味，但趣味并不专属于艺术，劳作、游戏、学问都可以产生趣味。所谓趣味，即一种超功利的人生乐趣，写一首诗、作一幅画是有趣味的，研究一门学问、从事一项工作同样也可以是有趣味的。趣味主义的极致，是使人的整个生活都艺术化、审美化，使劳动、工作不再是人的负担，不再是谋生的手段，而是成为人的必需，人们"为劳动而劳动"，"为工作而工作"，在劳动与工作中体会一种审美的愉快。这一思想，与马克思关于人的全面发展的学说，以及杜威的艺术即经验的学说，都有一定的相通之处。今天，打破艺术与生活的界限，重新思考艺术与生活的关系，成为美学界的一个热点话题，在讨论这一话题的时候，我们不妨回到梁启超，看看一百年前梁启超关于这个问题说了些什么。

这一时期，还出现了美学流派的分化与对立。梁启超代表的强调文艺的社会功能的功利主义美学思潮，与王国维、蔡元培代表的强调审美的独立自主性的美学思潮，形成了交锋与对峙。但是需要注意，美学上的功利主义与超功利主义只是相对而言的，并不能绝对化。梁启超的早期美学思想是功利主义的，但也有注重文学的审美特质的一面，对于文学与非文学的差异、文学创作与接受中的心理问题，梁启超自始至终给予了高度的重视。同样，王国维、蔡元培的美学思想是超功利主义的，但也绝非为艺术而艺术。王国维一方面标举艺术的独立价值，另一方面也试图用艺术与审美来慰藉国民灵魂，塑造国民人格。蔡元培的美育学说，更是透露出强烈的启蒙、救世的意图。超功利主张的背后，其实蕴含了某种功利的意图，功利主义的艺术概念，也不一定意味着取消艺术。认识到这一点，对于我们理解三四十年代左翼文论与"京派"美学之间的论争，以及八九十年代围绕审美自主性话语发生的论争，都有一定的帮助。

理论与实践密切结合，是这一时期美学研究的鲜明特色。这里的"实践"有两层意思，一是艺术实践，二是现实生活实践。这一时期提倡美学的人，往往具有双重身份，他们既是美学的研究者，又是新的文学艺术运动的提倡者。他们研究美学，不是进行空对空的理论架构，而是努力以之指导当时的文学艺术实践。美学的诞生与发展，与文学艺术的发展形成一种良性的互动：一方面，文学艺术的发展呼唤着美学和艺术理论；另一方面，美学和艺术理论的发展，又刺激了文学艺术领域的进一步的变革，催生了文学家、艺术家关于艺术何为、艺术家何为的自觉思考。不仅如此，这一时期的美学还直面当时的社会发展。不论是王国维还是蔡元培，都具有强烈的现实关怀，他们将美学引入中国，不是为追逐学术时髦，而是试图用它来回应中国社会发展中的一些重大的、普遍的问题。中国作为一个国家、民族面临严重的生存危机，中国人、中国文化向何处去，在这个过程中美学、艺术能起到什么样的作用，这是他们关心的问题。世纪初美学的这一段历史，对于我们当前的美学建设具有重要的启发意义。美学并不单纯是书斋里的学问，而是与我们的现实生活息息相关。能否直面当下的现实生活，能否为当下的文明建设、社会进步提供灵感与动力，是美学能否真正发展的关键。中国正处在一个大变革的时代，不论是艺术的发展，还是整个社会的发展、人的发展，都面临着许多新的问题。这些问题也许不像20世纪初国人所面对的问题那么严峻，但也同样重大。对于这样一些问题，美学应该以自己的方式给予回应。

后　记

作为《20世纪中国美学史》的第一卷，本书论述的时间范围是从20世纪初到五四新文学运动，大约20余年的时间。在实际的论述中，我们有时也会超过这个范围。现代中国美学的成立与发展，主要是20世纪以来的事情，但19世纪末的时候，美学概念、现代美学知识已经有一定的传播。研究20世纪初的中国美学，不能不追溯到19世纪。同样，五四之前的美学与五四之后的美学之间，也有千丝万缕的联系，要讲清楚五四与五四之前，必然得涉及五四之后。

本书由多位研究者合作完成，具体分工如下。吴泽泉：导论，第一章，第三章，第五章，第六章第一节，第七章，结语。张建军：第二章。蒋磊：第四章。杨冰：第六章第二节。杨和平：第六章第三节。张华：第六章第四节。为保证全书的统一性，我们利用"20世纪中国美学史"课题组开会的机会多次碰面，明确本书在整部《20世纪中国美学史》中的位置，商定本书的结构、各部分的任务与要求。初稿完成后，按照"20世纪中国美学史"课题总负责人高建平老师的意见，各位研究者对各自负责的部分进行了认真修改。最后，由吴泽泉进行了统稿、润色。在合作完成研究任务的过程中，课题组成员之间结下了真诚的友谊，体会到"君子以文会友，以友辅仁"的快乐。

《20世纪中国美学史》是一部具有史的性质的著作，如何在这样一部著作中实现足够的学术创新，对于研究者来说是一个考验。就本卷书而言，我们着重在以下两个方面下了功夫。第一，拓宽研究广度，将清末及五四时期文学艺术运动与美学的关系、留日学生群体的美学与艺术观等问题纳入研究视野，填补以往20世纪中国美学史研究的空白。第二，从充分占有原始文献资料入手，深度还原20世纪初美学发展的社会文化语境，结合近代以来社会思潮、学术思想、教育制度的变革来讨论20世纪初中国美学，对世纪初中国美学中的重要观点、命题、论争进行重新审视。我们期待呈现在读者面前的，是一本体例完备、内容丰富、立论稳健,同时又包含诸多创新性观点的美学史著作。这一目的是否达到,要由读者来判断。

最后,向在本书出版过程中付出辛勤劳动的出版社朋友们表达诚挚谢意。

吴泽泉

2020 年春于北京